AF453120

ÉLÉMENS

DE
L'ART VÉTÉRINAIRE.

PRÉCIS ANATOMIQUE
DU CORPS DU CHEVAL,

COMPARÉ AVEC CELUI DU BŒUF ET DU MOUTON,

A l'usage des Élèves des Écoles Vétérinaires.

PAR C. BOURGELAT.

Troisieme Édition, corrigée & augmentée.

TOME II.

A PARIS,

De l'IMPRIMERIE & dans la LIBRAIRIE VÉTÉRINAIRE
de la Citoyenne HUZARD, rue de l'Éperon, N°. 11,
quartier St.-André-des-Arts.

AN VII de la République Franç.

ÉLÉMENS

DE

L'ART VÉTÉRINAIRE.

PRÉCIS

SPLANCHNOLOGIQUE,

OU

TRAITÉ ABRÉGÉ

DES VISCERES DU CHEVAL.

PREMIERE PARTIE.

De l'Abdomen en général.

313. L'ABDOMEN est une cavité qui ne formeroit avec le thorax qu'un antre seul & unique, sans la cloison intermédiaire qui limite antérieurement son étendue, & qui borne postérieurement la capacité de ce même thorax.

Cette cloison, les os du bassin, les vertebres

A 2

lombaires, ainfi que l'enceinte mufculeufe, qui tient à ces os & à la charpente de la poitrine, en font les parois. Les lombes en conftituent la partie fupérieure ; les flancs, les parties latérales ; le ventre la face inférieure, & nous affignons à cette face tout l'efpace compris entre le cartilage xiphoïde, & le baffin inclufivement.

314. L'indifpenfable néceffité de marquer exactement la place qu'occupe intérieurement chaque vifcere, demande encore que nous divifions ce même efpace en trois portions.

Suppofons que fa longueur totale foit de trois pieds environ (un mètre), car nous ne pouvons ici déterminer une mefure invariable & commune à tous les chevaux, la premiere, ou l'antérieure répondant à celle qui dans l'homme eft appellée la *région épigaftrique*, s'étendra depuis le cartilage xiphoïde, jufqu'à environ cinq pouces (quatorze centimètres) en avant de l'ombilic ; la feconde ou la moyenne nommée par les anatomiftes du corps humain, *région ombilicale*, depuis le terme de celle-ci, jufqu'à environ cinq pouces (quatorze centimètres) en arriere du point milieu de leur féparation ; la troifieme enfin, ou la poftérieure, qu'ils défignent en général par le terme de *région hypogaftrique*, depuis ces cinq pouces (quatorze centimètres) en arriere, jufqu'au fond du baffin.

315. Ces diverses régions ont été sous-divisées par eux en parties moyennes & latérales, & chacune de ces parties subdivisées ont encore reçu des dénominations différentes.

Nous conviendrons que cette scrupuleuse précision observée par rapport au corps de l'homme est d'une grande ressource, & telle est la puissance des secours qu'elle fournit au praticien, que malgré l'impossibilité dans laquelle il est de porter un œil curieux au-delà des enveloppes qui lui célent l'intérieur de la machine, sa vue devient en quelque façon assez perçante pour discerner d'une maniere positive, soit par le siége de la douleur dont le malade se plaint, soit par le lieu d'une blessure quelconque, les organes atteints & endommagés. Nous n'avons garde de vouloir renoncer à ce dernier avantage qui seroit pour nous le seul a nous ménager ; mais attendu l'amplitude des visceres de l'animal, nous croyons pouvoir nous dispenser d'admettre les distinctions dont il s'agit. Il suffira que la division à laquelle nous nous sommes arrêtés soit toujours présente à l'esprit, lorsque nous considérerons la situation, l'arrangement, le rapport, les connexions, la structure & le tissu de chacune des parties renfermées dans la capacité dont il s'agit.

316. Ces parties sont: 1°. le *ventricule*, les *intestins*, le *méfentere*, le *méfocolon*, l'*épiploon*, le *pancréas*, le

foie, le *canal* ou le *tube biliaire*, la *rate*, les *glandes méfentériques*, les *vaiffeaux lactés*, le *réfervoir du chyle* : 2°. les *reins*, les *glandes fur-rénales*, les *ureteres*, la *veffie* : 3°. tous les inftrumens naturels & internes fervant à la génération dans le mâle & dans la femelle : 4°. enfin, une foule confidérable de glandes & de vaiffeaux, tant fanguins que nerveux & lymphatiques qui fe portent à tous ces différens organes, dont les premiers pourroient être dits *chylopoïétiques*, les feconds *vropoïétiques*, & les derniers *fpermatopoïétiques*, vu les fonctions des uns & des autres.

Mais avant de pénétrer dans la cavité que nous nous propofons d'envifager, nous ne faurions nous difpenfer d'arrêter nos regards fur ce qu'elle nous préfente d'intéreffant & de curieux au dehors, & nous fuirons le reproche d'avoir laiffé en arriere les objets que nos éleves rencontreront fur la route que nous leur traçons, & qu'il eft important qu'ils confiderent.

Des Mammelles dans la Jument.

317. Les *mammelles* font deux corps peu fenfibles dans la jument non pleine, & formant dans celle qui porte, ou qui allaite, deux éminences très-apparentes. Il faut en confidérer :

1°. *La fituation* : elles font placées fur l'extrémité poftérieure de chaque mufcle droit, c'eft-à-dire, à la partie antérieure des os pubis, & à la partie postérieure & inférieure de l'abdomen, à laquelle elles sont très-adhérentes. On ignore les raisons de cette position constante dans la cavale, dans d'autres solipedes, comme l'ânesse, & dans les animaux qui ruminent, tels que la chevre, la vache, la brebis, la biche, &c. Si ces corps eussent été situés sur la poitrine de la jument, comme ils le font sur celle de la femelle de l'éléphant, de la chevre de Lybie, de la femelle du singe, &c., ils n'auroient pas été moins à la portée du poulain; mais la femelle de l'éléphant suce elle-même son lait par le moyen de sa trompe pour le conduire ensuite dans la bouche de l'animal qu'elle doit nourrir; celle du singe porte son petit sur ses épaules à la maniere des négresses; elle le prend entre ses mains lorsqu'elle veut l'allaiter, & lui présente le teton à-peu-près comme la nourrice le présente à l'enfant; or c'en est assez pour que la position de leurs *mammelles* sur le thorax cesse d'être équivoque; mais au défaut de particularités aussi frappantes dans la jument, & dans les autres femelles dont nous avons parlé, nous devons nous en tenir au fait dont l'inspection dépose, ne pas tenter d'aller plus loin, & éviter de nous livrer à cette sorte de divination qui n'est que trop souvent l'écueil du naturaliste, & l'opprobre du philosophe.

A 4

2°. *Le nombre*, moindre que dans les multipares & dans les fiffipedes, tels, par exemple, que la lionne, l'ourfe, la chatte, la chienne, la fouris, l'écureuil, la panthere, &c., en qui deux *mammelles* feulement auroient été infuffifantes, attendu qu'elles allaitent à la fois plufieurs petits, & qu'elles font obligées de fe coucher à cet effet, parce que leurs productions ne fauroient fe tenir debout dès leur naiffance; auffi ces parties ne font-elles pas uniquement inguinales en elles, comme dans la jument; la nature les a multipliées, & en a mis un double rang le long de l'abdomen; fans cette précaution, ces mêmes productions, leurs meres étant couchées, n'auroient pu que très-difficilement faifir le *mammelon* pour prendre leur nourrriture.

3°. *La forme*, applatie dans la jument qui n'allaite point & qui ne porte pas, & qui, dans la jument pleine & qui nourrit, fe trouve allongée.

4°. *Le volume*, qui dans celle-ci eft plus ou moins confidérable felon la quantité plus ou moins grande de la liqueur qui fe fépare dans leur fubftance (1).

---

(1) Il eft beaucoup plus confidérable dans la vache, dans la brebis & dans la chevre; les *mammelles* forment, dans ces femelles, une maffe oblongue, plus allongée que dans la jument, pour ainfi dire détachée de l'abdomen, pendante entre les extrémités poftérieures, & à laquelle on donne le nom de *pis*.

5°. *Le rapprochement* de l'une & de l'autre, ces deux corps étant adoffés.

6°. *Les papilles* ou les *mammelons* , au nombre de deux, un pour chaque *mammelle* , & qui ne font autre chofe que la petite éminence cylindrique que l'on obferve à leur extrémité inférieure , extrémité dont le volume accroît & augmente par la fuccion , & qui eft formée d'un tiffu fpongieux renfermant l'extrémité des vaiffeaux mammaires , fanguins , laiteux & nerveux (1).

7°. *La fubftance* : les *mammelles* étant compofées d'un affemblage de corps glanduleux , unis les uns aux autres par un tiffu cellulaire , folliculeux , formant diverfes cloifons , & accompagnant les tuyaux laiteux jufques à leur fin ; plufieurs glandes plus confidérables fe trouvant à la circonférence ; les canaux excréteurs de ces mêmes glandes s'ouvrant dans les *mammelles* , & y verfant une liqueur blanchâtre mêlée de parties huileufes , tandis que le canal excréteur qui part de chacun des corps glanduleux , fe réuniffant dans le milieu même de chaque *mammelle* , y forme une efpece de fac cellulaire ou de réfervoir commun , dans

------

(1) Ils ne font également qu'au nombre de deux dans la brebis & dans la chevre ; mais il y en a quatre dans la vache & ils font de la longueur & de la groffeur du pouce ; on les nomme *trayons*.

lequel il dépose en même-temps la liqueur destinée à la nourriture du fœtus après sa naissance.

8°. *Le même sinus* ou *réservoir commun*, présentant plusieurs ouvertures d'une structure singuliere, fermées par une double valvule, l'une inférieure résultant de l'extrémité du canal excréteur de la glande; l'autre supérieure, d'où résulte entre deux un cul-de-sac, & qui recouvre la premiere; ces ouvertures répondant à plusieurs petits tuyaux repliés sur eux-mêmes par des especes de rides, & qui du réservoir se rendent aux *mammelons* où ils s'ouvrent par des orifices imperceptibles à la circonférence des deux trous, dont chacun de ces mêmes *mammelons* est percé: ces mêmes rides ou replis ajoutant encore à l'obstacle que les valvules opposent à la trop libre sortie du lait; obstacle qui ne peut être vaincu qu'autant que l'animal pressant la *mammelle* à coup de nez, donne au lait une telle impulsion que les valvules en sont soulevées & ces petits tuyaux distendus, & qu'autant qu'en tirant à lui le *mammelon* il détermine la liqueur à couler, comme nous la déterminons nous-mêmes par l'action de traire la cavale.

9°. *Les membranes*, consistant principalement dans une tunique particuliere, & en quelque sorte aponévrotique, qui enveloppe & maintient cet ensemble de glandes, de canaux excréteurs & de vaiſſeaux, en ſervant comme de poche & de ſac à chaque *mammelle* qu'elle ſépare ; ces ſacs, après les avoir recouvertes, venant s'adoſſer à leur partie moyenne, & formant entre elles une cloiſon. Les tégumens communs les revêtiſſent encore ; ils ſont plus fins & plus déliés en cet endroit qu'ailleurs, & garnis dans toute leur épaiſſeur de quantité de follicules glanduleux s'ouvrant par de très-petits orifices à la ſurface de la peau, filtrant une humeur graſſe & huileuſe capable de lubréfier ces parties, & de prévenir les excoriations qui auroient pu réſulter de leur frottement. On trouve des follicules ſemblables à toute la circonférence des *mammelons*.

10°. *Les vaiſſeaux ſanguins, arteres & veines ;* les premiers émanans de l'artere abdominale, & n'étant autre choſe que l'artere honteuſe externe dans le cheval, qui dans la jument conſtitue l'artere mammaire, parce que, dès ſa ſortie de l'arcade crurale, elle ſe porte entiérement aux *mammelles* dans leſquelles elle s'évanouit.

Les ſeconds, étant d'une part, des ramifications de la veine abdominale, & de l'autre, des ramifications des veines honteuſes externes ; nous avons donné à celles de ces dernieres ramifications qui ſe portent, dans la cavale, aux parties dont il s'agit, le nom de *veines mammaires*.

11°. *Les vaiſſeaux nerveux,* provenant de quelques filets échappés du nerf crural , & de quelques-uns de ceux qui font envoyés par le nerf confidé-rable qui naît de la troifieme ou quatrieme paire facrée , & par l'intercoftal commun , aux parties extérieures de la génération.

12°. *Les ufages.* Heureufement que l'opinion de *Galien* & de *Bauhin*, qui furement n'a pas été fondée fur l'analogie, ne fauroit nous féduire ici. Le premier prononça décifivement que les *mammelles* des femmes n'ont été expofées aux regards de l'homme , que pour irriter & pour enflammer fes defirs , comme fi la concupifcence de celui-ci ne demandoit pas plutôt un frein qu'un aiguillon. Le fecond ne craignit pas d'avancer que la proximité du cœur importoit à la parfaite élaboration du lait. Pour nous , qui ne voulons admettre dans les vues de la nature , que celles qu'elle nous mani-fefte , nous nous contenterons de regarder les par-ties dont il s'agit , comme l'organe naturel de la fécrétion de ce fuc chyleux qui eft le premier & le plus falutaire aliment des corps qui ne font point formés , dont l'eftomac eft trop foible , & en qui les parties & les liqueurs néceffaires à la diffo-lution des autres fubftances nutritives , n'ont point encore affez de force & d'activité , pour extraire de ces mêmes fubftances la portion chyleufe qu'elles contiennent.

Des Muscles de l'Abdomen.

(Voyez le Précis myologique (188, jusques à 194.)

318. ## Des Visceres Abdominaux.

Des Visceres Chylopoïétiques.

Du Péritoine.

319. Les tégumens, le pannicule charnu & les muscles abdominaux ouverts & détruits, on apperçoit d'abord une membrane d'un tiffu mince, mais ferré. Cette membrane eft le *péritoine ;* il garnit tout l'intérieur des parois de l'abdomen, & revèt prefque tous les visceres que cette cavité renferme.

On confidérera :

1°. *Sa forme ;* il repréfente un fac clos & fermé de toute part.

2°. *Le tiffu cellulaire* dont toute fa face externe, d'ailleurs cotoneufe & inégale, eft pourvue ; ce tiffu folliculeux eft compofé de plufieurs fibres dont l'arrangement n'a rien de régulier ; elles s'élevent de la furface même de cette membrane, & forment une efpece de fubftance réticulaire : il eft plus délié & moins abondant en certains endroits que dans d'autres ; il unit le *péritoine* à chaque viscere que cette membrane entoure ; il fe trouve par conféquent non-feulement dans fa circonfé-

rence, mais dans tous les replis que ce fac fait au-
dedans de lui-même.

3°. *Ses adhérences*, toujours moins intimes aux
lieux où le tissu cellulaire est en plus grande quantité : c'est ainsi qu'à la partie supérieure de l'abdomen, on le voit éloigné des aponévrofes des mufcles tranfverfes. Il en est de même dans le fond du
baffin : c'est ainsi qu'il adhere davantage dans le
refte de l'étendue de ces mêmes mufcles, & à la
portion charnue du diaphragme : c'est ainsi enfin
que les adhérences en font beaucoup plus fortes
à leur portion aponévrotique, directement à l'endroit des mufcles droits, & au centre nerveux du
diaphragme qu'il ne revêt pas entiérement, le foie
étant immédiatement attaché à la portion droite
de ce même centre, & le *péritoine* étant forcé
de fe replier à la circonférence de cette attache
& de cette jonction.

4°. *Les prolongemens du tiffu cellulaire*, qui n'accompagne pas les vaiffeaux fpermatiques comme
dans l'homme, la tunique vaginale étant ici formée par la vraie lame du *péritoine*, & fon tiffu cellulaire ne la fuivant, ainfi que les vaiffeaux fpermatiques, que jufques aux tefticules. Il est important de fuivre les deux prolongemens fuivans ;
l'un qui entoure la veffie, & l'autre qui fuit l'inteftin rectum ; la vraie lame du *péritoine* fe bor-

nant dans la partie poftérieure de l'abdomen à la cloifon par laquelle elle termine , dans le fond du petit baffin, la cavité propre du bas-ventre ; n'accompagnant pas le rectum jufques à fon extrémité , & ne couvrant de la veffie que la partie antérieure, toute la face fupérieure & la face inférieure, jufques à trois travers de doigt (cinq centimètres) au-devant des os pubis, cette poche étant pleine ; car quand elle eft vuide, fa rentrée dans le baffin nous dérobe ce fait ; ce qui refte du rectum & de la veffie au-deffous de cette cloifon n'eft par conféquent enveloppé que du tiffu cellulaire, d'où réfultent les deux prolongemens dont il s'agit, l'un deux fe bornant à la face interne des mufcles de l'anus , l'autre fe terminant également à ces mêmes mufcles , mais accompagnant jufques-là le col de la veffie.

5°. *L'ouverture de ce même fac,* enfuite d'une grande incifion cruciale ; de groffes maffes inteftinales fe montrant d'abord, recouvrant, cachant toutes les autres parties & réfultant des inteftins colon & cæcum, qui feuls repofent fur les mufcles abdominaux , & le fac ne renfermant ni les reins, ni les ureteres, ni le tronc de l'aorte, ni celui de la veine cave, mais fourniffant des enveloppes aux inteftins , au foie , à l'eftomac, à la rate, à l'epiploon , &c.

6°. *Ses enfoncemens*, qui ont lieu fur lui-même de dehors en dedans, & au moyen defquels chaque vifcere fe trouve logé, entouré & niché, fans être néanmoins contenu dans la cavité du fac, puifqu'ils ne font revêtus que par fa face externe, cette membrane fe prolongeant à l'effet de les recevoir & de les envelopper: c'eft ainfi que le *péritoine*, après avoir couvert le diaphragme excepté dans le lieu de l'adhérence du foie, fe replie, comme je l'ai dit, autour de cette adhérence, s'étend fur ce vifcere & l'enveloppe: c'eft ainfi qu'à l'endroit de l'œfophage il fe prolonge pour revêtir l'eftomac: c'eft ainfi que près des vertebres lombaires, il s'enfonce confidérablement pour former le méfentere, & ceindre tout le canal inteftinal: c'eft ainfi qu'il revêt la rate, la matrice, &c.

7°. *Les duplicatures* ou *replis*, qui n'admettent aucun intervalle entre eux que celui qui eft néceffaire pour loger le tiffu cellulaire ; ces duplicatures formant, par exemple, le méfentere jufques au lieu où le *péritoine* s'écarte pour envelopper les inteftins, & conftituant des ligamens tels que les deux ligamens latéraux du foie, fon ligament falciforme, les deux ligamens qui affujetiffent le colon, les ligamens larges de la matrice, ceux qui accompagnent les arteres ombilicales & la

veine

veine de ce nom qui fe trouve dans le ligament falciforme.

8°. *Sa face interne*, liffe, polie & fans ceffe lubréfiée par une humidité vaporeufe, qui tranfude dans toute fon étendue, au moyen de nombre de porofités répondant aux extrémités des artérioles féreufes ou fanguines, & dont le diamètre ne peut admettre que cette vapeur; férofité repompée par des pores femblables, dépendans des veines fanguines & féreufes, de maniere que le renouvellement continuel en prévient la perverfion & tout dépôt, tant que les pores exhalans & abforbans font dans un état naturel. Cette rofée étoit d'ailleurs auffi néceffaire au *péritoine* que par-tout ailleurs, attendu les frottemens que cette membrane éprouve.

9°. *Les vaiffeaux fanguins & nerveux*: le *péritoine* participant de ceux qui l'avoifinent au moyen de quelques ramifications des diaphragmatiques, des lombaires, des iliaques, des facrées, des méfentériques, &c., & des filets qu'il réçoit des nerfs lombaires, de la premiere paire des facrées & des différens plexus de l'abdomen.

10°. *Ses ufages*: fon tiffu cellulaire uniffant, ainfi que je l'ai dit, la vraie lame avec toutes les parties qu'elle touche, garniffant des efpaces, maintenant quelques portions dans leur pofition, la vraie lame étant l'enveloppe & la membrane

Tome II.   B

commune de tous les viſceres qu'elle recouvre, &c.

De l'Epiploon.

320. *L'épiploon* nommé *reticulum*, *omentum*, par les latins (1), eſt une membrane moins graiſſeuſe dans le cheval que dans l'homme, & qui dans l'animal ne s'étend & ne ſe propage pas aſſez pour former la ſorte de hernie que l'on appelle *épiplocele*.

Il faut conſidérer :

1°. *Sa ſituation ;* il eſt en quelque maniere replié & comme entaſſé entre l'eſtomac, les gros inteſtins & les inteſtins grêles: ici il ne ſe montre donc pas d'abord à l'ouverture de l'abdomen, & ne ſe répand pas comme dans l'abdomen humain ſur les replis du canal inteſtinal.

2°. *Ses connexions,* d'abord au ventricule, tout le long de la grande courbure depuis le grand cul-de-ſac juſques au pylore, à une portion du dúodenum du côté droit, au pancréas, à toute la ſciſſure de la rate du côté gauche, enſuite, & après un prolongement de la longueur d'environ un pied (trente-deux centimètres) entre les inteſtins, à l'arc que fait le colon en paſſant ſous l'eſtomac & à la portion de la veine cave qui régne tout

---

(1) *Zirbo*, par les italiens, *Crépine*, *Toilette*, *Dentelle*, *Coëffe*, en beaucoup d'endroits en France.

le long du foie ; là est une ouverture ovalaire par laquelle il est très-facile d'introduire de l'air dans cette poche.

3°. *Sa figure*, qui est celle de l'espece de filet que les pêcheurs nomment *épervier* : quelquefois il se prolonge en formant autant de poches & d'entrelacemens en forme d'ance autour des intestins, & en adhérant aux muscles transverses du bas-ventre.

4°. *Sa substance*, qui est membraneuse ; l'*épiploon* étant composé de deux lames qui toutes deux prennent leur origine de l'estomac, c'est-à-dire, que le péritoine qui est la premiere tunique de ce viscere après l'avoir recouvert, se propage de dessous la grande courbure pour former la membrane dont il s'agit. Le tissu cellulaire qui unit ces deux lames est si fin & si délié, qu'elles sont comme indivisibles, excepté dans les intervalles où il se trouve garni de graisse, & où il présente ce que nous nommons les *bandelettes graisseuses*.

5°. *Le prolongement*, d'où résulte *le petit épiploon* ; celui-ci étant de la largeur d'environ un demi-pied (seize centimètres), & s'étendant du côté gauche depuis la partie moyenne de la grande courbure de l'estomac, jusques auprès de son orifice antérieur ; il est formé par l'adossement des deux lames dont j'ai parlé ; ensorte que quoiqu'il ne paroiſſe que ſous la forme d'une membrane, il eſt néanmoins compoſé de quatre lamès unies par le tiſſu cellulaire qu'on peut ſéparer, ſoit par le moyen du ſouffle, ſoit par le moyen du déchirement des lames. Il eſt au ſurplus couché ſur la rate ; ſes connexions ſont à cette partie, à la courbure du colon qui lui répond, au pancréas, & au grand *epiploon*, dont il eſt, ainſi que je l'ai obſervé, une production.

6°. *Ses vaiſſeaux*, qui ſont principalement les gaſtro-épiploïques droites & gauches, arteres & veines, & ſes nerfs étant des filets émanans des plexus hépatique & ſtomachique.

Du reſte, les vaiſſeaux adipeux, dont quelques anatomiſtes du corps humain ont ſuppoſé l'exiſtence, & qu'ils ont crus néceſſaires à la circulation de la graiſſe, ſont encore à découvrir. D'ailleurs, on peut & l'on doit préſumer que dans l'*epiploon*, comme par-tout ailleurs, la graiſſe ſuinte & fort des poroſités ou des extrémités des arteres : dépoſée enſuite dans les cellules du tiſſu cellulaire, elle y acquiert une certaine conſiſtance par ſon ſéjour, & peut enſuite être abſorbée & repompée par de ſemblables pores veineux, & gagner ainſi le torrent de la circulation.

7°. *Ses uſages*, qui, vu ſa ſituation, ne ſauroient être ici, comme dans l'homme, d'adoucir les frotremens que la réfiſtance du péritoine fait eſſuyer au ventricule. Ils ſemblent ſe borner dans l'animal à aider & à favoriſer la préparation de la bile par la partie graſſe qu'il fournit, & qui eſt portée par les ramifications de la veine-porte dans le foie ; à tempérer l'acrimonie des humeurs ; à fournir au ſang dépouillé de beaucoup de ſéroſités, enſuite de toutes les ſécrétions exécutées dans l'abdomen, des parties huileuſes capables de le rendre plus fluide ; à prévenir enfin les obſtructions & les engorgemens que ſon trop d'épaiſſiſſement pourroit occaſionner dans le foie.

De L'Œſophage.

321. Quoiqu'il n'y ait qu'une très-petite portion de l'œſophage dans la cavité que nous examinons, nous ne pouvons nous diſpenſer de décrire ici ce tube cave, membraneux & charnu, répondant au pharynx, c'eſt-à-dire à un ſac muſculeux & membraneux qui en eſt le commencement & comme le pavillon, & qui répond lui-même à la bouche.

Nous en conſidérerons donc :

1°. *La longueur*, qui eſt d'environ trois pieds & demi (un mètre dix-ſept centimètres), dans un cheval ordinaire ; ce canal, depuis ſon principe, s'étendant le long de l'encolure & de la poitrine, jufques à l'eftomac, auquel il fe termine dès fon entrée dans le bas-ventre.

2°. *Le volume* ou le *diamètre*, qui eft de deux ou trois pouces (fix à huit centimètres), lorfque néanmoins il ne contient aucun aliment, fon élafticité étant telle, qu'il eft refferré au point de n'admettre aucun vide dans fon milieu ; mais il n'en eft pas moins fufceptible de dilatation, puifqu'il peut donner paffage à des pelottes de fourrage, qui font communément de la groffeur d'un œuf, & qui pourroient être encore plus confidérables.

3°. *La couleur,* rougeâtre au-dehors & femblable à celle des chairs, & blanchâtre au dedans, au moyen de la membrane aponévrotique qui en revêt l'intérieur.

4°. *Le trajet,* le long de l'encolure directement au-devant des vertebres cervicales, en arriere de la trachée-artere, entre les carotides & les jugulaires, un peu plus néanmoins à gauche qu'à droite, comme dans l'homme (car il paroît que l'illuftre *Morgagny* eft le feul qui l'ait vu defcendre du côté droit), ce que l'on apperçoit aifément, & même à l'extérieur dans le tems de la déglutition, malgré la peau & les autres parties qui garniffent en cet endroit l'encolure ; on peut fuivre de l'œil la defcente des alimens folides & même liquides dans ce canal, & elle n'eft fenfible que quand on la confidere du côté gauche; ce même canal entrant enfuite dans le thorax par l'intervalle que laiffent les deux premieres côtes & le fternum, ayant alors (fa fituation devenant horifontale d'oblique qu'elle étoit), la trachée-artere au-deffous de lui, jufqu'à ce qu'elle fe termine en bronches & fe perde dans les poumons: il pourfuit enfuite fa route, en fuivant toujours la colonne offeufe des vertebres du dos, & d'ailleurs enveloppé du tiffu cellulaire du médiaftin, dans lequel il chemine jufques à l'ouverture oblongue placée dans le centre du petit mufcle du diaphragme, ouverture qui lui livre un paffage, & deux travers de doigt (trois centimètres), après laquelle il fe termine au ventricule.

5°. *La fubftance,* véritablement charnue & membraneufe ; ce vifcere étant revêtu d'une membrane extrêmement mince, qui n'eft qu'un tiffu cellulaire qui lui fert d'enveloppe ; fa portion principale étant compofée de fibres mufculeufes dont la direction eft telle qu'elles font rangées fur deux plans ; les unes & les plus nombreufes n'étant pas abfolument circulaires, mais légérement fpirales ; les autres s'étendant d'une extrémité à l'autre, marchant un peu obliquement depuis la partie fupérieure du canal, & fuivant une direction vraiment longitudinale à l'extrémité inférieure où elles font plus fortes & plus apparentes ; elles ne paroiſſent avoir d'autres uſages que de ſoutenir les premieres, ſoit dans leur ſituation, ſoit dans leur contraction ; une membrane cellulaire, ſemblable à celle que l'on trouve dans l'eſtomac, s'uniſſant d'une maniere très-lâche à cette tunique charnue, & adhérant étroitement à la tunique aponévrotique, qui eſt blanche, comme nous l'avons dit, & d'un tiſſu très-fort & très-ſerré. Cette derniere tunique n'ayant aucune force élaſtique, & étant privée par conſéquent de la faculté de ſe contracter après avoir été diſtendue, conſervant toujours plus d'ampleur que ne lui en permet la cavité de l'œſophage quand il eſt reſſerré, étant, par une ſuite néceſſaire, pliſſée dans toute ſon étendue, & ſes plis s'effaçant lorſque, dans la déglutition, les alimens forcent & ouvrent le canal. Elle eſt au ſurplus intérieurement tapiſſée d'une membrane très-déliée, qui eſt la même que la membrane épidermoïde de l'eſtomac, & qui n'en differe en rien. Une matiere mucilagineuſe qui paroît principalement due au pharynx & à l'arriere-bouche, où l'on trouve une quantité de cryptes qui peuvent la fournir, l'enduit encore & rend le paſſage plus gliſſant. On doit croire que cette humeur coule toujours ſpécialement de cette ſource dans le canal dont il s'agit, & plus particuliérement quand elle y eft entraînée avec les alimens , & nous ne penfons pas qu'ici les fucs œophagiens foient des fucs digeftifs , comme ils le font dans les oifeaux granivores , dans l'aigle , dans le caftor , &c.

6°. *Les vaiffeaux fanguins* ; les artériels , naiffant immédiatement de l'aorte dans le thorax , & quelquefois des bronchiques , quelques rameaux dépendans des carotides , fe portant auffi le long de l'encolure à ce canal ; quant aux veines , celles qui fe trouvent dans le thorax fe rendent dans la veine azygos , & celles qui fe trouvent le long de l'encolure , dans les veines jugulaires.

7°. *Les vaiffeaux nerveux* , lui étant fournis par la huitieme paire , par l'intercoftal & par les cervicaux.

8°. *Les ufages*. Ce canal fervant à la déglutition au moyen de la contraction de fes fibres charnues , contraction fucceffive & toujours opérée en arriere des alimens à chaffer du côté du ventricule , contraction en même-tems très-forte , & qui aide fouvent la marche des matieres forcées de monter perpendiculairement ; car l'animal herbivore paiffant la tête baffe , n'eft point obligé de la relever pour en faciliter la defcente dans l'eftomac, où d'ailleurs , dans l'homme même , elles ne fe précipitent point par leur propre poids, ainfi que plufieurs anatomiftes l'ont prétendu , puifque quand il eſt couché , elles n'en parviennent pas moins dans le ventricule, & que l'on voit tous les jours des-farceurs manger, boire & avaler, leur corps étant poſé perpendiculairement ſur leur tête.

Du Ventricule ou de l'Eſtomac.

322. L'*eſtomac* eſt un ſac membraneux contenu dans l'abdomen. On en examinera:

1°. *La ſituation*, directement en arriere du diaphragme, aſſez près des vertebres des lombes, & dans la partie moyenne & latérale gauche de cette cavité, de maniere que la portion droite eſt recouverte par le foie, la portion gauche par la rate, toute la face inférieure étant cachée par les gros inteſtins ſur leſquels il repoſe.

2°. *Les connexions* ou les *attaches*, par le moyen de l'œſophage d'une part, & d'une autre part, par des vaiſſeaux ſanguins communs à ce viſcere, ainſi qu'au foie & à la rate ; du reſte, il eſt maintenu par toutes les parties qui l'environnent, principalement par le diaphragme & par les inteſtins.

3°. *Le volume*, qui varie dans les différens individus ; cette poche d'ailleurs vide ayant environ un pied (trente-deux centimètres) de circonférence, & trois (quatre-vingt-dix-ſept centimètres), ou même quatre (un mètre vingt-neuf centimètres), lorſqu'elle eſt pleine, ſa longueur qui est en travers augmentant en volume dans cette proportion.

4°. *La figure*, qui est presque ronde & qui approche de celle d'un rein.

5°. *Les faces*, qui sont un peu plus planes que le reste, & qui sont tellement obliques dans leur situation, qu'elles ne sont ni totalement en-dessus & en-dessous, ni totalement en avant & en-arriere. L'inférieure, qui se présente la premiere, regardant légérement le diaphragme qui est en-devant, & les gros intestins qui sont en-dessous ; la supérieure ne regardant pas moins la partie postérieure de l'abdomen que les vertebres des lombes, ces diverses positions variant au surplus, selon que le viscere est plein ou vide.

6°. *Les courbures*, formées par l'intervalle des deux faces ; la grande comprenant la convexité de l'*estomac*, & s'étendant en longueur d'une extrémité à l'autre ; la petite qui lui est opposée étant concave, & comprenant seulement l'intervalle qui est entre les deux orifices.

7°. *Les extrémités*, dont la grosse, appellée aussi le *grand cul-de-sac*, est à gauche, & la petite à droite.

8°. *Les orifices*, au nombre de deux, l'un anterieur & l'autre postérieur ; le premier répondant à l'œsophage, terminant ce canal & formant le commencement de l'*estomac* ; l'œsophage faisant

en cet endroit une courbure qui réfulte de fa direction & de celle du *ventricule*, & cet orifice
étant garni d'un nombre confidérable de fibres
extrêmement fortes, qui le refferrent étroitement;
elles ne font que la continuation de celles de l'œ-
fophage qui viennent fe confondre avec celles de
l'*eftomac*.

Le fecond orifice ou *l'orifice poftérieur*, offrant
un paffage aux alimens qui doivent fortir du vifcere, comme l'orifice antérieur leur en offre un
pour leur entrée, & n'étant éloigné de celui-ci
que de cinq à fix pouces (treize à feize centimètres); il forme le commencement du canal inteftinal; il paroît extérieurement fort & épais au
toucher, attendu qu'il eft groffi par le rapprochement de toutes les fibres des membranes du
vifcere en cet endroit, & par les fibres circulaires
de la membrane mufculeufe qui y forment une
efpece de fphincter; ainfi elles le tiennent refferré
de façon qu'il s'oppofe à la trop grande facilité
de la fortie des alimens: c'eft eu égard à cet ufage
que cet orifice a été appellé *pylore*; quoiqu'il foit
étroit & refferré, il l'eft cependant beaucoup moins
que l'antérieur: on le diftingue extérieurement du
canal inteftinal, non-feulement par la dureté que
l'on fent en le touchant, mais par une légere dépreffion qui eft directement où commence l'inteftin.

9°. *La substance*: ce viscere paroissant d'un tissu extrêmement fort, quoiqu'en plus grande partie membraneux.

10°. *Les membranes*, au nombre de quatre & même de cinq. *La premiere & l'externe* étant la moins forte, & étant fournie par le péritoine, d'où elle est appellée *tunique commune*, parce qu'elle est la même que celle qui revêt la plupart des autres visceres de l'abdomen ; sa face externe étant très-unie, sa face interne étant cellulaire, & ce tissu cellulaire, s'insinuant dans l'intervalle des fibres musculaires dont je vais parler.

La seconde, étant la plus forte, charnue plutôt que membraneuse, & formant principalement le corps du *ventricule* : dans plusieurs chevaux, elle ne présente pas des fibres longitudinales, elles semblent toutes spirales ou circulaires : il est deux plans très-sensibles de celle-ci dans le *grand cul-de-sac* ; le plan extérieur paroissant être la continuation des fibres spirales de l'œsophage, dont une partie parvenue à *l'estomac*, s'étend sur toute l'étendue de la *petite courbure*, se porte circulairement sur les *deux faces*, & se termine par l'entrelacement des unes & des autres ; l'autre partie passant par-dessus le plan interne en le croisant, toutes ces fibres étant très-entassées près de *l'orifice antérieur*, s'épanouissant ensuite sur la *grosse ex-*

trémité circulairement, en se terminant en tourbillons sur le fond du viscere. L'autre plan ou le
plan intérieur, formant une espece de cravatte
qui s'étend de chaque côté sur *la petite courbure*
en croisant le plan externe ; ses fibres parvenues à
environ la portion moyenne de cette *courbure*, se
portant en plus grande partie de chaque côté du
grand cul-de-sac sur tout lequel elles s'étendent
quelquefois, de maniere qu'elles composent un
double plan ; elles forment des circulaires, & se
terminent au fond du *ventricule* de la même maniere que celles du plan extérieur, c'est-à-dire,
en tourbillons : elles se croisent avec celles de ce
même plan dans toute leur marche : quant aux autres fibres du plan intérieur, elles se portent circulairement sur les *faces* ; là, elles sont plus déliées & moins fortes. Au surplus, il est entre les
deux plans quantité de fibres qui partent du plan
externe des fibres de la tunique charnue de l'œsophage : ces mêmes fibres se propagent longitudinalement, & se répandent l'espace d'environ cinq
à six travers de doigt (huit à dix centimètres), sur
l'estomac & à la circonférence de *l'orifice antérieur*,
en croisant indifféremment toutes les autres fibres,
& se perdant dans sa substance ; les autres fibres
longitudinales qu'on peut observer dans un grand
nombre de chevaux sur les surfaces de ce viscere,

paroissant naître du *grand cul-de-sac*, & s'étendre sur les deux *faces*; celles qui regnent le long de la *grande courbure*, & qui s'étendent jusques au *pylore*, cheminent vraiment longitudinalement; la marche des autres sur les deux *faces* est légérement oblique; elles s'écartent un peu en se croisant dans leur trajet, & vont se perdre dans la *petite courbure* & dans le *pylore*. Toutes ces fibres musculaires qui diminuent d'épaisseur dans leur route & deviennent presqu'insensibles, ne sont pas d'ailleurs exactement réunies; le tissu cellulaire dont j'ai parlé, pénetre dans leurs interstices, & joint d'une maniere très-lâche la membrane qu'elles forment avec la tunique qui suit.

Cette tunique est la *troisieme membrane* unie très-intimement au moyen du même tissu par sa face interne à la *membrane veloutée*; elle est blanche : elle a été appellée *nerveuse* par quelques-uns, à raison sans doute de la quantité de filets nerveux qui se distribuent dans sa substance, & *tendineuse* par quelques autres, qui ont faussement pensé que toutes les fibres de la membrane musculeuse se terminoient par des tendons, & composoient ainsi celle dont il s'agit, & dans la substance de laquelle on trouve souvent quelques corps glanduleux parsemés çà & là, dont les orifices excréteurs vont vraisemblablement s'ouvrir dans l'estomac.

La quatrieme tunique dite *veloutée* ou *mammé-lonee* , préfente deux faces ; l'une externe qui eft blanche & d'un tiffu ferme & ferré; l'autre interne qui paroît partagée en deux portions que l'on diroit être entiérement diffemblables. La portion qui garnit *l'orifice antérieur* & toute la *groffe extremité*, c'eft-à-dire, plus d'un tiers du *ventricule* , eft une continuation de celle qui tapiffe intérieurement l'œfophage : elle eft de même nature, en quelque façon aponévrotique, blanche , d'un tiffu ferré & parfemée de rides & de plis plus légers que ceux de l'autre portion, excepté à l'endroit même de *l'orifice* où ils font très-confidérables : elle paroît beaucoup plus ample que la cavité de ce même *orifice* qui eft toujours fermé ; or ne fe retirant point fur elle-même comme les fibres charnues qui le compofent, elle fe pliffe, & les plis qu'elle forme à cette ouverture font en long, & garniffent entiérement cette cavité : de plus, à mefure qu'elle s'étend dans le *ventricule*, ces mêmes plis ou rides font comme entaffés & confondus les uns dans les autres, de façon qu'il en réfulte un embarras que l'on peut à peine débrouiller, lorfque le *ventricule* étant ouvert, on veut pouffer le doigt du *ventricule* dans l'œfophage ; cette même membrane devient enfuite *mammelonée* , & telle en eft la feconde portion. Ce changement

ne

ne s'éxécute pas infenfiblement & peu-à-peu, il eft marqué par une ligne circulaire & affez égale ; & fi l'on n'examinoit pas fcrupuleufement cette ftru#ure, on feroit difpofé à croire que la membrane, *aponévrotique* dans une de fes portions, & *veloutée* dans l'autre, forme deux membranes différentes & feulement unies ; mais des recherches férieufes démontrent une même continuité, fur-tout quand on confidére cette tunique à l'extérieur, & du côté de la troifieme membrane, on ne remarque alors nulle différence : on en voit bien moins au-dehors du ventricule, fur-tout lorfqu'il eft vide ; car alors refferré fur lui-même il en eft plus épais ; ce n'eft qu'en foufflant, ou en aminciffant les tuniques que l'on peut appercevoir par leur tranfparence, ou fentir par le maniement, la ligne qui fépare ces deux portions. La *mammelonée* eft garnie d'une forte de duvet très-difficile à obferver, formé fans doute par l'arrangement lâche des fibres qui terminent fa fuperficie, & par les orifices des canaux excréteurs des cryptes ou follicules glanduleux nichés dans ce duvet, d'où réfultent des efpeces de *mammelons* très-peu fenfibles à la vérité : l'une & l'autre de ces portions font hume#ées par une humeur moins mucilagineufe, moins vifqueufe & moins épaiffe dans la premiere que dans la feconde où elle eft confidérable, & qu'elle enduit & lubréfie visiblement comme les intestins, où elle est appellée *humeur intestinale*, tandis qu'ici elle est nommée *suc gastrique*.

La cinquieme tunique enfin , est une sorte d'épiderme qui tapisse intérieurement la quatrieme, mais seulement dans la *portion aponévrotique*, car elle ne paroît point revêtir la portion *mammelonée*, & cette tunique est tellement déliée, que nous croyons pouvoir la nommer *tunique épidermoïde.*

11°. *Les vaisseaux*, qui sont arteres, veines & nerfs; l'artere coronaire stomachique, l'une des trois branches qui font la division de l'artere cœliaque, étant assez considérable, & se portant par un trajet fort court à la *petite courbure*, du côté de l'*orifice antérieur*, où elle se partage en deux branches qui, le long de cette *courbure*, se propagent jusques à l'*orifice postérieur* où elles s'anastomosent. Les premiers rameaux de ces deux branches embrassent le premier de ces *orifices*; les autres se répandent sur les surfaces du viscere, & s'anastomosent du côté de la *grosse extrémité* avec les vaisseaux courts, & dans le reste de l'étendue du *ventricule* avec les gastro-épiploïques. La gastro-épiploïque droite est une branche de l'artere hépatique, & celle-ci une division de la cœliaque: elle gagne la *petite extrémité* du viscere, & regne le long de la *grande courbure* où elle s'anaftomofe avec la gaftro-épiploïque gauche. Ses ramifications collatérales font en grand nombre, elles fe répandent les unes fur les deux *faces* du *ventricule* où elles s'uniffent aux coronaires ftomachiques, & les autres fe difperfent dans l'épiploon. L'artere hépatique fournit encore une petite branche détachée de celle-ci, & qui fe diftribue à l'*orifice poftérieur*, à l'endroit du *pylore* : on la nomme *artere pylorique* ; elle s'anaftomofe auffi avec les précédentes. La gaftro-épiploïque gauche eft une branche de l'artere fplénique, qui dépend auffi de la cœliaque ; elle part de cette artere à quelque diftance de fon infertion dans la rate, & gagne, du côté de la *groffe extrémité*, la *grande courbure* où elle fe joint à celle du côté oppofé, & fe difperfe également au *ventricule* & à l'épiploon; de-là la dénomination de gaftro-épiploïque accordée à ces arteres. Les vaiffeaux courts enfin (*vafa brevia*), font, quant aux arteres, deux ou trois rameaux qui s'échappent de la fplénique fort près de la rate, & qui fe propagent & fe diftribuent à la *groffe extrémité* où ils s'anaftomofent avec les autres vaiffeaux.

Les veines gaftriques, font en même nombre quant à leurs troncs, & dépendent toutes de la veine-porte : la coronaire ftomachique en eft un des premiers rameaux ; elle fuit les diftributions de l'artere de ce nom dans toute la *petite courbure*, & fe jette dans le finus de la veine-porte : la gaf-tro - épiploïque droite dépend auffi du tronc de cette veine, mais elle en fort au côté oppofé, c'eft-à-dire, que la coronaire ftomachique fort de fa partie antérieure, tandis que celle-ci naît de fa partie poftérieure. La gaftro-épiploïque gauche part de la branche de la veine-porte, que l'on nomme *fpiénique*, ainfi que les veines qui for-ment avec les arteres les vaiffeaux courts ; ces veines fuivent la même marche & s'anaftomofent ainfi que les arteres dont elles ne différent qu'en ce que, comme par-tout ailleurs, elles font plus groffes & offrent un plus grand nombre de rami-fications : c'eft auffi un petit rameau de ces bran-ches qui répond à l'artere pylorique : au furplus la diftribution de tous ces vaiffeaux fe fait entre les tuniques même de l'*eftomac* : ils font foutenus par le tiffu cellulaire qu'on obferve entre ces membranes.

Les nerfs, font des filets détachés de la hui-tieme paire.

Quant aux vaiffeaux lymphatiques, ils fe por-tent au réfervoir du chyle.

12°. *Les ufages* : ce vifcere étant le principal organe de la digeftion, il reçoit les alimens liquides & folides, il les retient; ces alimens s'y diffolvent, ils y font affimilés aux autres parties de l'animal; ce qui peut être changé en chyle en eft extrait; le *ventricule* les laiffe paffer enfuite dans les inteftins, après en avoir peut-être abforbé la partie la plus tenue & la plus fubtile; enfin c'eft dans ce vifcere que réfide cette fenfation que l'on nomme la *faim*, fenfation merveilleufe & qui femble avoir été accordée à l'homme ainfi qu'aux animaux, non pour les avertir, fuivant l'opinion reçue depuis *Galien*, que leurs veines font vides, mais pour les inviter à prévenir machinalement les fuites du frottement des folides & de l'acrimonie des humeurs, en les adouciffant par une nouvelle nourriture, ou par un nouveau chyle (1).

Des Inteftins.

323. *Les inteftins* forment un canal membraneux qui depuis l'eftomac s'étend jufques à l'anus.

Il faut en confidérer :

1°. *La divifion*, en inteftins gros & en inteftins grêles.

---

(1) Nous imprimerons à la fuite de cet ouvrage des recherches fur les caufes de l'impoffibilité dans laquelle les chevaux font de vomir, ainfi que la defcription & les ufages des eftomacs dans les animaux ruminans.

Les *inteſtins grêles*, ſont ſubdiviſés dans l'homme en trois portions, compriſes ſous la dénomination de *duodenum*, de *jejunum* & d'*ileum* ; mais cette ſubdiviſion étant en quelque maniere idéale, nous ne l'admettrons point ici.

Quant aux gros *inteſtins*, ſubdiviſés en trois portions, nous leur conſerverons les noms de *cæcum*, de *colon* & de *rectum*.

2°. *La longueur*, qui, dans un cheval ordinaire, eſt d'environ vingt-ſept ou vingt-huit aunes, (trente-quatre mètres deux centimètres, à trente-cinq mètres vingt-huit centimètres), y compris néanmoins l'œſophage & l'eſtomac, enſorte que les *gros inteſtins* en ont environ cinq, ſix ou ſept, (ſix mètres trente centimètres, à huit mètres quatre-vingt-deux centimètres) , & les *inteſtins grêles* environ dix-huit ou dix-neuf (vingt-deux mètres ſoixante-huit centimètres, à vingt-deux mètres quatre-vingt-quatorze centimètres) (1).

3°. *Le diamètre* ; celui des *inteſtins grêles* uniforme dans toute leur étendue, ſi ce n'eſt dans

---

(1) Dans le bœuf & dans le mouton, la longueur totale eſt bien plus conſidérable, celle des *inteſtins* du bœuf, étant d'environ quarante-deux aunes (cinquante-deux mètres quatre-vingt douze centimètres), & celle de ceux du mouton d'environ trente-quatre, (quarante-deux mètres quatre-vingt-quatre centimètres).

la longueur d'un ou deux pieds (trente-deux ou foixante-quatre centimètres) , à leur proximité du ventricule , & par-tout ailleurs égalant à peine la groffeur des *inteftins grêles* humains , le volume des *gros inteftins* étant énorme & très-confidérable (1).

4°. *La fituation* dans l'abdomen , qu'ils rempliffent exactement les uns & les autres , de maniere qu'ils fe préfentent & s'échappent promptement à la moindre ouverture faite aux parties contenantes ; leur pofition étant toujours la même , parce que la grande cavité qui les renferme , n'admettant aucun vide , ils font maintenus par les parois de cette même cavité , & par les autres vifceres qui en occupent un certain efpace (2).

---

(1) Les *inteftins grêles* du bœuf font à peine égaux en diamètre aux *inteftins grêles* du cheval , & les *gros inteftins* n'excédent pas de beaucoup celui des premiers ; eu égard aux *inteftins grêles* du mouton , ils font d'un volume quatre fois moindre que celui du bœuf. ils fubiffent plufieurs changemens dans leurs contours & dans leur amplitude ; il en eft de même du diamètre des *gros inteftins* , fi nous en exceptons le cæcum & environ deux pieds (foixante-quatre centimètres) du colon que nous trouvons différer très-peu de la groffeur des *gros inteftins* du bœuf.

(2) Ce font l'épiploon & la panfe qui s'offrent d'abord à l'ouverture de l'abdomen du bœuf & du mouton , les

5°. *Les connexions* , aux vertebres lombaires par une membrane qui les captive , & que nous nommerons le méfentere (1).

6°. *Les circonvolutions* , fans lefquelles toute cette maffe inteftinale n'auroit pu être contenue dans cette capacité ; celles des *inteftins gréles* n'ayant aucune régularité qu'il foit poffible d'obferver & de défigner ; ces mêmes *inteftins* étant contenus entre l'eftomac , les *gros inteftins* , le baffin & les lombes , enforte qu'ils ne fe montrent qu'après qu'on a enlevé les *gros inteftins* ; & ce canal, qui commence au pylore, fe portant affez conftamment & dans fon principe à côté & un peu au-deffus de la petite extrémité de l'eftomac ; allant gagner le voifinage des vertebres lombaires, faifant dans ce trajet une courbure, paffant fous le paquet de l'artere & de la veine méfentérique, & fe trouvant enfuite confondu avec la fuite des circonvolutions des *gros inteftins* (2).

Les circonvolutions des *gros inteftins* qui fe pré-

---

inteftins étant placés du côté droit, & la panfe occupant les trois quarts de cette cavité.

(1) Dans le bœuf & dans le mouton outre ces mêmes attaches à ces vertebres, ils adherent encore au pancréas , à l'épiploon & à la panfe.

(2) Si nous fuivons dans le bœuf celles des *inteftins gréles* , nous voyons en général ces *inteftins* ramper fur

fentent les premiers à l'ouverture du bas-ventre,
étant très-marquées.

Le cæcum, étant pofé en long du côté droit, fa
bafe étant du côté des os des îles, d'où il s'étend
tout le long de la partie inférieure de l'abdomen,
entre la premiere & la feconde courbure du colon,
jufques à environ un pied (trente-deux centimètres), du cartilage xiphoïde où il fe termine en
pointe ; cette pointe en formant le cul-de-fac
ou le fond, & fa bafe fe terminant par une portion d'environ un pied (trente-deux centimètres)
de longueur, & du volume d'un *inteftin grêle* (1).

---

la panfe & cheminer conftamment dans le côté droit, depuis le foie jufques au baffin où ils fe montrent en partie
enfuite d'une incifion faite pour pénétrer dans cette cavité,
leurs contours étant moindres, plus réguliers, plus rapprochés
& plus nombreux que dans le cheval, le méfentere ayant
auffi moins d'étendue, & ces mêmes *inteftins* ne fe confondant point avec les gros.

La premiere portion de ce canal qui prend naiffance du
quatrieme eftomac, fait plufieurs contours du côté droit
en adhérant au foie, & chemine par quelques inflexions le
long des parties latérales des lombes au-deffus des *gros
inteftins* jufques au baffin, tandis que les deux autres portions diftinguées dans l'homme par les noms de *jejunum* &
d'ileum, occupent les lombes & le refte de ce même baffin,
& fe terminent au cæcum.

(1) Celui du bœuf differe en ce qu'il occupe la partie laté-

Le colon, commençant par cette même bafe,
fe portant en droite ligne depuis le baffin jufques
auprès du diaphragme, où il fe recourbe & defcend
le long de la partie latérale gauche jufques au
baffin où il fe recourbe de nouveau en diminuant
de volume, & en remontant encore du côté du
diaphragme ; là, par une troifieme courbure, &
fon diamètre étant confidérablement augmenté,
il redefcend parallélement à la premiere portion
jufques au rein gauche, d'où il remonte par une
portion un peu moins ample, & rentrant en deffous de ces circonvolutions où il perd beaucoup
encore de fon volume, il fe confond avec les *inteftins grêles*, & fe porte, au moyen de quelques
nouveaux détours, jufques auprès des vertebres
lombaires (1).

---

rale droite de la panfe. Il eft de plus moins volumineux, égal
dans toute fon étendue ; il fe termine au baffin, en avant des
os iléon par un cùl-de-fac arrondi, fa bafe, du côté des
lombes, donnant naiffance au colon, tandis que dans le
mouton le cul-de-fac s'enfonce dans le baffin même.

(1) Le diamètre du *colon* du bœuf eft un peu plus ample
que celui des *inteftins grêles*. Il eft uniforme dans toute
fa longueur. Il fait à la partie moyenne du bas-ventre plufieurs circonvolutions ovalaires très-rapprochées les unes
des autres & unies par le méfocolon, qui dans cet endroit
eft très-étroit. Cet *inteftin* fe porte enfuite en ligne droite

Le rectum, n'étant qu'une continuation du *colon* enfuite de fon approche de ces mêmes vertebres, & marchant en ligne droite depuis ce lieu jufques à l'anus ; c'eft de ce dernier trajet qu'il tire le nom par lequel il eft défigné (1).

7°. *Les tuniques*, au nombre de quatre, plus confidérables dans les *gros inteftins* que dans les *inteftins grêles* (2).

La premiere nommée *tunique commune*, dépendante du péritoine, fournie par l'intermede du méfentere, que forme ce même péritoine, & l'écartement cylindrique que l'on trouve à l'extrémité de fon repli, étant proprement cette même tunique.

---

le long de la partie latérale droite des vertebres lombaires jufques au rectum.

Dans le mouton, le diamètre eft égal à celui du *cœcum* de ce même animal, pendant l'efpace d'environ deux pieds (foixante-quatre centimètres), après lequel il diminue de volume, fait des circonvolutions femblables à celles du *colon* du bœuf, & augmente encore en groffeur jufques à fa terminaifon.

(1) Il differe, 1°. dans le bœuf, en ce qu'il ne préfente ni boffes, ni cavités, & en ce que fes membranes font moins fortes ; 2°. dans le mouton, en ce que fes tuniques en font moins fortes encore, plus déliées, & en ce que cet *inteftin* eft confidérablement entouré & enveloppé de graiffe.

(2) Et un peu plus foibles dans le bœuf & dans le mouton.

La feconde *charnue*, compofée de deux plans de fibres, dont les premieres longitudinales, & s'étendant felon toute la longueur du canal; les autres circulaires & coupant celles-ci à angles droits; les unes & les autres favorifant dans les inteftins un mouvement vermiculaire ou périftaltique très-fenfible dans l'animal, & encore plus frappant dans les *inteftins gréles* que dans les *gros*; ce mouvement d'ondulation commençant toujours du coté de l'eftomac, & quelquefois par l'eftomac même, & continuant fucceffivement du côté de l'anus; à moins que l'ordre n'en foit accidentellement troublé; car alors il peut également partir de la fin du canal comme de fon principe, & ce mouvement inverfe eft ce que nous nommons mouvement anti-périftaltique. Telle eft au furplus la contraĉtibilité de ce canal que, forti tout entier du corps de l'animal, le mouvement dont il s'agit fe montre & fubfifte pendant cinq ou fix heures, plus ou moins, pour peu qu'on en irrite les tuniques, comme on voit palpiter les cœurs arrachés de la tortue, de la grenouille, & mouvoir les têtes & les corps féparés des viperes, des vers, &c.; cette irritabilité bien différente de l'élafticité, ne pouvant être que dans la ftruĉture même de la fibre; auffi le célebre de *Haller*, dit-il qu'elle eft une propriété inhérente en elle, dont la caufe eft auffi peu connue que celle de l'attraction.

La troifieme tunique, femblable à la troifieme membrane de l'eftomac, unie d'une maniere très-lâche à la *tunique mufculeufe*, & adhérant plus étroitement à la quatrieme.

Celle-ci nommée *mammelonée* ou *veloutée*, fa face externe étant unie, ferrée & blanchâtre ; fa face interne garnie d'un duvet moins confidérable & moins élevé que dans le ventricule ; cette tu-nique étant au furplus dans l'intérieur du canal, lâche & comme pliffée ; ces plis étant néanmoins moindres que ceux que l'on obferve dans l'efto-mac, & n'ayant point affez de volume dans le cheval pour former, comme dans l'homme, les replis réguliers en forme de croiffant, appellés dans celui-ci les *valvules conniventes*, on y apperçoit feu-lement quelques rides qui n'ont rien de conftant.

8°. *L'humeur* dite *inteftinale*, filtrée dans le du-vet même de la tunique veloutée, par nombre de petites glandes qui fe trouvent dans toute fon étendue ; cette humeur la lubréfiant continuelle-ment, & fon ufage étant de rendre le tiffu interne du canal plus fouple & plus gliffant, foit pour faciliter la defcente ou la marche des alimens di-gérés, foit pour parer à l'irritation de la membrane même lors de leur paffage, foit enfin pour garantir dans l'état ordinaire cette tunique de l'impreſſion de l'âcreté naturelle de la bile ; peut-être auſſi qu'elle eſt aſſez active pour contribuer à la digeſtion commencée dans le ventricule , mais qui ſe per- fectionne encore dans les *inteſtins grêles* , dans leſquels deux autres humeurs , c'eſt à-dire , la bile & le ſuc pancréatiques ſont verſés & dépoſés à cet effet.

9°. *L'inſertion du canal hépatique* , recevant le canal principal qui du pancréas s'ouvre dans ſa cavité ; cette inſertion ayant lieu dans le prin- cipe des *inteſtins grêles* , & cinq à ſix travers de doigt (huit à dix centimètres) après le pylore (1).

---

(1) L'inſertion du canal hépatique du bœuf a lieu dans le même principe des *inteſtins grêles* , à environ une même diſtance du pylore ; il ſe prolonge dans la cavité de *l'in- teſtin* comme une eſpece de mammelon , recouvert par la membrane veloutée. Dans le mouton cette inſertion ſe fait à un pied & demi (quarante-huit centimètres) du pylore ; ce canal fait horiſontalement un trajet d'environ un pouce (trois centimètres) entre les membranes , & s'inſere dans la cavité pour y verſer la liqueur qu'il charrie , ſans qu'aucune val- vule puiſſe en empêcher le reflux : j'ajouterai que dans le bœuf le canal pancréatique principal s'inſere à environ un pied (trente-deux centimètres) du pylore , tandis que dans le mouton il s'ouvre dans le canal hépatique à environ deux pouces & demi (ſept centimètres) du foie , & à un pouce & demi (quatre centimètres) de *l'inteſtin*.

10°. *L'infertion du petit canal pancréatique*, ayant lieu à environ un pouce (trois centimètres) , au-deffous de l'autre (1).

11°. *Les particularités offertes par le cæcum*, qui differe du *cæcum humain* par fa figure , par fon étendue , par le défaut d'un appendice , &c. Cet *inteftin*, formant une poche de la longueur d'environ deux ou trois pieds (foixante-quatre à quatre-vingt-feize centimètres) , auffi ample que la plus groffe portion du *colon*, tournée du côté du cartilage xiphoïde; fon fond fe terminant en une pointe mouffe & privée de tout appendice vermiforme ; l'*inteftin grêle*, qui s'y rend , y paroiffant en quelque façon comme une piece ajoutée , & pour l'infertion de laquelle on auroit pratiqué un trou à l'endroit de ce même *cæcum*, auquel cet *inteftin grêle* finit ; l'extrémité de l'orifice de ce même *inteftin grêle*, étant diffemblable de ce qu'on obferve dans le corps humain , la membrane veloutée de cette extrémité étant en effet un peu allongée , & formant plufieurs plis & plufieurs rides qui , fans offrir rien de régulier comme dans l'homme , peuvent néanmoins remplir le même objet, c'eft-à-

---

(1) Ce même petit canal n'exiftant pas dans le bœuf & s'ouvrant dans le mouton à deux lignes (quatre millimètres environ) au-delà du canal hépatique.

dire, s'oppofer à toute rétrogradation des alimens du *cæcum* dans les *inteftins grêles*, & faire fonction de la valvule de *Bauhin;* ces plis & ces rides pouvant encore empêcher que les liqueurs injectées par l'anus n'outre·paffent les *gros inteftins* qui , d'ailleurs extrêmement amples , font ici plus que fuffifans pour les contenir (1).

12°. *Les lignes* ou les *bandes ligamenteufes* (2), formées par une réunion plus forte des membranes inteftinales ; ces bandes, au nombre de trois feulement dans l'homme , & paroiffant naître en lui de l'appendice vermiforme , fe trouvant au nombre de quatre à l'extérieur du *cæcum* du cheval, fituées par intervalles égaux , eu égard à la largeur de cet *inteftin*, s'étendant felon toute fa longueur, & fe propageant fur le *colon*, mais feulement fur fa portion la plus large , car à la fin de cette portion, deux d'entr'elles s'évanouiffent : on n'y voit

---

(1) Nous avons déjà obfervé les différences ou les particularités de ce même inteftin dans le bœuf & dans le mouton comparé à celui du cheval, Il en eft diffemblable par la figure, par l'étendue, par la fituation, par le défaut des bandes ligamenteufes & des boffes. Sa longueur eft de deux pieds (foixante-quatre centimètres) environ , il eft trois fois plus ample que dans le bœuf & dans le mouton, où il eft uniforme dans toute fa longueur.

(2) Abfentes dans le mouton, ainfi que dans le bœuf.

d'une

d'une part, que celle qui eſt à l'endroit du méſentere, & de l'autre, celle qui lui eſt diamétralement oppoſée; ces deux bandes qui ſont entiérement effacées dans le *rectum*, ſuffiſant ſans doute
ici pour ſoutenir le volume du *colon*, & pour en
affermir les tuniques dans les lieux où ſon diamètre eſt le moins conſidérable.

13°. *Les valvules conniventes*, très-différentes
de celles qui, dans les *inteſtins grêles humains*,
doivent leur exiſtence aux replis de la tunique veloutée, & réſultant ici, comme dans l'homme,
des boſſes & des enfoncemens occaſionnés par les
bandes qui, bridant & reſſerrant toutes les membranes, les obligent à ſe froncer. Ces *valvules* étant
au ſurplus régulieres, diſpoſées par intervalles
égaux, & ces intervalles formant des cellules ou
des cavités qui ſont le moule des excrémens ma-
ronnés du cheval, car ils ne doivent leur forme
qu'à leur ſéjour dans ces cellules (1).

14°. *Les particularités que préſente le rectum.*
Cet *inteſtin*, quand il eſt vide, n'ayant qu'un
médiocre diamètre, qui peut augmenter très-
conſidérablement par le ſéjour & par le paſſage des
gros excrémens; des fibres de la tunique charnue,
principalement celles qui ſont longitudinales, plus

____

(1) On n'en trouve ni dans le bœuf, ni dans le mouton.

fortes & plus multipliées dans cet *inteſtin* que partout ailleurs, & même qu'à l'inſertion de l'*inteſtin* grêle dans le *cæcum* où elles ſont nombreuſes, douant ce même *rectum* de la force contractile dont il a beſoin pour expulſer au-dehors les excrémens, & pour revenir enſuite au même état dans lequel il étoit avant ſa dilatation forcée ; les rides & les plis conſidérables que l'on apperçoit, enſuite des efforts de l'animal & des déjections, n'étant que les prolongemens repliés de la membrane veloutée qui, ceſſant d'être diſtendue par les matieres que l'*inteſtin* contenoit, ſe fronce naturellement dès que les parois du *rectum* reviennent ſur elles-mêmes (1).

15°. L'*anus*, qui eſt l'orifice & l'extrémité du *rectum* ; cette partie faiſant dans l'animal ſaillie au dehors, & étant maintenue par deux ligamens, dont l'un eſt formé par une portion des fibres extérieures de cet *inteſtin*, qui, parvenues à ſon extrémité, s'en ſéparent & ſe réuniſſent en un faiſceau, d'où réſulte une ſorte de ligament aſſez volumineux qui ſe porte & ſe termine à la face inférieure des premiers os de la queue ; l'autre ligament partant des premiers os de la queue, & ſe bifurquant pour embraſſer ce même *inteſtin*.

---

(1) Ce que nous n'obſervons point dans les animaux que nous comparons ici au cheval.

16°. *Les muscles au nombre de trois*, un impair & deux pairs ; le premier appellée le *sphincter de l'anus*, composé de plusieurs trousseaux de fibres circulaires qui entourent l'*intestin* & se réunissent, en rentrant les unes entre les autres, à la partie supérieure & à l'inférieure ; ce muscle ayant environ deux doigts (trois centimètres) de largeur, & se confondant d'une part avec la peau, & de l'autre avec l'*intestin* même : les autres étant plats & de la largeur de deux ou trois travers de doigt (trois à cinq centimètres), s'attachant à la partie interne & supérieure de l'*ischion*, d'où ils se portent, de chaque côté, le long du *rectum* pour se terminer à l'*anus*, en se confondant & se perdant dans les fibres du premier ; le *sphincter* fermant l'*anus* & empêchant la sortie involontaire de la fiente, mais cédant néanmoins à la force supérieure des muscles abdominaux dans le temps des déjections. Les deux autres muscles bien moins considérables dans l'animal que ceux qui forment ce que l'on appelle *les deux releveurs* dans l'homme, étant les agens & les moyens par lesquels l'*anus* chassé & poussé en dehors, au moment où l'animal fiente, est remis dans sa situation naturelle, parce qu'ils operent dans le cheval selon une ligne horisontale de dehors en dedans, tandis que dans l'homme, dont la situation est perpendiculaire, ils ne tirent que de bas en haut. (*Voyez* 199).

Du Méfentere.

324.   *Le méfentere*, eft une partie membraneufe flottante depuis fa naiffance jufques aux inteftins: fon ufage étant non-feulement de contenir ces parties, mais encore de foutenir tous les vaiffeaux qui s'y diftribuent & qui en partent, ainfi que d'abréger la route de ceux que nous nommons *vaiffeaux lactés*, & qui fe rendent au réfervoir du chyle.

Il faut en confidérer :

1°. *La racine & l'attache*, aux vertebres lombaires, entre les gros vaiffeaux ; cette membrane n'étant qu'un repli du péritoine qui s'enfonce, dans ce même lieu, au dedans de lui-même, & qui forme dès-lors une duplicature qui s'étend confidérablement, puifqu'elle répond à tout le canal inteftinal.

2°. *Les deux lames qui la compofent*, (1) étant ici jointes l'une à l'autre, de maniere qu'il ne paroît aucun intervalle entr'elles, le *méfentere* ne préfentant en apparence qu'une feule membrane, & le fond de cette duplicature qui répond aux inteftins, les affujétiffant d'une façon particuliere ; car ils fe trouvent renfermés dans l'écartement

____

(1) Plus écartées dans le bœuf & dans le mouton, & garnies de beaucoup de graiffe.

des deux lames formant comme une forte de gaîne qui les embraffe, qui les revêt & qui en eft la premiere tunique.

3°. *Le tiffu cellulaire*, qui dans cette duplicature unit les deux lames : il eft garni de plus ou moins de graiffe, felon que l'animal eft plus ou moins gras; en général il y en a moins que dans l'homme (1), & le *méfentere* y eft proportionnément moins épais.

4°. *Les divifions ou les diverfes dénominations* felon les inteftins auxquels il fert d'enveloppe & d'attache ; cette partie n'en fourniffant aux inteftins grêles qu'à environ un demi-pied (feize centimètres) au-deffous de l'eftomac, toute la portion qui y répond depuis ce point jufques à l'inteftin cæcum, étant proprement ce qu'on appelle le *méfentere*; celle qui attache le cæcum & le colon, étant nommée *méfocolon*, & celle qui tient au rectum étant diftinguée par le nom de *méforectum* ou de *méféreum*.

5°. *La largeur*, qui, à fon principe & à fa racine, eft d'environ cinq ou fix pouces (treize à feize centimètres), & qui augmente à mefure

---

(1) Et beaucoup moins que dans le mouton & dans le bœuf, en qui elle eft très-abondante, ainfi que nous venons de le dire. Elle forme dans ces derniers ce que l'on appelle le *fuif*.

qu'il fe propage de cette racine aux inteftins où il eft pliffé comme par ondulation à l'effet d'occuper moins d'efpace ; le *méfentere* étant moins large que le *méfocolon* qui eft plus large que le *méforectum* (1).

6°. *Les vaiffeaux*, rampant entre les deux lames qui compofent cette partie ; ces vaiffeaux de tous genres étant appellés en général *vaiffeaux méfentériques*, non-feulement parce qu'ils appartiennent au *méfentere*, mais parce qu'ils y font renfermés, car leur vrai rapport eft aux inteftins.

7°. *Les vaiffeaux fanguins*, étant arteres & veines : l'artere nommée *grande méfentérique* ou *méfentérique antérieure* partant de la face inférieure de l'aorte, trois ou quatre travers de doigt (cinq à fept centimètres) après la cœliaque, extrêmement dilatée dans fon principe, inégale dans cette dilatation où elle fe montre comme une tumeur

______

(1) Dans le bœuf & dans le mouton le *méfentere* eft beaucoup plus étroit ; il s'étend plus en longueur, & fes replis étant en moins grand nombre, les inteftins ne fe trouvent pas entrelacés & confondus les uns avec les autres, mais fon bord inférieur offre des ondulations plus multipliées & plus ferrées, qui operent le rapprochement des circonvolutions de maniere qu'elles rempliffent moins d'efpace. Nous dirons auffi que le *méfocolon* eft plus étroit, & que les gros inteftins en font maintenus & fixés davantage.

anévrifmale , jettant dès cet endroit nombre de
ramifications, dont la plus grande quantité affez
déliée fe porte aux inteftins grêles : les autres
d'un beaucoup plus grand diamètre & d'une plus
grande étendue, fe diftribuant aux gros inteftins,
& l'un de ces rameaux communiquant le long de
ces mêmes inteftins avec un rameau pareil de la
petite méfentérique; toutes les divifions de cette
artere paffant , ainfi que je l'ai dit , entre les deux
feuillets du *méfentere* , fans former ce nombre de
mailles , d'aréoles & de communications que l'on
obferve dans le corps humain ; fe partageant dès
qu'elles font parvenues au canal inteftinal ; chaque
rameau embraffant ce canal au lieu où il fe diftribue, la plupart de ces artérioles s'anaftomofant le
long de la grande courbure de l'inteftin colon , de
maniere qu'elles forment comme une ance par
chacune de ces anaftomofes.

L'artere nommée *petite méfentérique ,* ou *méfen-*
térique poftérieure , partant également de l'aorte ,
mais beaucoup plus loin & quelques pouces (quelques centimètres) feulement avant fa divifion en
iliaques, étant beaucoup moins confidérable que la
précédente , n'étant point dilatée comme elle , &
fe divifant en plufieurs branches , qui toutes fe portent aux gros inteftins ; la premiere de ces branches
remontant pour s'unir à la *grande méfentérique ,* &

D 4

pour former la fameufe anaftomofe de ces deux arteres; les derniers rameaux fuivant l'inteftin rectum
jufques à fon extrémité, toutes les fubdivifions de
cette artere n'étant point d'ailleurs auffi multipliées & auffi conftantes que celles de l'autre.

Les vaiffeaux veineux qui répondent à ces arteres compofant la *grande veine porte*, appellée
encore *veine porte ventrale*, pour la diftinguer de
la feconde portion de cette veine que l'on nomme
petite veine porte, ou *veine porte hépatique*; les
ramifications de ces vaiffeaux étant plus nombreufes que celles des arteres dont elles fuivent le trajet,
& les anaftomofes étant les mêmes; ces vaiffeaux
fe réuniffant encore après avoir parcouru le *méfentere*, en des troncs toujours plus amples, & n'en
formant enfin qu'un feul, qui eft le *finus* ou le *tronc
de la veine porte*; ce *finus* étant fitué au-deffous
du foie & de l'eftomac, & fe portant par de nouvelles ramifications dans le premier de ces vifceres,
auquel le fang qui revient de toutes ces parties
aboutit pour fe dégorger dans la veine cave, &
pour regagner le torrent de la circulation dont il
fembloit s'être éloigné dans la veine porte.

8°. *Les vaiffeaux nerveux*, dépendant du *plexus
méfentérique antérieur & poftérieur*, ces deux *plexus*
étant formés par des divifions du grand nerf intercoftal; le premier, connu fous le nom de *plexus*

folaire, entourant l'artere méfentérique antérieure, d'où il laiffe échapper nombre de filets qui paffent entre les deux lames du *méfentere*, & fe portent aux inteftins grêles ; quelques - uns de ces mêmes filets environnant l'artere méfentérique poftérieure, & formant le fecond plexus dont les ramifications nerveufes font particuliérement deftinées aux gros inteftins.

9°. *Les glandes nommées mefentériques*, de la nature des glandes conglob. e., diperfées en très-grand nombre entre les deux lames du *méfentere*, peu fenfibles dans l'état naturel fur la portion qui répond aux inteftins grêles, non moins multipliées & plus vifibles dans le *mefocolon*, fur la furface des inteftins qu'il enveloppe, & au lieu où il commence à leur fervir d'attache ; ces glandes ne paroiffant point exifter dans le *mejorectum* ; leur volume comparé à celui des *glandes méfenteriques humaines*, n'étant point proportionné au corps du cheval, car fouvent elles font peu fenfibles ; quelquefois elles font de la groffeur d'une lentille, d'un pois, d'une féve. & elles font fréquemment entourées de graiffe : dans certains chevaux morveux, on en a vu du volume d'un œuf de pigeon ; elles ne font point entaffées comme dans certains animaux , & fpécialement dans le chien, leur affemblage & leur amas dans cet animal étant ce que l'on appelle le *pancréas d'Asellius*, dont le cheval est dépourvu : leur fonction est de soutenir les vaisseaux lymphatiques & lactés qui les traversent, le chyle & la lymphe y recevant sans doute un certain degré d'élaboration (1).

10°. *Les vaisseaux lymphatiques*, qui ne different en aucune maniere des canaux qu'on appelle *lactés*; ceux-ci ne constituant point un genre particulier de vaisseaux, & n'acquérant le nom de *lactés*, qu'autant qu'ils charrient le chyle ; car à défaut de cette liqueur extraite des alimens, ils charrient de la lymphe , & ne font alors véritablement que des *vaisseaux lymphatiques*. Les uns & les autres étant en très-grand nombre entre les deux lames du *méfentere* & du *méfocolon*, mais étant aussi si minces & si déliés qu'il n'est possible de les appercevoir que dans les chevaux maigres, & dont le *méfentere* est totalement dépourvu de graisse ; aussi doit-on les examiner peu de temps après que l'animal a mangé, parce qu'étant alors pleins de chyle, ils en sont plus sensibles à la vue, autrement ils ne contiennent que de la férosité, & en ce

---

(1) Elles ne font pas en très-grand nombre dans le mouton; & dans le bœuf le volume en est confidérable; quelquefois la forme en est cylindrique & elles se montrent de la longueur d'environ trois ou quatre pouces (onze à quatorze centimètres).

cas ils ne font point auffi apparens: les tuniques de ces vaiffeaux font au furplus tranfparentes, & ces vaiffeaux font prefque tous d'un égal diamètre, car on n'y voit point ces dégénérations ou ces augmentations que l'on obferve à chaque divi- fion des vaiffeaux fanguins.

11°. *Les vaiffeaux lactés*, divifés en *veines lac- tées premieres* & en *veines lactées fecondaires* ; les *veines lactées premieres* partant immédiatement des inteftins, fe propageant jufques aux glandes mé- fentériques & étant plus minces que les *veines lac- tées fecondaires* qui font moins nombreufes, & qui fortant de ces mêmes glandes, vont fe rendre au réfervoir du chyle, leur ufage étant d'abforber cette liqueur: cette efpece de fécrétion fe fait par la tunique veloutée des inteftins, dans le duvet de laquelle s'ouvrent toutes ces petites veines par des orifices affez petits pour ne recevoir que la partie des alimens qui doit former le chyle: de-là ces veines conduifent cette liqueur dans les glan- des, & des glandes au réfervoir. Les unes & les autres font munies de valvules femblables à celles que l'on trouve dans les veines fanguines, à la délicateffe près ; ces valvules étant vifibles même en les confidérant du dehors de ces vaiffeaux, & fe trouvant pofées obliquement & dans une direc- tion qui tend des inteftins au réfervoir du chyle, d'où l'on voit que leur fonction eſt de s'oppoſer à la rétrogradation de l'humeur qu'ils charrient, la marche de cette humeur devant toujours être du canal inteſtinal, au lieu où elle doit être verſée. Tous ces vaiſſeaux épars dans leur trajet & dans leur principe, puiſqu'ils viennent de toute l'étendue des inteſtins tant grêles que gros (car on en a conduit qui partoient des glandes de ceux-ci, & qui marchoient réunis dans la duplicature du *méſocolon*), ayant la même deſtination & ſe raſſemblant à la racine du *méſentere* pour entrer & pour ſe terminer au réſervoir: on y en a obſervé quatre principaux de la groſſeur d'une plume d'oye, & s'ouvrant dans cette poche; l'un d'eux venant par pluſieurs petits rameaux des parties voiſines, & marchant de devant en arriere, ſur le pilier du diaphragme, juſques au lobe droit du *foie*; les trois autres venant du *méſentere* & du *méſocolon*, ainſi que je l'ai dit, ſans parler de pluſieurs vaiſſeaux lymphatiques qui viennent dépoſer la lymphe dans le même réſervoir, cette même lymphe auſſi charriée dans les veines lactées rendant plus facile la circulation du chyle avec lequel elle ſe mêle, puiſqu'elle ne peut que le rendre plus fluide.

Du Canal Thorachique.

325. *Le canal thorachique* ou *chylifere* découvert par

Pecquet, en 1651, dans l'homme, mais décrit, affez obfcurément à la vérité, long temps auparavant par *Euftache* qui l'avoit obfervé dans le cheval, a été appellé *thorachique*, parce qu'il eft en plus grande partie contenu dans le thorax.

Il faut en confidérer:

1º. *Le principe*, qui n'eft autre chofe que le *réfervoir* dont j'ai parlé; ce *réfervoir* n'étant quelquefois dans l'animal que j'envifage, qu'un *canal* d'un diamètre égal à-peu-près à celui de l'artere crurale, & un peu plus ample que le conduit qui en eft la fuite; ce *canal* faifant alors une courbure deftinée fans doute à augmenter fon étendue & à faciliter l'abord & l'admiffion des vaiffeaux lymphatiques & des veines lactées; quelquefois auffi ce même *réfervoir* formant une poche de deux pouces (fix centimètres) de circonférence au moins, & de trois pouces (neuf centimètres) de longueur, réfultant de l'enfemble des quatre gros troncs des veines lactées qui s'y dégorgent.

2º. *La fituation de ce réfervoir* à l'endroit de la racine du *méfentere*, directement entre l'aorte & la veine cave, un peu en arriere des vaiffeaux émulgens.

3º. *Le trajet* qui n'a point ici lieu fous l'aorte comme dans le chien; ce *canal* cheminant en avant, toujours entre l'aorte & la veine cave, &

étant conſtamment placé directement ſur le corps des premieres vertebres lombaires & de preſque toutes les dorſales ; il pénétre , après avoir reçu la lymphe qui lui eſt apportée par les vaiſſeaux lymphatiques du foie , du pancréas , de la rate , des reins & de la partie interne du baſſin , de l'abdomen dans la poitrine entre les deux piliers du diaphragme , par la même ouverture qui livre un paſſage à l'aorte. En approchant , il ceſſe d'être accompagné par la veine cave , celle-ci s'en éloignant pour gagner le foie , mais la veine azygos y ſupplée & chemine à côté, tout le long de la poitrine , dans laquelle ce *canal* reçoit la lymphe qui lui eſt apportée par les vaiſſeaux lymphatiques qui partent des glandes placées entre la veine cave & l'aorte antérieure , & de celles qui rampent ſur la ſurface du poumon, &c.; parvenu dans cette cavité à la hauteur de la troiſieme ou quatrieme vertebre du dos , il s'écarte de la direction qu'il ſuivoit pour ſe porter à gauche ſous l'aorte , & continuer ſon trajet en avant juſques au lieu où il ſe termine.

4°. *La fin ou la terminaiſon* dans la veine axillaire gauche, dans laquelle il s'infere par une ouverture proportionnée à ſon diamètre , & ſur laquelle la tunique de cette veine ſe prolonge un peu de gauche à droite pour former une ſorte de valvule capable de s'oppoſer à ce que le ſang qui ſe

porte de gauche à droite dans cette même veine,
n'entre dans ce *canal*, & ne nuise à l'introduction
du chyle. Il eſt encore outre ce prolongement, à
l'embouchure du *canal*, deux valvules ſemi-lu-
naires qui ſe joignent dans la partie moyenne de
ſon ouverture & qui la cloſent entiérement. Quelquefois ce même *canal* s'ouvre & finit dans l'endroit de la réunion des axillaires & des jugulaires.

5°. *Les variations* : ce *canal* en ſouſſre quelquefois dans ſon étendue : ou il ſe bifurque dans ſon
milieu en deux branches qui ſe rejoignent bientôt
après, ou ces deux branches ſans ſe réunir, ſe portent ſéparément dans chacune des axillaires : on l'a
vu ſe bifurquer avant que de pénétrer dans le thorax, & les branches ſe porter une de chaque côté
de l'aorte, communiquer dans leur partie moyenne
par une troiſieme petite branche en paſſant au-
deſſus de cette artere, & ſe réunir avant que de ſe
rendre dans la veine qui le reçoit & où il finit.

6°. *Les valvules* deſtinées à aider, dans ce *canal*,
comme dans les vaiſſeaux laɗés, la marche du
chyle ; ces valvules poſées de maniere que leur
direction eſt de derriere en devant pour parer à la
rétrogradation de cette liqueur, dont le progrès eſt
ſecondé par les battemens & les oſcillations de
l'aorte qui avoiſine ce tube, & dont la circulation
eſt principalement favoriſée, ſoit dans les vaiſ-

feaux lactés , foit dans le *réfervoir*, foit dans le *ca-nal* même , par l'action de la refpiration & la pref-fion que fouffrent tous les vifceres du bas-ventre , conféquemment au jeu des mufcles abdominaux & du diaphragme : aidée de tous ces fecours & arri-vée dans la veine axillaire gauche , elle fe mêle avec le fang ; elle parvient avec lui dans la veine cave antérieure , dans l'oreillette ou le fac droit , & de-là dans le ventricule antérieur du cœur ; tel eft le principe du mélange du chyle avec ce fluide , & c'eft ainfi que l'un & l'autre ne forment bientôt après & enfuite de l'élaboration qui s'en fait dans le cœur , dans les poumons & dans tous les vaif-feaux de la machine , qu'une liqueur abfolument & parfaitement homogene.

Du Foie.

326. *Le foie* eft une maffe glanduleufe contenue dans l'abdomen. On en remarquera :

1°. *La fituation* à la partie antérieure & laté-rale droite de cette cavité , ce vifcere occupant non-feulement cette portion , mais s'étendant en-core dans celle que les anatomiftes du corps humain appellent *région hypocondriaque* (1).

____

(1) Dans le bœuf & dans le mouton il n'occupe que le côté droit.

2°.

2°. *La couleur*, plus foncée & plus noire que celle du *foie* de l'homme (1).

3°. *Le volume* : le *foie* de l'animal dont il s'agit ayant environ deux pieds & demi (soixante-dix-neuf centimètres) de rondeur (de circonférence); & son épaisseur étant de quatre pouces (onze centimètres) dans sa portion la plus forte (2).

4°. *La face antérieure*, convexe, fort unie & regardant le diaphragme.

5°. *La face postérieure*, applatie, concave en de certains endroits & présentant des irrégularités telles que des sciffures, des trous & des élévations (3).

---

(1) Mais moins noire que dans les deux animaux dont nous venons de parler.

(2) Il est moindre dans le bœuf. Il a dans cet animal un pied & demi (quarante-sept centimètres) de longueur, & un pied (trente-deux centimètres) de largeur : eu égard à son épaisseur, elle égale celle du foie du cheval dans sa portion la plus forte.

Le *foie* du mouton a, proportion gardée, plus d'ampleur; il a dix pouces (vingt-six centimètres) environ de longueur & de largeur; son épaisseur est à-peu-près semblable à l'épaisseur de celui du bœuf.

(3) Les faces du *foie* du bœuf & du mouton sont externes & internes; la première, également unie, correspond aux fausses-côtes; la seconde, en partie convexe & en partie concave, répondant à la panse, présente plusieurs sciffures & plusieurs trous.

6°. *Le bord*, qui en fait la circonférence & qui est fort mince (1).

7°. *Les scissures*, s'étendant jusques à ce bord, qu'elles coupent en plusieurs portions formant autant de lobes.

8°. *Les lobes*, au nombre de trois, un grand, un moyen & un petit.

Le premier, comprenant toute la grande portion qui est à droite, s'étendant depuis la partie supérieure jusques à la premiere scissure, ayant à son extrémité un petit lobule, dont la forme est pyramidale, ce petit lobule soutenu par le ligament latéral, recouvrant une partie du rein droit, & ce même lobe logeant dans un enfoncement la partie antérieure de ce rein.

Le second, ou le moyen, comprenant toute la partie qui est à gauche, & qui est également bornée par la premiere scissure qui se trouve de ce côté.

Le troisieme enfin, ou le petit, occupant l'espace compris entre ces deux scissures, & étant comme dentelé, c'est-à-dire, divisé par deux ou trois petites scissures, en trois & quelquefois en quatre petits lobules (2).

____

(1) Il est plus épais du côté des vertebres & à la partie postérieure, dans le bœuf & dans le mouton, toujours proportion gardée.

(2) Nous trouvons dans les deux animaux que nous

9°. *Le lobule appellé dans l'homme le lobule de Spigelius*, étant une forte d'apophyfe du *foie*, & réfultant d'une élévation ici moins fenfible, que l'on obferve à-peu-près au milieu de la face poftérieure du vifcere.

10°. *La cavité triangulaire*, d'environ deux pouces (fix centimètres) de profondeur, qui eft dans la plus grande des fciffures, c'eft-à-dire, dans celle qui fépare le grand lobe du petit : la veine ombilicale pénétrant dans le fond de cette cavité, & n'étant au furplus d'aucun ufage dans l'adulte (1).

comparons ici au cheval, le même nombre de lobes, un antérieur, un moyen & un poftérieur : l'antérieur eft le plus mince : il fe propage jufques à la premiere fciffure dans laquelle pénetre la veine ombilicale : le moyen eft le plus épais ; il s'étend depuis la premiere fciffure jufques à la feconde, & il eft dans ce lobe, dans le mouton, une cavité qui loge en partie la véficule du fiel : le troifieme ou le poftérieur eft le plus petit ; il eft fitué au-devant du rein droit. Quelquefois auffi, dans ces animaux, le *foie* n'offre qu'un feul lobe, les deux autres ne fe montrent que comme des appendices.

(1) Cette même cavité, qui forme dans le bœuf & dans le mouton le plus fouvent un vrai conduit, fépare le lobe antérieur du moyen, répond en eux aux trois dernieres fauffes-côtes, & reçoit de même la veine ombilicale, qui fe porte du côté droit pour y parvenir. Cette cavité eft auffi plus confidérable dans le mouton.

11°. *L'enfoncement*, que les anciens ont appellé *la porte du foie*, ce qui les a engagés à donner à la veine qui s'y infinue le nom de *veine porte* (1); cet enfoncement affez grand étant dans le milieu de la face concave du vifcere & près de la terminaifon de la grande fciffure.

12°. *Les trous confidérables* étant dans ce même enfoncement, les plus larges deftinés au paffage des branches de la veine porte, les autres donnant entrée aux ramifications de l'artere hepatique & fourniffant une iffue au canal qui porte ce nom.

13°. *La gouttiere confidérable*, qui, du même côté, & près des vertebres, loge la veine cave (2).

14°. *L'échancrure*, qui eft à un pouce (trois centimètres) de cette gouttiere, & par où gliffe l'œfophage à fa fortie de la poitrine (3).

15°. *La fubftance* : la maffe de ce vifcere, abftraction faite de tous les vaiffeaux qui entrent dans fa compofition, n'étant point due à un fang épaiffi, anciennement appellé le *parenchyme du foie*, mais étant formée par de petits grains glanduleux en-

---

(1) Etant encore plus vafte dans les deux brutes dont nous venons de parler.

(2) Et qui eft très-légere dans le mouton & dans le bœuf, attendu qu'elle ne loge qu'environ un tiers de la veine cave.

(3) Elle n'exifte pas dans ces deux derniers animaux.

taffés les uns fur les autres, qu'on apperçoit par le moyen de la macération, de l'ébullition, & à l'aide du microfcope, ces mêmes grains répondant aux vaiffeaux ; &c.

16°. *Les membranes*, au nombre de deux, l'une commune & l'autre particuliere ; la premiere réfultant du péritoine, qui, dans le lieu du diaphragme qu'il ne tapiffe point, c'eft-à-dire, à l'endroit du centre aponévrotique, s'enfonce audedans de lui-même, & préfente à ce vifcere une poche vafte & confidérab'e qui le renferme ; la feconde unie à la premiere par le tiffu cellulaire, extrêmement adhérente au *foie*, s'infinuant dans fa fubftance même, & pénétrant entre les grains glanduleux dont j'ai parlé (1).

17°. *Les connexions* : 1°. avec la veine cave ; 2°. avec le diaphragme, foit par adhéfion, foit par des ligamens plus folides : celle par adhéfion eft immédiate à ce mufcle l'efpace de fept à huit travers de doigt (douze à quatorze centimètres) de largeur, dans l'endroit où le péritoine ne le recouvre pas, & le *foie* qui y eft comme collé s'y trouve d'ailleurs affujetti par de petits filets blanchâtres qui pénetrent dans fa fubftance. On ap-

---

(1) Ces *membranes* font plus adhérentes entre elles dans le bœuf & dans le mouton.

pellera, si on le veut, cette connexion l'*adhérence coronaire* (1).

18°. *Les ligamens*, au nombre de trois, dont deux *latéraux* & un *moyen* ; les latéraux, l'un à droite & l'autre à gauche, étant à-peu-près égaux, soit qu'on en considere la figure, soit qu'on en examine l'étendue, résultant tous les deux de la tunique commune, partant, l'un du grand lobe, l'autre du moyen, & toujours de la face antérieure, & se terminant sur-le champ au diaphragme (2).

Le troisieme, ou le moyen, est le plus considérable ; il est dit encore le *ligament falciforme*, attendu que dès son principe il présente une pointe, & qu'il s'élargit ensuite, moins cependant ici que dans l'homme ; lorsqu'il se propage du côté du viscere, il est placé au milieu des deux ligamens latéraux, & environ à la partie moyenne du *foie* ; il est pareillement formé par un repli du péritoine qui partant du côté de l'ombilic, passe le long de la face convexe, & se termine aussi au diaphragme (3);

---

(1) Eu égard au mouton & au bœuf les adhérences font au diaphragme, à la veine cave, au pancréas, à l'épiploon & au feuillet ; mais elles n'ont pas lieu au diaphragme par de petits filets blanchâtres, ou par les ligamens coronaires dont on n'apperçoit ici aucun vestige.

(2) Et aux fausses-côtes dans le bœuf & dans le mouton.

(3) Il chemine avec la veine ombilicale le long de la

tous ces ligamens affujettiffent au furplus les bords du *foie* & leur prêtent un fecours , fans lequel ils auroient été entiérement flottans , & feroient tombés fur les inteftins lors de quelqu'action violente de l'animal : ce vifcere n'étant véritablement attaché qu'au moyen de l'adhéfion coronaire , & étant d'ailleurs foutenu par l'eftomac & par tout le paquet inteftinal , qui ne laiffant aucun vide dans l'abdomen , ne permet ni le déplacement d'aucune partie , ni le tiraillement des ligamens & des portions auxquelles ils font fixés.

19°. *Les vaiffeaux artériels*, confiftant dans une feule artere très-peu confidérable à raifon du volume de ce vifcere : cette artere naiffant de la cœliaque , fe portant du lieu de fon origine obliquement à droite & en bas, & fe plongeant, après avoir fourni la gaftro·épiploïque droite & l'artere pylorique, dans la fubftance du *foie*, à l'endroit de l'enfoncement que nous avons obfervé au milieu de la face concave, où elle fe perd , en fe fubdivifant d'abord en trois ou quatre rameaux , qui fe fubdivifent enfuite eux-mêmes en une multitude infinie de ramifications.

20°. *Les vaiffeaux veineux*, dépendant, les uns

partie moyenne & latérale droite , jufques à la cavité triangulaire, dans le mouton & dans le bœuf.

de la *veine porte hépatique*, les autres de la veine cave, la *veine porte hépatique* s'y perdant toute entiere ; elle fort de l'extrémité du tronc que l'on nomme en général le *finus de la veine porte* ; ce tronc étant compofé de la réunion de toutes les veines du bas-ventre, de celles de l'eftomac, des inteftins, de la rate, fe trouve placé entre le *foie*, l'eftomac & la premiere portion d'inteftin qui avoifine ce dernier vifcere ; il fait un chemin de cinq à fix travers de doigt (huit à dix centimètres) en fe portant obliquement à la partie latérale droite pour gagner le *foie* ; c'eft de ce côté qu'eft la *petite veine porte* qui fe plonge par plufieurs branches dans fa fubftance & y pénetre à côté du canal hépatique par l'enfoncement dont j'ai parlé : là, chacune de ces branches fe fubdivifant, toutes enfemble cheminent & s'étendent dans tout le vifcere, leurs ramifications différentes & multipliées aboutiffant à autant de petits grains pulpeux & glanduleux dont il eft très-difficile de les féparer, & s'anaftomofant avec les extrémités des *veines hépatiques*, & dépendantes de la veine cave. Ces tuyaux veineux hépatiques, d'abord au nombre de trois ou quatre, & qui fe difperfent enfuite dans toute l'étendue du *foie*, à contre-fens des autres ramifications, étant fournis par cette veine dès qu'elle a traverfé le diaphragme.

21°. *Les vaisseaux nerveux*, émanans de la paire intercostale ou grande sympathique, & de la huitieme paire qui forment le *plexus hépatique*; plusieurs branches de ce même *plexus* entourant l'artere hépatique, & entrant avec elle dans le *foie* où elles se perdent.

22°. *Les vaisseaux lymphatiques*, se montrant à la superficie de ce viscere, circulant au-dessous de la tunique commune, & se rendant, après avoir rampé tant sur la surface concave que sur la surface convexe, dans le canal thorachique ou dans le réservoir du chyle.

23°. *Les vaisseaux biliferes*, étant des vaisseaux particuliers au *foie*, & devant être regardés comme les canaux excrétoires de cette glande conglomérée ; leur principe est à tous les grains glanduleux qui la composent ; ils suivent toutes les divisions & toutes les ramifications de la veine porte ; plusieurs se propagent & viennent former le *canal hépatique* qui regne tout le long de la partie moyenne & de la face postérieure du viscere, depuis l'entrée de la veine porte jusques à l'extrémité du lobe gauche (1). Les petits tuyaux qui

____

(1) Outre ce *canal*, il est dans le bœuf un nombre infini de ramifications, partant de toute la circonférence du lobe moyen, venant se rendre dans le centre de ce lobe, leur

viennent du lobe droit partent de toute la circonférence de ce lobe , forment plusieurs canaux principaux qui viennent se joindre & s'unir au premier, dont ils augmentent le diamètre , puisqu'ils
ne composent ensemble qu'un seul canal de la
grosseur du doigt , qui sort du *foie* & se prolonge environ trois pouces (huit centimètres)
au-delà , pour atteindre le principe des intestins
grêles , cinq ou six travers de doigt (huit à dix
centimètres) après le pylore : il en perce les
membranes , sa marche entre elles n'étant nullement oblique , & il s'y termine par une valvule
qui permet la sortie de la liqueur qu'il charrie ,
& qui s'oppose à la rétrogradation de cette même
liqueur. Du côté de l'intestin , est un petit bourlet
circulaire qui en ferme plus exactement l'ouverture. On observe encore dans l'intérieur de ce même *canal* l'ouverture ovalaire du canal pancréatique principal qui s'y rend & qui s'y dégorge , &
quantité de petits cryptes ou follicules qui regnent
depuis sa sortie du *foie* jusques au lieu où il se ter-

réunion formant plusieurs canaux particuliers , considérables ,
qui s'ouvrent par nombre d'ouvertures sensibles , dans le canal
cystique, depuis le col de la vésicule du fiel , dans lequel ils
se montrent beaucoup plus forts, jusques aux canaux bi-
liaires dont ils ne different point , & dont ils paroissent être
des branches.

mine ; du reſte , ſi l'on injecte de l'eau par le *canal,* on gonfle le *foie*, & l'eau revient en partie par la veine porte , & en partie par la veine cave ; & ſi l'on fait quelque ſection au bord du viſcere , cette même eau ſort comme par tranſudation : ce *canal* enfin , qu'ici l'on pourroit nommer le *canal cholédoque*, eſt dans l'animal le ſeul qui porte la bile hors du *foie ;* car le cheval n'ayant point de véſicule du fiel , on ne peut reconnoître en lui ni canal cyſtique , ni canaux hépato-cyſtiques (1).

---

(1) Il en n'eſt pas ainſi dans le mouton & dans le bœuf. L'un & l'autre de ces animaux ne ſont pas dépourvus de cette véſicule , qu'on ne rencontre point dans la plupart de ceux qui ſont deſtinés ou habitués à des courſes véhementes , tels que le dromadaire , le cerf , & un grand nombre de poiſſons.

Les *vaiſſeaux biliferes*, forment également dans le bœuf & dans le mouton le *canal hépatique* ; ce *canal* ayant quatre pouces (environ onze centimètres) de longueur , deſcendant dans le bœuf de haut en bas , & ſe portant plus horiſontalement, dans le mouton , de devant en arriere, pour atteindre l'inteſtin dans la cavité duquel il ſe préſente , dans le premier de ces animaux, comme un mammelon , & dans le ſecond , ſous la forme du bec d'une plume à écrire , ſans aucune valvule.

Une particularité très-remarquable dans le bœuf eſt qu'il reçoit le canal pancréatique , à environ un pouce & demi (quatre centimètres) avant de pénétrer dans l'inteſtin.

Du reſte , très-fréquemment, dans le mouton , dans le veau , & moins communément dans le bœuf & dans le che-

24°. *La membrane commune*, offrant une gaîne aux différens vaisseaux hépatiques qui s'insinuent

---

val, ce *canal*, ainsi que toutes ses ramifications, se trouvent remplis d'une espece de vers nommés *douves*, qui ne sont autre chose que les *sangsues-limaces* (*fasciola hepatica de Linneus* *) ; ils se nichent quelquefois dans le canal cystique & dans la vésicule du fiel.

De la Vésicule du Fiel.

La vésicule du fiel, est cette poche oblongue, très-considérable dans le bœuf, bien moins volumineuse dans le mouton, & dont la capacité augmente, dans l'un & dans l'autre, selon certaines circonstances maladives.

On en considérera :

1°. *Sa situation :* dans le premier de ces animaux elle est à la partie moyenne & inférieure du moyen lobe du *foie*, près de la seconde scissure, & dans le mouton elle est logée en partie dans une petite cavité que lui présente ce viscere, & que j'ai fait remarquer dans le lobe moyen.

2°. *Ses deux extrémités :* la plus large forme ce qu'on appelle le *fond*, & la plus étroite ce qu'on appelle le *col*. Une sorte de sphincter ferme celle-ci ; elle est garnie intérieurement de rides, résultant des replis de la membrane interne de cette poche. Ces rides ont été nommés, par quelques-uns, *cercle fibreux*.

3°. *L'intervalle*, ou la partie qui est entre les deux extrémités, est ce que nous appellons le *corps*.

4°. *Ses membranes*, qui sont au nombre de quatre.

---

* *Systema Naturæ*, editio XIII^a, curâ J. F. GMELIN. Lugduni, 1789, in-8°, tom. I, pars VI, pag. 3053, n°. 278 — 1.

& qui paffent par la porte du *foie*, & que *Gliffon*
a découverte dans l'homme, cette capfule réfultant du péritoine.

L'externe, réfultant du péritoine, & étant la même que
celle qui revêt le *foie*.

La feconde eft mufculaire, unie à la premiere par un tiffu
cellulaire très abondant, & chargé de beaucoup de graiffe.

La troifieme eft cellulaire, & la quatrieme veloutée : celle-
ci eft femée dans toute fon étendue d'un nombre infini de
lacunes, & garnie d'un mucus qui la met à l'abri de l'acrimonie mordicante que la bile acquiert par fon féjour.

5°. *Ses adhérences avec le foie*, ont lieu, 1°. par la
membrane interne de ce vifcere, à l'endroit même où
l'on trouve tous les canaux hépato-cyftiques. Les fibres
de cette membrane femblent s'implanter dans les tuniques de la *véficule*, & l'adhérence dont il s'agit eft d'une
force fi confidérable, qu'il eft à préfumer qu'à ces mêmes
fibres fe joignent des fibres de la membrane de *Gliffon* qui
accompagne ces mêmes canaux dans toute la fubftance du
foie; 2°. par les canaux hépato-cyftiques, par la membrane
externe qui les revêt.

6°. *Les canaux hépato-cyftiques*, rampans fur ces adhérences, fe montrent à deux ou trois doigts (trois à cinq centimètres) de l'ouverture de la *véficule* dans le lieu où cette
poche fe détache du *foie*. Ils forment un affez grand nombre
de ramifications dont la réunion compofe différens troncs, qui
s'ouvrent dans la *véficule*, en faifant quelques trajets entre fes
tuniques par des ouvertures très-fenfibles pour la plupart, à fa
partie moyenne, du côté qui répond aux fauffes-côtes. Nous

25°. *Les usages* de ces vaisseaux étant, 1°. de la part de l'artere hépatique, de nourrir le viscere & d'y porter peut-être une légere partie du fluide dont la bile est séparée ; 2°. de la part de la veine porte hépatique, de faire ici fonction d'artere en charriant dans les filtres du *foie* la plus grande partie du sang dont cette humeur doit être extraite, ce qui est prouvé par sa direction, qui tend aux grains glandu'eux avant toute anastomose avec l'extrémité des veines hépatiques, & par la qualité du fluide qui aborde par ce vaisseau, & qui venant de tous ceux de l'estomac, des intestins,

---

sommes convaincus que ces mêmes *canaux* ne different en rien de ce que plusieurs auteurs ont nommé les *racines du foie.*

7°. *Le canal appellé cystique* dans l'homme, nous paroît être ici une continuation du *pore biliaire* ; & pourquoi ne pourroit-on pas envisager la *vésicule* comme une dégénération, une continuation ou un épanouissement de ce même canal ?

8°. *Les vaisseaux*, qui font communs au *foie*.

9°. Dans la *vésicule* de plusieurs bœufs on rencontre une forte de frein ou de trait membraneux, placé transversalement à sa partie moyenne, dont l'usage paroît être de s'opposer à la grande dilatation de cette poche.

10°. *Ses usages* : on conçoit qu'elle n'en a d'autres que celui d'être le réservoir où la *bile* se ramasse, où elle se perfectionne, & d'où elle est enfin expulsée ; cette liqueur étant un des principaux agens de la chylification.

du méfentere, de l'épiploon & de la rate, ne peut qu'être moins chargé de phlegme, puifqu'il l'a dû dépofer en quantité dans les couloirs de tous ces vifceres; il doit être auffi plus chargé de parties inflammables qu'il a puifées dans le méfentere & dans l'épiploon; 3°. de la part de la veine cave, de reprendre le fang de la veine porte après l'ouvrage de la fécrétion de la bile, les branches hépatiques le recevant & le rapportant dans le torrent de la circulation; 4°. de la part des vaiffeaux lymphatiques, de fe charger de la férofité qui peut s'être féparée de la bile dans les follicules, ou de celle qui s'eft féparée du fang, vu la lenteur du mouvement circulaire dans ce vifcere; 5°. de la part des vaiffeaux nerveux, de fournir comme partout ailleurs le fluide néceffaire à l'entretien du mouvement & de la vie; 6°. enfin, de la part des vaiffeaux biliferes, de charrier l'humeur féparée dans les petits grains glanduleux, jufques dans le canal hépatique & dans la premiere portion des inteftins grêles.

26°. *Les ufages du foie*, étant conféquemment, en général; ceux d'une véritable glande conglomérée, d'un organe fécrétoire des parties du fang qui, par leur réunion, forment la *bile*, c'eft-à-dire, une humeur d'une confiftance affez liée, d'une couleur jaunâtre & tirant fur le verd, d'une faveur fort amere ; cette humeur etant une efpece de favon capable de diffoudre les parties vif- queufes des alimens, c'eft ce qu'elle opere dans les inteftins grêles où elle fe mêle avec eux ; on doit la regarder comme un des principaux agens de la digeftion.

Du Pancréas.

327. *Le pancréas* eft un corps glanduleux fitué dans l'abdomen, entre les reins & l'eftomac (1).

Il faut en confidérer.

1°. *La longueur*, qui eft d'environ dix pouces (vingt-fix centimètres) depuis l'angle droit jufques au gauche, & d'environ fix pouces (feize centi- mètres) depuis ce même angle droit jufques à l'angle poftérieur (2).

2°. *L'épaiffeur*, qui eft d'environ un pouce (trois centimètres) (3).

3°. *La figure*, qui eft triangulaire (4).

---

(1) Et dans le bœuf, ainfi que dans le mouton, couché tranfverfalement fur la face concave du foie, depuis la vé- ficule du fiel jufques aux vertebres lombaires.

(2) Elle en a environ quatorze (trente-fept centimètres) dans le bœuf, & cinq ou fix (treize à feize centimètres) dans le mouton.

(3) Dans le bœuf comme dans le cheval, & d'un demi- pouce (douze millimètres environ) dans le mouton.

(4) Et qui dans les deux animaux que nous comparons au cheval préfente une forte de lofange.

4°.

4°. *Les faces*, une fupérieure, qui fe porte tranfverfalement fur la veine cave, l'autre inférieure, collée à la partie antérieure de la grande courbure du colon.

5°. *Les angles*, dont le droit adhere à l'inteftin duodenum, dont le gauche répond a la partie fupérieure de la rate, & dont le poftérieur répond à la partie antérieure du rein droit (1).

6°. *L'échancrure*, où font logées les vertebres, & qui fe trouve entre l'angle gauche & l'angle poftérieur (2).

7°. *L'ouverture ovalaire*, offrant un paffage à la veine porte qui va au foie, cette ouverture étant à un doigt (deux centimètres) de l'échancrure dont nous venons de parler (3).

8°. *Les connexions*, à l'épiploon & au foie par fa partie antérieure, du côté droit au duodenum, du côté gauche à la rate ; & par fa partie poftérieure à la partie antérieure du colon auquel il

____

(1) Quant au *pancréas* du bœuf, des deux angles les plus longs, l'un s'étend le long du duodenum au premier des inteftins grêles, & l'autre jufques auprès de l'extrémité fupérieure de la rate.

(2) Elle répond, dans le bœuf & dans le mouton, au quatrieme ventricule.

(3) Elle eft plus grande dans le bœuf, & placée, ainfi que dans le mouton, à la partie moyenne du vifcere.

<table><tr><td>*Tome II.*</td><td>F</td></tr></table>

adhere très-fortement ; il adhere encore à la veine cave par le tiffu cellulaire qui le revêt (1).

9°. *La fubftance*, qui eft entiérement glanduleufe, le *pancréas* étant formé par la réunion d'un nombre de petits grains glanduleux , & étant par conféquent une véritable glande conglomérée. (*Voyez* 309, 2°.)

10°. *Le tiffu cellulaire*, qui eft fon unique enveloppe , & qui unit tous ces petits corps glanduleux les uns aux autres, de maniere que fi l'on tente de fuivre avec le fcalpel ce même tiffu , on fe voit forcé d'entrer dans la fubftance de ce vifcere, & d'en féparer les glandes dont l'union entre elles eft très-lâche, & dont chaque canal excréteur vient fe rendre dans les canaux excrétoires communs (2).

11°. *Les canaux excrétoires* : de l'angle gauche & de l'angle poftérieur part un canal : ces canaux fe réuniffent à la partie moyenne du *pancréas*, & n'en forment qu'un feul , qui eft le canal principal dont la couleur eft blanchâtre , & dont la groffeur égale celle d'une plume d'oie dans la groffe ex-

---

(1) Ces adhérences font-à-peu-près les mêmes dans le bœuf & dans le mouton ; dans le premier de ces animaux, il en eft une à la partie latérale de la panfe.

(2) Il faut obferver que dans le bœuf & dans le mouton, ce corps fe trouve enveloppé en partie par le péritoine.

trémité du viſcere : ce même canal atteint le canal hépatique dans le trajet des membranes des inteſ-tins, & s'ouvre dans ſa cavité par une ouverture ovalaire, de maniere qu'ils ne forment qu'un ſeul & même canal, qui eſt fermé par une valvule (1).

Du côté oppoſé eſt un autre petit canal (2) qui vient de la portion du *pancréas* qui ſe trouve cou-ché ſur l'inteſtin, portion qui pourroit, dans l'ani-mal, être regardée comme un *petit pancréas*. Ce canal particulier, après un trajet d'environ deux doigts (trois centimètres), pénètre dans l'inteſ-tin duodenum, & s'ouvre dans ſa cavité, ſon in-ſertion ne s'y faiſant point par des inflexions, & ſa marche entre les membranes inteſtinales n'étant nullement oblique : ſon ouverture & celle du canal hépatique ſont très-ſenſibles dans l'intérieur, & à ces deux ouvertures on obſerve, outre la valvule

---

(1) *Le canal excréteur*, le plus conſidérable dans le bœuf, part de l'angle gauche & ſe porte le long de la partie moyenne; il reçoit dans ce trajet ceux qui viennent des autres angles pour, ces mêmes canaux réunis, n'en former qu'un ſeul de la groſſeur du petit doigt (environ un centimètre), qui chemine le long de l'angle droit juſques à ſon extrémité, va ſe terminer dans l'inteſtin à un pied (trente deux cen-timètres) du pylore, tandis que dans le mouton il ſe rend à la partie moyenne dans le canal cholédoque.

(2) Abſent dans le bœuf.

dont nous avons parlé relativement au canal hépatique, un petit bourlet circulaire en maniere de cul-de-poule (1).

12°. *Les vaiſſeaux, tant ſanguins que nerveux ;* les arteres étant fournies par quelques ramifications de l'artere hépatique, par l'artere ſplénique, d'où réſultent les *arteres pancréatiques,* & les veines par la veine porte ; le grand nerf intercoſtal lui envoyant quelques filets des différens plexus qu'il forme.

13°. Enfin *les uſages :* ce viſcere étant un organe vraiment ſécrétoire & les petits corps glanduleux dont il eſt compoſé, ſéparant de la maſſe du ſang un ſuc que nous nommons *humeur, ſuc pancréatique :* ce ſuc aide à l'ouvrage de la digeſtion & la facilite ; il s'unit avec la bile ; & ces deux humeurs ſe mêlent avec les alimens dont elles achevent la diſſolution, l'une celle des matieres graſſes & ſulphureuſes, l'autre celle des matieres mucilagineuſes & ſalines, le tout toujours conformément à leur nature & à celles des corps dont elles peuvent être les menſtrues. Du reſte, *l'humeur pancréatique* ne differe pas beaucoup de la ſalive & du ſuc gaſtrique qui tous les deux opérent également ſur les alimens.

---

(1) Dans le mouton il parvient à l'inteſtin, près de l'inſertion du canal hépatique.

De la Rate.

328. La *rate* eft un des vifceres contenu dans l'abdomen. On en examinera :

1°. *La fituation*, antérieurement du côté gauche, entre le grand cul-de-fac de l'eftomac, les parois du bas-ventre & le diaphragme (1).

2°. *La longueur*, qu'il feroit difficile d'affigner, attendu les variations qu'on obferve à cet égard dans les différens fujets (2).

3°. *L'épaiffeur*, qui, lorfque l'on confidere cette partie felon fa longueur, eft d'environ un pouce (trois centimètres) dans fon milieu, & qui diminue infenfiblement depuis ce même milieu jufques à fes bords (3).

---

(1) Celle du bœuf & du mouton fe préfente auffi antérieurement du côté gauche de la panfe, & s'étend obliquement de derriere en devant, & de haut en bas.

(2) En général elle eft plus confidérable dans le bœuf, & elle eft d'environ fix travers de doigts (dix centimètres) dans le mouton.

(3) Dans le bœuf l'épaiffeur eft égale dans toute l'étendue de cette partie, fi ce n'eft à fes bords où elle eft comme tranchante. Dans le mouton elle eft épaiffe d'un pouce (trois centimètres) à fon extrémité fupérieure, & diminue jufques à l'inférieure, où elle eft d'environ quatres lignes (huit millimètres).

4°. *La couleur,* qui communément dans l'animal est d'un brun obscur, mélangé de bleu, & qui varie néanmoins dans le fœtus, puisqu'elle est plus obscure dans les jeunes suiets, & d'un gris-blanc tacheté de bleu dans les chevaux d'un certain âge (1).

5°. *La forme,* imitant à-peu-près celle d'une faulx ; elle est telle d'ailleurs qu'el e est applatie à l'extrémité supérieure, convexe à l'extrémité inférieure, & presque arrondie à la pointe (2).

6°. *Les faces ;* l'une externe, convexe & fort unie ; l'autre interne & un peu moins lisse (3) ; on observe dans celle ci une rainure semée par intervalle de plusieurs ouvertures destinées à donner un passage aux vaisseaux qui pénetrent dans la substance de ce viscere & qui en sortent (4).

7°. *Les extrémités,* l'une supérieure, répondant

---

(1) Elle est en général grise au-dehors dans le bœuf, & dans le mouton d'un rouge-noirâtre intérieurement.

(2) Cette forme diffère dans le bœuf, ce viscere est concave dans sa face postérieure du côté de la panse, & convexe du côté du diaphragme.

(3) Dans le mouton elle est légérement convexe dans ses faces, l'une antérieure & l'autre postérieure, comme dans le bœuf.

(4) Nulle rainure dans ces faces, dans la *rate* du bœuf & du mouton ; elle n'offre que deux ouvertures à son extrémité supérieure pour le passage des vaisseaux.

aux parties latérales du corps des vertebres lombaires & recouverte par le rein gauche ; l'autre inférieure, qui en forme la pointe, & qui s'étend jusques à environ la partie moyenne de la grande courbure de l'eftomac (1).

8°. *Le corps*, qui en eft la portion principale & la plus large (2).

9°. *Les bords*, l'un antérieur, tranchant & coupé en bifeau ; l'autre poftérieur & arrondi.

10°. *Les connexions*, au rein gauche par une production de la membrane qui fe confond avec le tiffu cellulaire qui enveloppe le rein, & fe propage jufques au principe de la grande méfentérique ; à l'épiploon le long de la rainure, & à l'eftomac par ce même épiploon ; ce vifcere étant d'ailleurs maintenu dans fa pofition par les vaiffeaux qui s'y portent, & à l'aide des parties qui l'avoifinent (3).

---

(1) Dans le bœuf l'extrémité fupérieure n'eft point recouverte par le rein gauche, & l'inférieure fe propage jufques à la partie antérieure de la panfe. Dans le mouton la *rate* répond au pancréas, & fe prolonge jufques à l'œfophage.

(2) Il eft par-tout égal dans le bœuf, & plus épais dans le mouton le long du bord arrondi du vifcere.

(3) Il s'attache, dans le bœuf & dans le mouton, à la panfe, aux vertebres dorfales, au diaphragme, & aux dernieres fauffes-côtes.

11°. *Les tuniques*, au nombre de deux dans le cheval ; la première formée par le péritoine, dont deux lames après avoir enveloppé tout le corps du viscere, viennent s'unir à l'endroit de la rainure & s'adosser l'une à l'autre en s'unissant avec l'épiploon (1) : la seconde particuliere à ce même viscere, inégale à sa face externe, filamenteuse à sa face interne, & ces filamens se plongeant dans la subtance de la *rate*, & unissant cette même membrane avec les vaisseaux, accompagnés d'ailleurs dans toutes leurs divisions par une production du tissu cellulaire du péritoine, commune à tous les vaisseaux du bas ventre.

12°. *Les vaisseaux artériels & veineux*, connus sous le nom de *vaisseaux spléniques* ; l'artere dépendant de la cœliaque, étant la plus considérable des trois branches qui en font la division ; & se portent en dessous de l'estomac, vers sa grosse extrémité, où elle se plonge dans la *rate* dès le principe de la rainure qu'elle pourfuit jufques à sa fin ; elle se perd en donnant plusieurs petites ramifications qui entrent par les ouvertures dont j'ai

---

(1) Cet adossement n'ayant point lieu dans le bœuf & dans le mouton que nous comparons ici au cheval, & dans la *rate* desquels on n'observe aucune rainure, ainsi que nous l'avons dit.

parlé. La veine fuivant le même trajet, & étant une branche confidérable de la veine porte ; elle fe rend dans le finus même de cette veine, fort près des plus groffes branches méfentériques , après avoir rampé dans la rainure & avoir quitté le vifcere. Du refte, tous ces vaiffeaux font renfermés dans les deux lames du péritoine qui, comme je l'ai dit, en enveloppent le corps.

13°. *Les vaiffeaux lymphatiques*, que l'on apperçoit affez facilement à la furface dans les animaux vivans, & qui font très fenfibles dans le cheval auffi-tôt après fa mort : ils accompagnent la veine fplénique ; ils fe rendent dans le canal thorachique ; quelquefois auffi ils fe portent dans le réfervoir même du chyle : ils font fur-tout très-vifibles dans le bœuf, dans le veau , dans la chevre, dans le chien , &c.

14°. *Les vaiffeaux nerveux* , confiftant principalement dans des filets détachés du plexus femilunaire gauche qui compofent ce que nous appellons le *plexus fplénique ;* les filets de celui ci fe portent autour de l'artere fplénique qu'ils fuivent jufques dans la *rate*, de maniere que l'artere, la veine & les nerfs n'ont qu'une même entrée dans ce vifcere.

15°. *La fubftance*, qui ne paroît point auffi épaiffe & auffi compafte que la fubftance de la

rate humaine, & qui femble véritablement vafculeufe & celluleufe ; ce vifcere étant en effet dépouillé de fes membranes , & lavé de maniere à
détruire la matiere pulpeufe répandue dans les
cellules , on n'obferve qu'un nombre prodigieux
de vaiffeaux anaftomofés , & à l'endroit de leur
union fe montrent de petits mammelons , ces
mammelons ne font fans doute que l'embouchure
des vaiffeaux qui fourniffent l'humeur pulpeufe
qu'on remarque dans fon tiffu , & il réfulte de
toutes les différentes aires ou mailles formées par
ces mêmes vaiffeaux des intervalles qui compofent
autant de cellules occupées par la matiere que l'on
a détruite en lavant.

16°. *Les glandes lymphatiques,* au nombre d'une
ou de deux , de la groffeur d'une noifette , fituées
le plus fouvent à l'entrée des vaiffeaux dans le vifcere , & abfentes ou inappercevables dans le plus
grand nombre des chevaux.

17°. *Les ufages,* qui ne font ni parfaitement
certains , ni parfaitement connus : on préfume
feulement que ce vifcere eft un auxiliaire du foie,
& que le fang y eft élaboré de façon à faciliter la
fécrétion de la bile. Cette conjecture eft fondée
fur la ftructure même de cette partie pourvue d'une
immenfité de vaiffeaux capillaires & recevant une
quantité confidérable de fang , qui , circulant avec

lenteur, attendu fon extravafation dans les cellules, y eft atténué & divifé par le broyement continuel qu'il éprouve de la part des petits vaiffeaux qui environnent ces mêmes cellules, & aux mouvemens defquels il eft expofé ; enforte que ce fluide ainfi préparé fortant de la veine fplénique, & fe mêlant dans la veine porte avec le fang épais qu'il y rencontre, prévient les engorgemens du foie & les obftructions que ce fang épais auroit pu y produire fans ce mêlarge : dans les animaux auxquels on a extirpé la *rate*, le foie devient fquirreux & acquiert un volume énorme, & le plus fouvent les maladies du premier de ces vifceres font fuives des maladies de l'autre : du refte, on a obfervé qu'ils étoient d'abord beaucoup plus lafcifs, qu'ils urinoient plus fouvent, & qu'ils étoient beaucoup plus voraces, le premier cas a-t-il lieu, parce que le fang n'ayant plus à cheminer dans l'artere fplénique, devient plus abondant dans les vaiffeaux fpermatiques ; dans le fecond, parce qu'il fe porte en une quantité confidérable dans les émulgentes : & dans le troifieme, parce que celui de la cœliaque ne pouvant entrer dans fon rameau fplénique, abonde davantage dans les arteres qui fe diftribuent au ventricule ?

Des Reins Succenturiaux.

329. *Les reins fuccenturiaux* appellés encore dans l'ab-

domen humain du nom de *glandes fur-rénales* , de *capfules atrabilaires* , font deux corps glanduleux dont quelquefois, mais très-rarement, les chevaux & les poulains font dépourvus.

Il faut en confidérer :

1°. *La fituation* : ces deux corps étant placés, un de chaque côté , à trois ou quatre travers de doigt (cinq à fept centimètres) des premieres vertebres lombaires, à un ou deux doigts (deux à trois centimètres) au-devant du rein , & quelquefois même affez près pour toucher ce vifcere; l'un d'eux , c'eft-à-dire le droit , s'étendant affez communément depuis le foie le long de la partie latérale de la veine cave , jufques à l'uretere à fa fortie du rein , & au devant du rein (1).

2°. *Le volume* , qui n'eft jamais conftant, leur longueur variant fur-tout, & étant tantôt de huit, de fept, de cinq, de quatre travers de doigt (quatorze à fept centimètres), & d'une moindre étendue encore (2); leur largeur étant le plus or-

______

(1) Dans le bœuf & dans le mouton ces parties font couchées fous la veine cave, à quelque diftance des veines émulgentes. Celui de ces corps qui eft du côté droit, touche à la partie antérieure du rein du même côté. Celui du côté gauche eft diftant du rein gauche de deux travers de doigt (trois centimètres).

(2) Elle eft d'environ un pouce & demi (quatre centimè.res) dans le bœuf.

dinairement d'un pouce (trois centimètres) ; la *glande fur-rénale* droite étant le plus fouvent plus confidérable que la gauche ; quelquefois ces deux glandes étant égales en groffeur, & l'une & l'autre n'étant dans le fœtus animal que très-petites, & n'ayant toute l'amplitude qu'elles doivent avoir que dans le cheval, ce qui eft abfolument contraire à ce que l'on a obfervé dans le fœtus humain & dans l'adulte.

3°. *La figure*, qui ne fouffre pas moins de variations, étant pour l'ordinaire oblongue, & ces corps étant irréguliérement arrondis fur leur largeur, & leur circonférence légérement applatie dans quelques-unes de fes portions (1).

4°. *La couleur*, qui eft prefque toujours grisâtre au-dehors.

5°. *La fubftance*, qui eft la même, ou qui paroît la même que celle du rein, fi ce n'eft qu'elle femble plus lâche & plus molle.

6°. *Les connexions*, par les vaiffeaux qui leur font propres & par le tiffu cellulaire du péritoine dont ils participent, & qui dans cet endroit, eft

---

(1) Dans le bœuf leur figure approche de celle d'un cœur, fur-tout celle de la *capfule atrabilaire* droite, & l'une & l'autre font conftamment applaties.

Dans le mouton elle eft de même que dans le cheval.

très-abondant, ces corps n'étant point d'ailleurs enveloppés du péritoine même (1).

7°. *Les vaisseaux*, qui sont pour chacun une artere, une veine & quelques filets de nerfs ; l'artere du côté droit naissant le plus souvent de l'artere émulgente, celle du côté gauche naissant de l'aorte même ; la veine du côté droit dépendant de la veine cave, celle du côté gauche de la veine émulgente ; les nerfs étant peu considérables, dépendant du grand nerf intercostal, & n'étant que quelques filets qui s'échappent de chaque côté du plexus renal.

8°. *Les usages* : ils sont absolument inconnus ; on peut juger de notre ignorance à cet égard par les différens systêmes qui ont été imaginés par ceux qui se sont livrés à la recherche de ces mêmes usages. *Sylvius*, *Valsava*, *Welschius*, *Duverney*, *Bartholin*, *Warthon*, *Kerckring*, *Wedel*, *Petrucci*, *Piccolhomini*, *Spigel*, *Molinetti*, ont tous proposé des opinions qu'on ne peut adopter, & que la nature n'avouera jamais : le dernier a prétendu que dans le fœtus, ces capsules ne sont aussi volumineuses que parce que leurs fonctions sont de diminuer, au moyen du sang dont elles se chargent, la

____

(1) Les connexions les plus intimes sont, dans le bœuf, ainsi que dans le mouton & dans le bouc, à la veine cave.

quantité de celui qui fe porte aux reins, & de rendre dès-lors la fécrétion de l'urine beaucoup moindre : mais fi l'analogie doit être de quelque poids en pareille matiere, ces glandes étant très-peu de chofe dans le fœtus du cheval, n'auroient point en lui cet ufage prétendu ; & quel feroit alors celui que l'on pourroit leur afligner ?

Des Vifceres Vropoïétiques.

Des Reins.

330. *Les reins* font dans le cheval, comme dans l'homme, deux corps glanduleux, dont il faut confidérer :

1°. *La fituation* dans l'abdomen, précifément dans le voifinage des vertebres des lombes, un de chaque côté, à quatre ou cinq travers de doigt (fix à huit centimètres) de ces vertebres, dans le milieu de l'efpace qui eft entre la derniere fauffe-côte & la crête des os des îles, le *rein* droit étant toujours plus antérieur que le gauche, & fe trouvant en partie caché par le foie, ce qui eft affez commun dans les animaux en qui ce vifcere eft partagé en plufieurs portions (1).

---

(1) Nous remarquerons, dans le bœuf & dans le mouton, que le *rein* gauche eft encore plus en arriere que dans le cheval, & fe trouve couché fur le corps même des vertebres des lombes.

(96)

2°. *La couleur*, qui eſt d'un rouge-brun.

3°. *La figure* applatie, qui eſt celle d'un triangle, plus ſenſible dans le *rein* droit que dans le *rein* gauche; un des angles le preſentant en dehors, les deux autres angles étant tournés en dedans, & regardant les vertebres des lombes (1).

4°. *Le ſinus*, réſultant d'une échancrure qui eſt entre ces deux derniers angles, & qui eſt deſtinée à donner entrée ou à favoriſer la ſortie des vaiſ-ſeaux du *rein* & de l'uretere (2).

5°. *Les faces*, légèrement convexes, une infé-rieure, & l'autre ſupérieure (3).

6°. *Le volume*, qui eſt tel, que le *rein*, conſi-déré d'une face à l'autre, a environ deux pouces (ſix centimètres) d'épaiſſeur, & examiné d'un angle à l'autre, environ trois ou quatre pouces

---

(1) Dans le bœuf la figure en eſt aſſez irréguliere. Ils ſont comme boſſelés : toute leur maſſe & toute leur cir-conférence préſentent un enſemble de petits lobules ſéparés par des ſillons aſſez profonds. Dans le mouton la forme eſt ovale & échancrée dans ſon milieu.

(2) Dans le bœuf ce *ſinus* eſt plus profond, il s'étend d'une extrémité à l'autre du *rein*. Dans le mouton l'échancrure eſt très-petite.

(3) Elles ſont, dans le *rein* gauche du bœuf, au nombre de trois, & toutes les trois applaties; la ſupérieure répond au corps des vertebres, l'inférieure & l'externe répondent à la panſe, c'eſt-à-dire, au premier des quatre eſtomacs.

(huit

(huit à onze centimètres) de largeur & de longueur, ces dimensions & ce volume n'étant au surplus jamais bien constans (1).

7°. *Les connexions* : 1°. par les vaisseaux propres à ces parties : 2°. par le tissu cellulaire qui enveloppe les *reins* de toutes parts, ce tissu provenant du péritoine qui ne les renferme point, & qui en revêt seulement la face inférieure; & ce même tissu étant toujours fort abondant dans ces régions où il est même tellement chargé de graisse, qu'il y est nommé *membrane adipeuse*, ou *tissu adipeux des reins* : c'est cette graisse que l'on nomme dans les animaux l'*axonge* (2).

8°. *Les membranes*, au nombre de deux, dont la premiere n'est autre chose que le tissu cellulaire, & dont la seconde formant la tunique propre des *reins*, est extrêmement déliée, unie, & très-adhérente à la substance même de ce viscere qu'elle enveloppe (3).

____

(1) Dans le bœuf le *rein* est plus épais & plus long; dans le mouton le volume est bien moindre.

(2) Elle est très-abondante autour des *reins* du mouton & du bœuf, ainsi que le tissu cellulaire, & on la nomme, ainsi que je l'ai déjà dit, le *suif*.

(3) Dans le bœuf & dans le mouton, la vraie lame du péritoine fournit au *rein* gauche une troisieme membrane, & cette même lame ne recouvre que la face inférieure du *rein* droit.

9°. *La substance*, qui est évidemment glandu-
leuse, & qu'on divise en *substance corticale* & en
substance médullaire ; la *substance corticale* comprenant tout l'extérieur du *rein*, étant d'une même
couleur que la superficie, ayant environ trois doigts
(cinq centimètres) d'épaisseur, paroissant composée de l'extrémité des vaisseaux émulgens & de
plusieurs grains glanduleux par où filtre l'urine,
ces grains glanduleux ne se bornant pas à l'extérieur du *rein*, mais s'étendant encore entre la
substance médullaire ou rayonnée : on en trouve
quelques-uns près du bassinet ; leur volume n'ou-
tre-passe pas celui de la pointe d'une petite épingle ;
la couleur en est rougeâtre, & la consistance molle.

La substance médullaire, étant formée par l'union
& l'assemblage des canaux excrétoires qui sortent
de tous ces grains glanduleux, & étant moins
brune que la précédente : on y distingue le trajet
de ces canaux qui marchent parallèlement les uns
aux autres, ce qui a fait encore appeller cette
substance, *substance tubuleuse*, *substance rayonnée*.
Près du bassinet, ces canaux sont infiniment plus
rapprochés ; ils s'ouvrent les uns dans les autres ;
les ouvertures qu'ils forment à la circonférence de
ce même bassinet, sont très-sensibles ; si l'on comprime la substance du *rein*, on en voit sortir l'urine
qui se vide & se décharge dans le bassinet ; d'ail-

leurs, il n'arrive à ces canaux aucun changement qui puisse faire soupçonner une substance nouvelle & differente (1).

10°. *La partie que l'on nomme le bassinet,* qui (2) n'est autre chose que le vide que laisse dans son milieu la substance médullaire plus épaisse que la corticale ; cette cavité, triple dans l'homme, étant unique dans le cheval, tapissée d'une membrane blanche & serrée, ayant dans sa circonférence comme plusieurs cellules ou portions de canal qui font le commencement du *bassinet,* & qui reçoivent immédiatement les canaux excrétoires ; la membrane de ces cellules se prolongeant & se nichant entre eux par des intervalles réguliers, ce qui repréfente des ceintres ou des especes de croissans;

____

(1) Cette *substance médullaire* est évidemment de la même nature dans les bêtes à laine & dans les bêtes à cornes. Elle se préfente fous la forme d'une multitude de petits corps coniques, recouverts, chacun en partie, par une espece de poche ou de capfule membraneule, qu'on nomme le *calice du rein.*

On trouve quelquefois deux de ces corps mammelonés ensemble dans une même capfule.

De la réunion de ces *calices* résultent, dans ces deux animaux, plusieurs ouvertures qui, réunies hors du *rein,* forment le principe de l'uretere.

(2) Dans le bœuf & dans le mouton est le produit de la réunion des canaux dont je viens de parler.

du refte , celle qui forme le *baffinet* fe portant en dehors en diminuant de volume , & la cavité diminuant auffi , de maniere qu'elle repréfente le pavillon d'un entonnoir ; cette même membrane fortant par le finus du *rein*, diminuant encore de volume entre les vaiffeaux émulgens , & ne formant plus enfin qu'un canal que l'on nomme *l'uretere*.

11°. *Les vaiffeaux* , *tant fanguins que nerveux & lymphatiques ;* les vaiffeaux fanguins étant nommés *émulgens* , & confiftant en une artere & en une veine de chaque côté : rarement en eft-il deux , & en ce cas le diametre en eft moindre. L'artere dépend de l'aorte poftérieure , la veine de la veine cave poftérieure : ces vaiffeaux fortent de ces troncs précifément à l'endroit de leur deftination ; c'eft environ auprès de la feconde vertebre lombaire que l'aorte fournit de fes par ies latérales , & un peu en arriere de la méfentérique antérieure , deux branches confidérables qui fe portent , l'une à droite , l'autre à gauche , dans une direction tranfverfale , & l'efpace de cinq ou fix travers de doigt (huit à dix centimètres) ; après quoi on les voit dans le finus du *rein* , où elles commencent à fe divifer en deux ou trois branches qui fe perdent dans la fubftance même du vifcere : ces arteres font nommées *émulgentes* ou *rénales*.

Les veines suivent le même trajet en partant de la veine cave à la même hauteur ; quelquefois & d'un côté, l'artere eſt deſſus ou en-devant de la veine, d'autres fois la veine eſt en-devant ; rien d'invariable à cet égard ; mais il eſt aſſez ordinaire que l'artere du côté droit ſoit plus longue que l'artere du côté gauche, & que la veine du côté gauche ſoit plus longue que la veine du côté droit, ces particularités dépendant de la poſition de l'aorte & de la veine cave, l'aorte étant plus à gauche, & la veine cave plus à droite.

Des vaiſſeaux lymphatiques très-viſibles à l'extérieur des *reins*, rampent au-deſſous du tiſſu cellulaire ; ils accompagnent la *veine émulgente*, & vont ſe dégorger dans le réſervoir du chyle.

Les nerfs réſultent des plexus méſentérique & ſémi-lunaire qui, par pluſieurs ramifications réunies & raſſemblées, forment de chaque côté le *plexus rénal ;* les filets de ce *plexus* aboutiſſent dans le ſinus, & entrent avec l'artere émulgente pour ſe perdre dans chaque *rein*.

De plus, ces vaiſſeaux, principalement les arteres & les veines, en entrant dans ce viſcere, ſont accompagnés de ſa membrane propre, qui ſe plonge & rentre en-dedans de ſa ſubſtance, où elle ſuit ces vaiſſeaux.

Quant aux arteres *adipeuſes*, elles partent des

émulgentes, & se distribuent dans la graisse : elles sont dues quelquefois aussi aux arteres spermatiques premieres.

12°. *Les usages*, qui consistent à séparer du sang la liqueur que nous nommons *urine ;* cette liqueur gagne le bassinet, & elle enfile ensuite les ureteres qui la conduisent jusques dans la vessie, qui en est le réservoir.

Des Ureteres.

331. *Les ureteres sont deux canaux membraneux, de la grosseur d'une des arteres crurales, le diametre n'en étant pas cependant égal par-tout ; ils se portent des reins à la vessie urinaire* (1).

Il faut en considérer :

1°. *L'origine* (Voyez 330, 10°.).

2°. *Le trajet & la longueur*, qui excedent la distance & l'intervalle qui séparent les deux visceres dont ils sont les canaux de communication, ces canaux faisant un contour & décrivant une courbure dans leur milieu, en se portant de dedans en dehors, & revenant ensuite de dehors en dedans,

____

(1) Il faut observer que le diamètre de ces canaux dans le bœuf, est à-peu-près comme celui d'une petite plume à écrire : dans le mouton, les *ureteres* sont bien moins considérables, à raison de la petitesse de sa masse.

pour entrer dans la cavité du baffin, & pour fe porter à côté de la veffie, un peu au-deffus, en s'approchant légérement l'un de l'autre (1).

3°. *L'infertion*, dans la poche urinaire fupérieurement, & à trois ou quatre travers de doigt (cinq à fix centimètres) de fon col; ils la ffent un femblable intervalle entre eux. (*Voyez* fur cette *infertion*, 332, 9°.) (2).

4°. *La fubftance*, qui eft évidemment membraneufe & compofée de trois tuniques; la premiere réfultant fimplement du tiffu cellulaire du péritoine: la feconde, qu'on a regardée comme mufculaire dans l'homme, & qui, dans l'animal, ne préfente aucun veftige de fibres charnues; la troifieme, dite veloutée, étant blanchâtre, & fe propageant jufques dans le baffinet, enduite intérieurement d'une humeur onctueufe, propre vraifemblablement à la défendre de l'impreffion fâcheufe des fels urineux.

---

(1) Nous remarquerons ici que la longueur de celui de ces canaux qui part du rein gauche, eft, dans le bœuf, moindre d'un pied (trente-deux centimètres) que celle du canal qui part du rein droit; il en eft de même dans le bélier.

(2) Cette *infertion* a lieu près du col de la veffie du bœuf & du bouc, & fouvent au-delà du col de cette partie. Elle fe fait dans le bélier comme dans le cheval.

5°. *Les vaisseaux tant sanguins que nerveux :* les artériels partant de divers petits troncs ; les supérieurs venant des émulgentes mêmes , les moyens de la spermatique seconde , ou de l'utérine dans la jument , les inférieurs de l'abdominale ; les veines se réndant dans les troncs pareils veineux ; les nerfs étant des filets du plexus rénal , du plexus abdominal , &c.

6°. *Les usages ,* qui confiftent à charrier, ainfi que nous l'avons dit , l'urine des reins à la veffie , & la valvule qui ferme & qui clot intérieurement les orifices des *ureteres ,* s'oppofant au reflux de cette liqueur dans ces mêmes canaux.

De la Veffie urinaire.

332. *La veffie* eft une poche membraneufe , contenue dans la cavité offeufe que l'on nomme le baffin.

Il faut en confidérer :

1°. *La fituation ,* hors du péritoine , entre les os pubis & le rectum , dans le cheval , & entre les os pubis & le vagin , dans la jument.

2°. *Les parties ,* c'eft-à-dire , le corps & les extrémités, dont l'une eft poftérieure & l'autre antérieure ; le corps étant tout ce qui fe trouve entre ces deux extrémités ; l'extrémité antérieure en compofant le fond ; l'extrémité poftérieure en formant le col , & cette poche fe trouvant un peu plus large dans l'endroit de l'infertion des urereres ; mais diminuant toujours jufques à l'urethre (1).

3°. *La forme*, qui eft ovalaire (2).

4°. *Le volume* ou *la grandeur*, qui, dans une *veffie* vide & retirée fur elle-même par la force contractile naturelle de fes fibres, préfente quatre ou cinq pouces (onze à quatoze centimètres) de longueur, fur trois ou quatre (huit à onze centimètres) de largeur, & qui acquiert, dans un état de diftenfion non forcée & qui n'eft pas contre nature, huit à neuf pouces (vingt-un à vingt-quatre centimètres) de longueur, fur dix (vingt-fix centimètres) de largeur, pouvant contenir alors environ trois livres (quinze hectogrames) d'urine ; du refte, ce volume & cette grandeur variant dans les chevaux comme dans les jumens, felon leur taille.

5°. *La différence de l'efpace qu'elle occupe quand elle eft vide & quand elle eft pleine* : dans le premier cas elle n'excede prefque pas les os pubis, fur la face interne defquels elle repofe : dans le fecond, elle

---

(1) Cette fituation a conftamment lieu dans la *veffie urinaire* du bouc & du bœuf, & elle ne fouffre aucun élargiffement au point de l'infertion dont j'ai parlé. (*Voyez* 33i, 3°. & 332, 9°.)

(2) Plus petite dans le mouton.

s'étend au-delà de ces os , de maniere qu'une moitié de cette poche s'avance dans l'abdomen, l'autre
moitié demeurant au lieu où elle doit être.

6°. *Les connexions*, par sa partie qui répond à
l'urethre, par l'ouraque,& par les arteres ombilicales
qui deviennent par leur oblitération des ligamens
dans l'animal adulte; par le tissu cellulaire du péritoine, & par sa lame propre, qui tapissant toute
la face supérieure de cette poche, l'unit & l'assu-
jettit au rectum ou au vagin ; par un ligament à
la symphise du pubis intérieurement; les arteres
ombilicales paroissant du reste se perdre dans la
substance de la *vessie* , & ne former qu'un seul
& même corps avec elle.

7°. *La structure ou la substance*, formée de plusieurs membranes.

La premiere , étant composée non-seulement du
tissu cellulaire du péritoine qui enveloppe cette
poche de toutes parts, mais d'une partie de la
vraie lame de ce même péritoine , laquelle se replie sur toute sa face supérieure, en recouvre tout
le fond & se propage par un nouveau repli environ quatre travers de doigt (sept centimètres)
sur la face inférieure, où elle s'implante si intimement dans sa substance qu'on ne peut l'en séparer.

La seconde, étant vraiment musculeuse & beaucoup plus forte dans le cheval que dans la jument ,

car les fibres en font très-déliées dans celle-ci (1):
ces fibres, évidemment charnues, forment un tiffu
lâche, & laiffent, lorfque la *veffie* eft diftendue,
fans être trop pleine, un intervalle très-fenfible
entre elles: lorfque la *veffie* eft vide, elles font très-
rapprochées & en quelque façon entaffées les unes
fur les autres: dans fa partie antérieure, qui en eft
le fond, & à fa face inférieure, elles font plus
unies & paroiffent circulaires. A mefure de leur
marche & de leur trajet vers la face fupérieure,
elles s'écartent, elles fe croifent en différens fens,
les fibres qui viennent du côté droit fe portant
du côté gauche, & celles qui viennent du côté
gauche fe portant du côté droit en fuivant une
direction oblique, & formant en quelque maniere
des fpirales. De leur croifement réfulte quantité
de mailles. Depuis la partie antérieure jufques à
l'inférieure, elles diminuent d'épaiffeur, & viennent fe terminer circulairement environ deux
doigts (trois centimètres) au-delà des ureteres
jufques au col, ou à la partie poftérieure; là,
elles font plus rapprochées & forment ce que l'on
nomme le *fphincter*. Un petit paquet de ces mêmes
fibres s'étend longitudinalement depuis l'ouraque
jufques à l'infertion des ureteres, & elles fuivent

---

(1) Dans le bœuf, leur force & leur fenfibilité font bien
plus grandes encore que dans le cheval.

dans cette partie la même direction que les autres.

La troifieme membrane étant purement cellulaire, quoique regardée par quelques auteurs comme nerveufe, & par d'autres comme tendineufe.

La quatrieme tunique étant enfin réellement membraneufe & différente dans fes faces, dont l'externe eft filamenteufe & unie avec la troifieme membrane, & dont l'interne enduite d'une humeur onctueufe propre à la défendre de l'impreffion des fels urineux , ne préfente rien de cotonneux ni de velouté; on y voit quelques rides légeres quand la veffie eft vide (1) ; fi on dilate cette poche en y introduifant de l'air par le fouffle, & fi on l'ouvre enfuite , on trouve cette tunique très-liffe ; elle paroît fe continuer dans le canal de l'urethre.

8°. *Le fphincter,* formé par les fibres circulaires de la feconde tunique, qui font en grand nombre & plus ferrées, ainfi que nous l'avons dit, dans le col de cette poche ; on n'y en voit point d'ailleurs de longitudinales (2).

-----

(1) Ces rides étant infiniment plus fenfibles & plus multipliées dans le bœuf.

(2) Du refte, le *fphincter,* dans la *veffie* du bœuf & du bouc, eft à peine fenfible ; mais les fibres charnues, qui font très-fortes & très-multipliées au commencement de l'urethre, en tiennent lieu.

9°. *Les trois ouvertures*, dont deux situées entre le corps du fac urinaire & fon extrémité poftérieure, font les orifices des deux ureteres, orifices qu'une efpece de prolongement, ou plutôt une valvule qui, après avoir permis l'entrée de l'urine & de l'air, leur en interdit la fortie, nous dérobe intérieurement : mais fi, par le moyen d'un ftylet introduit dans l'un des ureteres, on fouleve cette même valvule, elle devient fenfible, & l'air s'échappe auffi-tôt. Au furplus, les ureteres, dans le cheval (1), ne font aucune inflexion en perçant la *veffie*; ils s'y portent horifontalement pendant un certain efpace, & ils en percent les membranes en droite ligne (2). La troifieme ou-

____

S'il y eût eu un véritable *fphincter*, l'infertion des ureteres étant fouvent en avant dans le col, ce *fphincter* les auroit refferrés, & l'urine maintenue dans ces canaux, n'auroit pu parvenir aifément dans la *veffie*. Cependant, dans le mouton, l'infertion des ureteres fe faifant dans cette poche comme dans le cheval, ce refferrement n'étoit point à craindre, & néanmoins le *fphincter* n'eft pas plus marqué que dans le bœuf & dans le bouc.

(1) Comme dans le mouton.

(2) Dans le bœuf & dans le bouc leur trajet entre les membranes eft plus long : ils fe portent prefque dans l'urethre en s'approchant l'un de l'autre, & s'ouvrent à la partie moyenne d'une éminence très-fenfible ayant la forme du cœur, & qui fe termine par une pointe ou une ligne faillante, qui fe prolonge jufques au *veru-montanum*.

verture, bien plus fenfible, eft l'orifice même de la poche, & le feul endroit par où l'urine coule & peut fortir ; quoique cette ouverture puiffe s'élargir au point de fouffrir l'introduction du doigt, elle eft cependant toujours fermée par l'action du *fphincter* (1).

10°. *Les vaiffeaux, tant fanguins que nerveux :* les arteres étant fournies par l'artere honteufe interne ; une portion du fecond rameau qui en émane fe portant & fe diftribuant aux parties latérales de la *veffie,* & l'artere fpermatique feconde y envoyant auffi quelques ramifications ; les arteres ombilicales donnant quelquefois encore dans leur trajet & dans leur principe une ou deux petites artérioles, qui demeurent toujours caves, quoiqu'au delà ces arteres, qui fe confondent dans l'ouraque, s'obliterent peu de temps après la naiffance.

Les veines, les unes dépendant de la veine honteufe interne, accompagnant les ramifications de l'artere du même nom, les autres dépendant des iliaques externes, & fuivant l'artere fpermatique feconde fous le même nom de *veines fpermatiques fecondes.*

______

(1) Nous avons dit que cette ouverture ne doit jamais, felon les apparences, être entiérement fermée dans le bœuf, & que les fibres feules de l'urethre, en refferrant le canal, empêchent l'urine de fluer.

Les nerfs, étant des filets du plexus abdominal & des nerfs sacrés.

11°. *Les usages*, qui sont de servir de réservoir à l'urine, c'est-à-dire, à cette liqueur aqueuse qui, filtrée & séparée dans la substance vasculeuse & tubuleuse des reins, y est apportée par les ureteres ; cette sérosité séjourne quelque temps dans cette poche, jusques à ce que la trop grande distension du sac ou l'irritation des sels qu'elle contient, invitent & sollicitent l'animal aux efforts nécessaires pour l'évacuer.

Des Visceres Spermatopoïétiques.

Des Parties de la Génération du Cheval.

33. *Les parties de la génération du cheval*, envisagées, non selon la division qu'on peut en faire en parties externes & en parties internes, mais d'après l'ordre auquel les fonctions de chacune d'elles semblent naturellement conduire, comprennent les testicules, les vaisseaux spermatiques, les épididymes, les canaux déférens, les vésicules séminales, la vésicule mitoyenne, & le membre.

Des Testicules.

34. La situation des *testicules* est assez connue ; ils ne se montrent pas d'abord au-dehors dans le poulain ; ils demeurent logés dans l'abdomen, au-

deſſus de l'endroit même de l'anneau du muſcle grand-oblique, juſqu'à ce que l'animal ait atteint l'âge de ſix ou ſept mois ; ils deſcendent enſuite peu-à-peu, traverſent ce même anneau, & tombent enfin dans le ſcrotum, qui s'allonge de même que toutes les portions qui les ſuſpendent ou qui les contiennent (1).

Il faut en conſidérer dans le cheval :

1°. *Le nombre* : il en eſt deux, l'un à droite & l'autre à gauche : je ne ſais s'il varie dans les chevaux comme dans les hommes qui n'en ont quelquefois qu'un, d'autre fois trois.

2°. *Le volume*, celui des *teſticules* dépouillés de leurs enveloppes & de leurs principales membranes, excédant de moitié le volume d'un gros œuf de poule (2).

3°. *La figure*, qui eſt oblongue & légérement applatie du côté interne où ils ſe regardent & ſe répondent.

4°. *Les extrémités*, l'une antérieure & l'autre

---

(1) Dans le bélier & dans le taureau, ces parties deſcendent & ſe logent, dès l'âge le plus tendre, dans le ſcrotum.

(2) Il eſt plus conſidérable, & les *teſticules* ſont plus alongés dans le taureau, dans le bélier & dans le bouc ; ces parties ſont même d'ailleurs très-volumineuſes dans ces deux derniers animaux, proportionnément à leur maſſe.

poſtérieure

poſtérieure ; l'antérieure étant un peu plus élevée que l'autre (1).

5°. *Les enveloppes communes*, conſiſtant dans ce que l'on appelle le *ſcrotum* & le *dartos*.

6°. *Le ſcrotum*, formant l'enveloppe la plus extérieure & réſultant du prolongement de la peau de l'abdomen, qui, d'une part, fait en cet endroit une eſpece de poche, & de l'autre une eſpece de gaîne ; la poche conſtituant le *ſcrotum*, & la gaîne ce que nous nommerons dans la ſuite le *fourreau* ; cette même poche, ou quoi qu'il en ſoit, cette ſorte de bourſe étant partagée en deux cavités qui retiennent à-peu-près la forme des *teſticules* qu'elles renferment, & la peau étant dans ce lieu plus déliée que par-tout ailleurs, noire comme celle du fourreau, & totalement dénuée & dégarnie de poil (2).

7°. *Le raphé*, c'eſt-à-dire la ligne légérement ſaillante, qui marque extérieurement la ſéparation de ces deux cavités, & qui eſt bien moins ſenſible dans le cheval que dans l'homme (3). Cette ligne dans celui-ci commence à l'anus, & ſe ter-

---

(1) Dans le taureau & dans le bélier, l'une des extrémités eſt ſupérieure & l'autre inférieure.

(2) Il en eſt une grande quantité au *ſcrotum* du taureau, & il préſente une multitude de rides très-apparentes.

(3) Elle eſt moins ſenſible encore dans le taureau.

mine à l'extrémité de la verge , à l'endroit du frein du prépuce ; dans l'animal , fon principe eft le même , elle paffe fur le fcrotum entier , mais elle diminue & s'efface totalement en approchant du fourreau.

8°. *Le tiffu folliculeux ou cellulaire* , qui unit le fcrotum à fa membrane ou à l'autre poche qui eft au-deffous , tiffu qui eft dépouillé de graiffe & qui fe trouve abreuvé de férofités dans l'hydroce!e par infiltration , & rempli d'air dans le pneumatocele.

9°. *Le dartos* , ou l'enveloppe feconde , formant dans le corps animal , comme dans le corps humain , une poche partagée en deux cavités féparées par une forte de médiaftin ou de cloifon commune ; la fubftance de cette membrane étant évidemment charnue , & cette même membrane étant revêtue dans chacune des cavités d'une tunique particuliere formée d'une expanfion légere des fibres aponévrotiques du fafcia-lata & de l'aponévrofe du grand oblique de l'abdomen , expanfion qui dans le cheval enveloppe féparément chaque *tefticule* & contracte adhérence avec la cloifon (1).

10°. *Les tuniques particulieres* à chaque *tefticule* , connues fous le nom d'érythroïde , de vaginale & d'albuginée.

---

(1) On ne trouve point cette tunique aponévrotique dans le fcrotum du bélier & du taureau ; on n'y voit qu'un tiffu cellulaire.

11°. *La tunique érythroïde* devant plutôt être appellée ici *tunique aponévrotique premiere*, parce qu'elle eſt blanche & non rouge comme dans l'homme, & qu'elle n'eſt véritablement que l'aponévroſe du muſcle cremaſter ; ce muſcle étant un faiſceau de fibres de la longueur d'un demi-pied (ſeize centimètres) & de la groſſeur d'un pouce (trois centimètres) ; ſon origine étant au long abducteur de la jambe, au bord poſtérieur du muſcle oblique interne, & à l'aponévroſe du faſcia-lata & du tranſverſe qui en eſt près ; il paſſe derriere le bord du grand oblique pour ſe joindre au cordon des vaiſſeaux ſpermatiques : il chemine & deſcend avec eux juſques aux *teſticules*, près deſquels il devient aponévrotique, & cette aponévroſe s'épanouiſſant & formant l'eſpece de poche qui les enveloppe, compoſe la tunique dont il s'agit. Quant *à la tunique aponévrotique ſeconde*, elle réſulte des fibres aponévrotiques du tranſverſe & du faſcia-lata, qui, fortifiant le cremaſter & l'accompagnant dans toute ſa marche, forment un ſecond plan ou une ſeconde tunique fortement adhérente à la vaginale par ſa face interne, & par ſa face externe à celle du cremaſter (1).

12°. *La tunique vaginale*, nommée encore dans

______

(1) Ce muſcle eſt plus long dans le taureau, où l'on ne voit pas de *tunique aponévrotique ſeconde*.

l'homme *tunique élytroïde* ou blanche , cette tunique ayant paru être en lui un prolongement du tissu cellulaire du péritoine , mais étant certainement dans le cheval un prolongement de sa vraie lame , qui offre une gaîne au cordon des vaisseaux spermatiques , en formant intérieurement deux replis , dont l'un enveloppe le canal déférent , & l'autre l'artere , la veine & le nerf , le tissu cellulaire accompagnant ces vaisseaux jusques aux *testicules* ; & la vraie lame les abandonnant en cet endroit pour se terminer par un cul de-sac , ou par une poche , qui renferme le corps & l'épididyme , auxquels cette tunique adhere plus étroitement que dans le corps humain.

13°. *La tunique albuginée*, contenant immédiatement la substance du *testicule* , dont on ne peut la séparer comme les autres tuniques , & dont elle est comme l'écorce, le tissu en étant aussi beaucoup plus fort & beaucoup plus serré. Je doute qu'on puisse l'envisager comme un prolongement du tissu cellulaire du péritoine; elle semble naître du *testicule* même ; elle est percée par quantité de vaisseaux veineux qui rampent entre elle & la tunique vaginale , & qui se rendent dans les veines spermatiques.

14°. *La substance homogene* , de couleur grisâtre & résultant d'un amas de circonvolutions d'un

feul genre de vaiffeaux extrêmement fins & déliés , naiffant , felon les apparences , des dernieres
féries des arteres fpermatiques , & dont la longueur eft telle que par le fecours de la macération , on eft parvenu à en dévider dans un tefticule humain jufques à quarante aunes (cin-
quante mètres, quarante centimètres) ; ces contours & ces circonvolutions étant au furplus féparés par plufieurs cloifons aboutiffant à un canal
commun qui , quoique plus confidérable que le
diamètre de l'artere fpermatique , paroît en être
une continuation , fur-tout fi l'on ouvre ce canal,
& fi on introduit un ftylet dans fa cavité , car le
ftylet paffe dans l'artere & fe montre au dehors ;
peut-être que l'artere envoie feule des ramifications
dans toute la fubftance du *tefticule* , & compofe
les cloifons (1).

Des Vaiffeaux Spermatiques.

335. Les vaiffeaux des tefticules font , outre le canal

---

(1) Nous obferverons , au furplus , que cette fubftance , dans
le bélier & dans le taureau , eft de couleur jaunâtre.

On trouve dans le centre de leurs *tefticules* , & dans toute
leur longueur , un corps blanchâtre , entourré de quantités
de veines. Il y a tout lieu de penfer qu'il eft formé de la
réunion des canaux excréeurs , provenant des extrémités
capillaires des arteres , d'où réfulte la *fubftance du tefticule.*
Ce corps a été nommé le *corps* ou le *noyau du tefticule.*

excrétoire de chacun de ces corps , & outre les vaiffeaux lymphatiques qui en partent, & qui fe rendent au réfervoir du chyle , des arteres, des veines
& des nerfs : ils font tous , à l'exception de ce canal & des tuyaux lymphatiques, nommés *vaiffeaux
fpermatiques* Il faut en confidérer :

1°. *Le nombre*, chaque tefticule ayant deux arteres , deux veines & plufieurs filets nerveux

2° *La branche de nerf* . qui fe trouve de chaque
côté , formée par la réunion de quelques filets qui
s'échappent des lombaires , & qui communiquent
avec le plexus abdominal , cette branche fuivant
le trajet du cordon fpermatique dont elle fait partie
& fe diftribuant au tefticule.

3°. *Les arteres fpermatiques premieres ;* ces ar-
tères partant communément de la face inférieure
& un peu latéra'e de l'aorte , à quelque diftance
en arriere des arteres émulgentes ; celle du côté
gauche étant plus en arriere que celle du côté
droit, & quelqu.fois l'une & l'autre naiffant de
la méfentérique poftérieure ; leur diamètre équi-
valant à celui d'une plume à écrire ; leur longueur étant telle qu'elles s'étendent depuis le lieu
de leur naiffance jufques aux tefticules, en faifant
des inflexions, puifqu'elles s'écartent d'abord l'une
de l'autre, qu'elles paffent obliquement fur le
mufcle pfoas , qu'elles croifent en même temps

les ureteres, qu'elles s'éloignent toujours du centre
du corps jufques à l'entrée du baffin où elles fe
contournent de deffus en deffous & de dehors en
dedans, pour gagner le bord du mufcle tranfverfe
& l'anneau du mufcle oblique externe, laiffant
échapper, dans tout ce trajet, quelques artérioles
qui fe jettent les unes dans la membrane adipeufe
des reins, les autres au péritoine, & même au
méfentere, ces dernieres paroiffant communiquer
avec les arteres méfentériques; ces mêmes *arteres
fpermatiques* ne communiquant aucunement avec
la veine, & fe divifant à leur approche du tefticule,
où toujours renfermées avec la veine dans la tunique vaginale, elles donnent deux ou trois rameaux, dont une artériole fe porte à l'épididyme,
& les autres au tefticule.

Les arteres fpermatiques fecondes, naiffant de
l'iliaque interne, envoyant d'abord plufieurs ramifications aux ureteres, aux véficules féminales,
à la veffie, gagnant enfuite le cordon fpermatique,
auquel elles fe joignent pour fortir par l'anneau de
l'oblique externe avec l'*artere fpermatique premiere*: elles marchent droit, fans aucune inflexion,
& fe plongent dans le centre du tefticule.

4°. *Les veines fpermatiques premieres*, fortant de
la veine cave poftérieure, à-peu-près dans le même
lieu où les arteres partent de l'aorte, la fpermatique

gauche naissant presque toujours de la veine émulgente gauche ; l'une & l'autre se portant en arriere
pour joindre les arteres du même nom , s'unissant
avec ces mêmes arteres à cinq ou six pouces (treize
à seize centimètres) de leur origine ; suivant la
même route , & parvenant ensemble jusqu'à
l'anneau : dès la moitié de ce trajet , elles commencent à se diviser , quelques-unes de leurs ramifications , accompagnant les artérioles , en se
distribuant à la membrane adipeuse , au péritoine
& au mésentere ; mais leurs principales divisions
résultant d'abord de deux , trois & quatre branches qu'elles fourniffent ; celles-ci se subdivisant
encore , & les ramifications devenant toujours
plus nombreuses à mesure qu'elles approchent
des testicules , près desquels , unies par un tiffu
cellulaire , qui même en remplit les intervalles ,
elles forment un corps plus considérable ; c'est ce
qu'on a appellé dans l'homme le *corps pyramidal*
ou *pampiniforme*.

Les veines spermatiques secondes , accompagnant
l'artere du même nom , très-peu sensibles dans le
cheval , & formant dans la jument la *veine utérine*.

5°. *Le cordon* dit *spermatique,* formé en général
par la réunion des arteres & des veines , sortant ,
ainsi que je l'ai dit , de l'abdomen par l'anneau du
grand oblique , enveloppé jusques au testicule par

le tiſſu cellulaire du péritoine ainſi que par ſa vraie lame, qui, comme je l'ai obſervé, forme la tunique vaginale; ce cordon étant, au ſurplus, parſemé, dans ſon étendue, de pluſieurs petits corps glanduleux & de pluſieurs canaux lymphatiques qui en partent pour aller ſe dégorger dans le réſervoir du chyle (1).

Des Epididymes.

336. Tous les petits vaiſſeaux dont les circonvolutions forment la ſubſtance du teſticule, & qui peuvent être appellés *vaiſſeaux ſéminaires*, s'étendent au-delà en changeant d'arrangement & formant un ſecond corps vaſculeux auquel on donne le nom d'*épididyme*. Il faut en conſidérer:

1°. *La couleur :* ce corps n'eſt pas moins blanc que le teſticule (2).

2°. *La longueur & le volume*, qui peuvent être comparés à la groſſeur & à la longueur d'un doigt (3).

---

(1) Dans le bélier, ainſi que dans le taureau, les *cordons ſpermatiques* ſont encore enveloppés d'une certaine quantité de graſſe.

(2) Il eſt extérieurement plus blanc dans le taureau & dans le bélier, & intérieurement jaunâtre.

(3) Cette longueur dans le bélier, comme dans le taureau, eſt plus conſidérable.

3°. *La position*, le long de la face externe du testicule (1).

4°. *Les adhérences*, à ce corps, par des membranes communes à l'un & à l'autre.

5°. *La tête ou le principe*, vers l'extrémité antérieure du testicule (2); cette partie d'où sortent les vaisseaux qui forment l'*épididyme* étant plus grosse.

6°. *La queue*, qui n'est que l'extrémité opposée à celle-ci, & qui est beaucoup plus étroite (3).

7°. *Le trajet des vaisseaux qui le composent*; ces vaisseaux ne faisant aucune circonvolution; mais se portant de la tête à la queue, en faisant plusieurs inflexions sur eux-mêmes, après lesquelles ils ne forment plus qu'un seul canal, que l'on peut regarder comme le vaisseau excrétoire de tout le testicule; le tout étant au surplus recouvert par un prolongement de la tunique albuginée qui se perd dans la queue de l'*épididyme*.

____

(1) Et le long du bord interne dans les animaux que nous comparons au cheval.

(2) Dans le cheval, & vers l'extrémité supérieure dans le bélier & dans le taureau.

(3) Dans le bélier & dans le taureau cette même extrémité opposée à l'extrémité supérieure, comme elle est opposée à l'extrémité antérieure dans le cheval, se montre extérieurement sous la forme d'une appendice, excédant le testicule d'environ un pouce (trois centimètres), & ressemblant à l'extrémité du doigt.

Des Canaux Déférens.

337. Ce canal qui paroît être le seul destiné à porter au-dehors la matiere préparée dans ces organes, a été nommé *canal déférent*: il en est un pour chaque testicule. Il faut en considérer:

1°. *Le diametre*, égalant celui d'une plume d'oye ordinaire, mais n'étant pas le même par-tout dans le cheval entier ; car ils se dilatent considérablement dans une portion de leur étendue, & cette dilatation ne s'observe pas, ou est beaucoup moindre dans le cheval hongre (1).

2°. *La couleur & la consistance*: ces *canaux* étant blancs (2); d'une substance très-solide au-dehors ; les parois en étant fort épaisses ; le tissu spongieux de ces mêmes parois (3) étant très-considérable dans le cheval entier, sur-tout dans l'endroit où les *canaux* se dilatent, & étant en bien moins grande quantité dans le cheval hongre,

---

(1) Le diametre de ces *canaux*, dans le taureau, n'excede pas celui d'une plume très-mince; il égale celui d'une plume d'oye au lieu de sa dilatation. Dans le bélier ces *canaux* sont encore plus minces & plus tenus.

(2) Mais moins que dans le bélier & dans le taureau.

(3) Qu'on ne trouve point dans les *canaux déférens* des deux animaux dont je viens de parler.

en ce même endroit, où ils ne fouffrent pas dans celui-ci de dilatation.

3°. *La cavité*, qui eft au milieu de cette fubf-tance fpongieufe (1), faifant l'office de canal & régnant dans toute l'étendue de ces conduits; cette cavité y étant très fenfible (2), attendu leur volume, & pouvant perfuader les anato-miftes du corps humain qui ne l'ont point ap-perçue, de la poffibilité de fon exiftence dans l'homme.

4°. *Le trajet:* ces *canaux* en fortant de l'épi-didyme fe trouvant dans la tunique vaginale, complétant dès-lors le cordon fpermatique, mon-tant entre les arteres & les veines pour entrer dans l'abdomen par l'anneau de l'oblique externe, fe féparant du cordon & l'abandonnant dès qu'il font parvenus dans cette cavité, pour paffer par-deffus les os pubis & entrer dans le baffin, en croifant d'abord les arteres ombilicales & enfuite les ureteres: ils s'enfoncent delà dans ce même baffin & gagnent la partie fupérieure & pofté-rieure de la veffie urinaire, où leur diamètre augmente confidérablement, & où ils acquierent

-----

(1) Et qui eft en quelque forte imperceptible dans le taureau & dans le bélier.

(2) Dans le cheval feulement.

même le volume d'un petit inteſtin (1) ; c'eſt
alors que ce même tiſſu ſpongieux dont je viens
de parler, ſe montre évidemment folliculeux &
préſente une quantité très-conſidérable de cellules, communiquant les unes dans les autres par
de petits orifices très-ſenſibles, & qui vraiſemblablement déchargent dans la cavité qui occupe
le milieu de cette ſubſtance, l'humeur reçue dans
ces cellules, très appercevables lorſque ces *canaux*
ont été ſoufflés & deſſéchés, ſans doute pour y
ſubir un nouveau degré d'élaboration & de perfection ; ils cheminent très-rapprochés l'un de
l'autre le long de la partie interne des deux véſicules ſéminales (2). Parvenus au col de la veſſie,
ils diminuent de groſſeur & paſſent dans la goutiere de la grande protaſte pour ſe terminer, non
dans les véſicules ſéminales comme dans l'homme,
mais dans l'urethre même, où chacun d'eux
aboutit & s'ouvre par un orifice très-diſtinct &
différent de celui des véſicules, ou de ce qu'on
a appellé les *canaux éjaculatoires*.

5°. *L'humeur*, contenue dans ceux dont il s'a-
git; elle eſt ſemblable à de la ſemence, blanchâtre comme elle, mais infiniment plus épaiſſe

---

(1) Cette augmentation eſt beaucoup moindre dans le
bélier & dans le taureau.

(2) Ils ſont adoſſés dans le taureau & dans le bouc.

dans le cheval entier que dans le cheval hongre, en qui elle eſt auſſi moins abondante.

Des Veſicules Seminales.

338.   Les *véſicules ſeminales*, ſont dans le cheval deux poches ou deux veſſies (1) dont il faut conſidérer :

1°. *La forme*, qui eſt oblongue & légérement applatie (2).

2°. *La longueur*, qui eſt de cinq à ſix travers de doigt (huit à dix centimètres (3).

3°. *La largeur*, qui eſt d'environ un pouce (trois centimètres) ou un pouce & demi (quatre centimètres).

4°. *L'epaiſſeur*, qui eſt le plus ordinairement d'environ un demi pouce (un centimètre).

5°. *La poſition*, dans le fond du baſſin, ſur la partie ſupérieure & poſtérieure de la veſſie urinaire ; cette poſition étant oblique comme celle des canaux déférens qui repréſentent enſemble un V romain, dont la pointe eſt en arriere & formee par leur réunion.

6°. *La ſubſtance*, qui eſt la même que celle de la veſſie urinaire, dont elles ne different que par

---

(1) Dans le bélier & dans le taureau, ce ſont deux véritables véſicules.

(2) Celle du bélier & du taureau eſt tortueuſe.

(3) Elle eſt moindre dans le bélier.

leur volume & par la force de leurs membranes ; la tunique veloutée y étant très délicate, & paroissant parsemée d'un nombre infini de ramifications sanguines, & de quantité de petits corps glanduleux, qui ne sont appercevables que dans un état contre nature ; ces petits corps & ce nombre infini de vaisseaux n'existant pas dans les *vésicules* du cheval hongre qui sont beaucoup moins amples & beaucoup moins garnies de canaux sanguins apparens. Ces poches étant au surplus extérieurement couvertes dans leur face supérieure par le péritoine, & du côté de la vessie urinaire, par le tissu cellulaire qui les y unit, n'étant point aussi bosselées au dehors que les *vésicules séminales* humaines, & ne présentant dans l'intérieur qu'une cavité unie & nullement coupée par de petites cellules comme dans l'homme (1).

7°. *La terminaison* ou *la fin* : ces *vésicules* diminuant de volume à mesure qu'elles approchent de l'urethre, & y aboutissant en pénétrant la grande prostate & en dégénérant chacune en un

____

(1) Dans les trois animaux que nous comparons ici au cheval, les *vésicules séminales* sont bosselées, & paroissent résulter des petites cellules enveloppées d'une substance spongieuse ; mais un examen attentif démontre que ce tissu est particulier aux *vésicules*. On les voit sensiblement se gonfler en y introduisant de l'air, par le moyen d'un chalumeau.

canal d'abord de la groſſeur du petit doigt , dans
lequel les tuniques perdent conſidérablement de
leur épaiſſeur , & ayant enſuite un diamètre infiniment & ſucceſſivement bien moindre juſques à
la fin : ces canaux ont été nommés *vaiſſeaux éjaculatoires*, & s'ouvrent chacun dans l'urethre par
un orifice placé au-deſſus de celui des canaux
déférens (1).

8°. *L'humeur* contenue dans ces *véſicules*, beaucoup moins abondante dans le cheval hongre, où
il en eſt très-peu, que dans le cheval entier, où
elle eſt en plus ou moins grande quantité, cette
humeur étant ſemblable à de la ſemence.

De la Véſicule mitoyenne.

339. Un canal membraneux qui ſe trouve dans l'intervalle des deux canaux déférens , enfermé dans
les deux lames du péritoine , réſultant du repli
de cette membrane entre la veſſie & le rectum ,
forme , dans le cheval, une partie qui n'a point
encore été découverte ni obſervée dans l'homme,
& à laquelle je crois pouvoir donner le nom de
véſicule mitoyenne (2). Il faut en conſidérer :

1°. *La longueur* qui eſt de cinq ou ſix pouces

----

(1) *La terminaiſon* eſt la même dans le bélier & dans le
taureau.

(2) Elle manque auſſi dans le bélier & dans le taureau.

(treize

(treize à seize centimètres) plus ou moins , &
qui n'est pas si confidérable dans le cheval hongre.

2°. *La grosseur*, qui est égale à celle d'une plume
d'oye.

3°. *La partie antérieure*, qui répond au fond de
la vessie urinaire, cette partie étant un peu plus
évasée & fermée de maniere que le canal se présente ici comme une petite poche, ou comme une
véficule.

4°. *La cloison mitoyenne*, qui partage intérieurement le fond de cette *véficule* en deux cavités ou
en deux cellules, à chacune desquelles est un prolongement fermé , & qu'on diroit être la suite d'un
canal oblitéré.

5°. *L'extrémité*, logée dans la goutiere de la
grande proftate.

6°. *La bifurcation* de ce même canal à sa partie
poftérieure , & ensuite de cette extrémité, près du
lieu où les canaux déférens percent l'urethre.

7°. *L'appendice*, ou *la petite véficule ovalaire*, du
volume d'un pois , qui , vide dans les chevaux
coupés , n'y laiffe appercevoir que ses traces ;
elle est située dans l'endroit même de la bifurcation , & communique avec une des branches qui
en réfulte , de maniere que la liqueur ou l'air introduit dans le canal, paffe dans cette petite appendice , & delà dans la branche de la bifurcation à

laquelle il répond, tandis que le reste de la matiere, ou de cet air introduit, sort par l'autre branche que cette même bifurcation présente ; l'une & l'autre de ces branches étant aussi le plus souvent oblitérées dans le cheval hongre.

8°. *Les orifices* de ces branches, qui, après un trajet de quatre lignes (un centimètre), s'ouvrent dans l'urethre par deux ouvertures placées au-dessous des orifices des canaux déférens.

9°. *Le réseau vasculeux*, qui garnit toute la circonférence de l'appendice & les branches jusques à leurs extrémités & jusques à leurs orifices.

10°. *L'humeur*, contenue dans cette *vésicule*, se montrant quelquefois comme une matiere jaunâtre, & le plus souvent semblable à la matiere séminale que l'on trouve dans les grandes vésicules : il n'en est point, ou du moins je n'en ai pas vu, dans la *vésicule mitoyenne* du cheval hongre.

Du Membre.

340. On appelle *membre*, dans le cheval, la partie que dans l'homme on nomme la *verge* : cette partie assez connue quant à sa situation, à sa figure & à son volume, présente trois portions, le corps du *membre*, ou le *membre* considéré en lui-même, la tête, & l'urethre : avant de les examiner séparément les unes & les autres, il faut s'arrêter aux tégumens qui les recouvrent, & envisager :

1°. *Le fourreau*, réfultant du prolongement de la peau de l'abdomen qui conftitue ici, ainfi que je l'ai dit, une forte de gaîne, prolongement qui, en gliffant fur le gland & fur la *verge humaine*, peut être mu en avant ou en arriere, mais qui fe trouve en partie borné dans l'animal, le *membre* ayant lui-même la liberté de fortir & de rentrer dans le tégument qui le contient & qui, plus fort & plus épais, au lieu où il fe trouve limité, préfente une efpece de bourlet qui environne l'orifice fervant d'iffue à ce même *membre ;* c'eft précifémen cette portion que quelques-uns ont nommé le *prepuce ;* eile eft toujours dans le même état, foit que le *membre* foit retiré, foit dans le moment de l'érection (1).

______

(1) A l'égard du taureau, du bélier & du bouc, le *fourreau* n'eft point en eux une partie auffi protubérante, & la peau ne forme pas extérieurement une forte de gaîne comme dans le cheval. Elle n'offre qu'une efpece de bouton ou de bourlet, garni de longs poils dans le bœuf; bourlet percé dans fon milieu pour la facilité de la fortie du *membre* dans le temps de l'érection feulement, car cet animal ne le fort point au - dehors quand il veut uriner; il urine dans le poil intérieurement. Un prolongement de cette même peau récouvre le *membre* de la longueur d'environ un pied & demi (quarante-huit centimètres), felon la maffe du fujet; & d'une longueur moindre, mais proportionnément à la maffe du bélier & du bouc.

I 2

(132)

2°. *Les mammelons*, ou les efpeces de légeres éminences qui en ont la forme & qui font placées au nombre de deux, l'un à côté de l'autre, à environ un demi-pouce (un centimètre) de diftance fur ce même bourlet, du côté du fcrotum, éminences qui ont été regardées comme les mammelles du cheval, & au milieu defquelles on a apperçu quelquefois un orifice très-petit, qui n'eft véritablement que celui de quelques glandes fébacées qu'on découvre en ratiffant ce lieu : elles font très-fenfibles dans l'âne & dans plufieurs mulets ; mais dans le plus grand nombre des chevaux, jeunes & vieux, on n'en rencontre pas la moindre trace ; & les orifices divers qu'on peut reconnoître dans les autres portions du prépuce, & qui répondent à des glandes fébacées, annoncent ce qu'eft celui qu'on a pris pour les ouvertures de ces prétendus *mammelons* (1).

3°. *La feconde portion de la peau prolongée*, étendue fur le *membre* entier, beaucoup plus fouple que l'autre, le tiffu en étant très-fin & très-délicat ; elle eft étroitement collée à la partie du *membre* qui fort de la premiere, c'eft-à-dire, du fourreau, ces deux portions de peau étant alors

______

(1) On en obferve quelquefois quatre & quelquefois fix dans le taureau, mais toujours en avant du fcrotum : on les prendroit plutôt pour des *mammelons* que dans le cheval.

dans une même direction , & paroiſſant être réellement une ſuite & une continuation l'une de l'autre : celle dont il s'agit ici , ſouvent marquetée de taches noires ou blanchâtres , faiſant quantité de rides qui s'effacent dans le temps de l'érection , & conſtamment dénuée de poil & de cette ſorte de duvet qui rend l'autre bien moins unie , après avoir couvert la tête , où il ſemble qu'elle ſe termine , ſe confond avec la membrane de l'urethre & tapiſſe ſupérieurement la foſſe naviculaire (1).

4°. *Les cryptes folliculeux* , du genre des glandes ſébacées qu'on nomme dans l'homme *glandes odoriférantes de Tyſon* , & dont les tégumens ſont parſemés (2) ; ils filtrent ſans ceſſe une humeur graſſe & onctueuſe qui , ſe ramaſſant autour de la peau où elle paroît défléchée & montrer des pellicules dans toute l'étendue du *membre* ſorti du fourreau , ſeroit très capable , lorſqu'elle eſt très-abondante

______

(1) Dans le bélier & dans le taureau , la peau inférieurement prolongée , eſt plus liſſe & plus unie , & d'une ſeule couleur qui eſt jaunâtre. Elle forme , dans le temps de l'érection, un petit bourlet circulaire , à environ quatre pouces (onze centimètres) de l'extrémité antérieure du *membre* : mais il n'en réſulte point , comme dans le cheval , une ſorte de prépuce.

(2) Ces glandes ſont très-ſenſibles dans le bœuf & dans le mouton.

& par son séjour, de susciter une inflammation
considérable dans ces parties dont elles doit entre-
tenir la soupesse (1).

Du Corps du Membre.

341.   *Le corps du membre* est formé d'une partie
connue sous le nom de *corps caverneux* : il est
deux de ces corps dans la composition de la verge
humaine ; il n'en est qu'un principal dans le *membre* du cheval, dont il faut considérer :

1°. *La partie moyenne ou principale*, comprenant l'espace qui se trouve entre les extrémités.

2°. *L'extrémité antérieure*, qui en est la pointe ;
elle est logée dans une sorte d'arcade que l'on observe dans le centre de la tête du *membre*, &
dont je parlerai plus loin (342, 6°.) (2).

3°. *Les échancrures*, une de chaque côté, avoi-
sinant cette même pointe, & destinées à recevoir

---

(1) Elle pourroit donner lieu encore, par l'âcreté qu'elle contracte, à des porreaux & à des chancres, qui rongent le
membre & en nécessitent quelquefois l'amputation.

Son accumulation peut s'opposer aussi à la sortie de ce
même *membre*, occasionner la strangurie, la rétention d'u-
rine, des tranchées, &c. & il est très-important de nétoyer
exactement cette partie. Voyez dans le volume des *Instructions vétérinaires de l'année* 1794, (an II.) *une observa-
tion à ce sujet*, page 313 & *suivantes*. (Note de l'éditeur.)

(2) On n'observe point cette arcade dans le bélier & dans
le taureau.

deux éminences qui font à la partie inférieure &
poftérieure du bourlet (1).

4°. *L'extrémité poftérieure*, qui en eft la bafe,
cette extrémité fe bifurquant dans fon milieu, &
fourniffant par conféquent deux branches de la
longueur de trois travers de doigt (cinq centimètres), & de la groffeur d'environ deux pouces
(cinq centimètres) dans leur origine, qui font
proprement les racines de ce *corps caverneux*.

5°. *Les attaches* par ces racines, qui, diminuant
de volume jufques à leur fin, s'écartent l'une
de l'autre pour s'attacher de chaque côté tout le
long de l'ifchion, depuis l'endroit où fe termine
la jonction de cet os & du pubis, jufques à fa
tubérofité, les fibres extérieures de ces mcmes
racines étant implantées dans l'os même.

6°. *Les ligamens*, au nombre de deux, affez
confidérables, fortifiés encore par des fibres tendineufes du mufcle court-adducteur de la jambe,
naiffant de la bafe & des parties latérales du
corps dont il s'agit, fe portant fur la partie moyenne
de la fymphife de l'ifchion & du pubis, près de
la jonction de ces deux os, où ils fe croifent, &
fe terminant à un tubercule ligamenteux qui fe
trouve de chaque côté de la fymphife dans la

____

(1) Il n'en eft aucun veftige dans les deux animaux dont
je·viens de parler.

partie oppofée à leur naiffance ; ils peuvent être regardés comme des ligamens fufpenfeurs du *membre*.

7°. *Les ligamens urethro-coccygiens*, partant des premiers os de la queue à leur face interne, embraffant le rectum, quelques-unes de leurs fibres fe croifant & s'uniffant enfemble, lorfqu'ils font parvenus au-delà du bulbe de l'urethre, marchant enfuite réunis par un tiffu cellulaire tout le long de ce canal, en dehors des mufcles accélérateurs, jufques à environ quatre travers de doigt (fept centimètres) de la partie moyenne du *membre*, où ils fe trouvent recouverts par les mêmes mufcles ; là ils fe croifent de nouveau & s'écartent l'un de l'autre, l'un fe propageant au bourlet qui forme le prépuce, l'autre à la circonférence de la tête du *membre* ; ces ligamens pouvant auffi le foutenir, mais leur ufage principal étant de fervir, d'une part, de frein au prépuce qu'ils maintiennent dans une fituation conftante, enforte que dans l'état d'érection, comme dans l'état de flaccidité, le prépuce ne peut être porté ni en avant, ni en arriere ; & de l'autre, de fournir à la tête ou à l'extrémité du *membre* une forte de frein qui ne s'oppofe pas à fon extenfion, mais qui ne lui permet pas de fe retirer trop en arriere dans le prépuce (1).

____

(1) En ce qui concerne le bélier & le taureau, *les liga-*

(137)

8°. *La rainure*, pratiquée tout le long de la face
inférieure de ce corps, & proportionnée en tout
à l'urethre qui, dès le commencement de la ſym-
phiſe des os pubis, c'eſt-à-dire, dès la réunion
des racines ou des branches en une ſeule maſſe,
s'unit à lui, après avoir rempli d'abord une partie
de la bifurcation, & le ſuit dans toute ſon étendue
juſqu'à ce que ce canal l'outre-paſſe pour ſe porter
quatre ou cinq lignes (un centimètre) au-delà de
la tête du membre ; la moitié de la circonférence
de ce même canal étant logée & cachée dans cette
rainure, l'autre moitié en étant abſolument dehors,
& l'union de ces deux parties, je veux dire du corps
caverneux & de l'urethre, étant tellement intime,

---

mens dont il s'agit ſe propagent, écartés l'un de l'autre, le
long de la partie latérale du *membre*, & y ſont appliqués
comme deux petites bandelettes, qui diminuent toujours de
volume juſques à leur extrémité. Ils ſont d'ailleurs beaucoup plus courts que ne l'eſt le *membre* qui, dans ſa partie
moyenne, ſe courbe en forme d'S romain, courbure qui
s'efface & qui ne ſubſiſte p'us dans le temps de l'érection.
L'élaſticité de ces *ligamens* fait qu'ils ſe prêtent ſans peine
à l'extenſion entiere du *membre* ; ils reviennent enſuite dans
leur premier état.

J'ajouterai qu'après avoir entouré le rectum, il ſe trouvent à ſa partie inférieure unis l'un à l'autre par une eſpece
de traverſe ligamenteuſe, qui ſupplée au croiſement qui
s'en fait dans le cheval.

qu'elle ne peut être détruite que par le moyen du
fcalpel (1).

9°. *La fubftance*, ce corps étant membraneux
& fpongieux ; la membrane qu'il préfente extérieurement étant blanchâtre, d'un tiffu fort &
très-ferré, renfermant un tiffu fpongieux qui en
remplit tout le vide, tiffu formé par des fibres
affez confidérables qui fe détachent de chaque
côté de la face interne de cette même membrane, depuis la partie fupérieure jufques à l'inférieure & dans toute fa longueur, en s'entrelaçant

─────────────────

(1) Il n'eft qu'une légere finuofité dans toute la longueur
du *membre* du bélier & du taureau ; elle marque le trajet
du canal de l'ureihre, qui fe trouve logé depuis les racines
du *membre* jufques à environ quatre doigts (fept centimètres)
de l'extrémité, dans un conduit pratiqué dans le corps de
ce même *membre*. Le refte de l'urethre paffe dans une *rainure*, qui eft la fuite de ce conduit, & qui fe continue jufques à l'extrémité de cette partie.

Nous dirons encore que dans le taureau l'urethre ne dé-
paffe pas le *membre*, il marche fimplement aux parties latérales du *corps* qui en fait l'extrémité inférieure, & s'ouvre par
une très-petite ouverture.

Dans le bouc & dans le bélier, ilfe prolonge au-delà de cette
extrémité par une portion grêle & tortueufe, percée à fa fin
d'une ouverture fi petite qu'à peine le ftylet le plus délié peut
y être introduit. Ce prolongement, au furplus, n'eft pas
moins capable d'éreftion que le *membre*, le tiffu fpongieux
de l'urethre fe propageant jufques à fon extrémité.

les unes dans les autres ; l'intervalle de ces fibres étant occupé par d'autres fibres longitudinales de la nature des fibres musculeuses ; celles-ci croissant les premieres, & laissant entre elles des espaces ou des cellules régulieres, qui communiquent toutes les unes avec les autres, & à raison desquelles on a donné à cette partie le nom de *corps caverneux* (1).

De la Tête du Membre.

342. L'extrémité antérieure du *membre* du cheval, plus volumineuse que le corps, est ce que l'on en appelle *la tête :* il faut considérer dans cette partie particuliere, & qui ne dépend point ici de l'urethre, comme dans l'homme :

1°. *La largeur,* qui est de trois ou quatre travers de doigt (cinq à sept centimètres), cette partie étant gonflée.

2°. *L'épaisseur,* qui dans cet état, est d'environ un pouce (trois centimètres).

3°. *La forme,* qui dès lors, est arrondie irréguliérement, & qui présente une espece de bourlet

---

(1) Le tissu de la membrane interne est plus compact dans le bélier & dans le taureau. Celui que cette membrane renferme est formé par des fibres très-fortes & très-serrées, qui se croisent en tout sens, de maniere que les espaces qu'elles laissent entre elles sont très-petites ; du reste, il n'en est aucune de longitudinales.

plus large dans fa portion fupérieure & antérieure , où l'on voit comme deux éminences diftinctes féparées par une ligne qui y eft affez pro-
fondément creufée & marquée par une autre ligne
moins cave qui en embraffe la bafe ; ce bourlet dégénérant infenfiblement en approchant de la partie
inférieure qui eft échancrée & s'y terminant de
chaque côté, antérieurement en une petite pointe
mouffe, & poftérieurement, auffi de chaque côté,
en une éminence reçue dans les échancrures pratiquées, ainfi que je l'ai dit (341 , 3°.) près de
la pointe du corps caverneux.

4°. *La foffe naviculaire*, c'eft à-dire, la cavité
réfultant intérieurement de ce bourlet.

5°. *L'éminence*, qui eft au milieu de cette cavité ; elle eft légérement détachée des environs &
formée par l'expanfion faillante de l'urethre qui
paffe dans l'échancrure du bourlet, & qui fe propage en dehors l'efpace de cinq ou fix lignes (un
centimètre & demi).

6°. *L'efpece de pont*, formé par cette éminence,
& d'où réfulte poftérieurement, entre elle & la foffe,
une cavité en figure d'arcade prépofée à la récep-
tion de la pointe du corps caverneux.

7°. *L'autre cavité*, placée dans la partie fupérieure de cette même foffe, d'environ un pouce
(trois centimètres) de circonférence, profondé-

ment gravée dans la fubftance même de la *tête
du membre* , & dont l'entrée eft ovalaire & le
fond beaucoup plus étroit ; cette cavité étant prefque toujours remplie d'une matiere graffe &
épaiffe, qui durcit quelqefois au point de comprimer l'extrémité faillante de l'urethre & de s'oppofer à la fortie de l'urine ; nulles glandes au
furplus dans cette cavité, nul orifice d'aucuns
tuyaux qui puiffe perfuader que cette humeur y
foit filtrée ; elle provient vraifemblablement des
follicules febacées qui font en très-grand nombre
fur la furface de *la tête*, & comme elle ne peut
avoir d'iffue lorfque le *membre* eft retiré dans le
fourreau, elle s'accumule fans doute dans le lieu
dont il s'agit.

8°. *La fubftance*, qui eft évidemment fpongieufe ; cette partie étant formée par un corps de
cette nature qui préfente à l'extrémité du *membre*,
lors de l'érection, la largeur & l'épaiffeur que
j'ai ci-deffus affignées ; ce même corps s'étendant
& fe prolongeant l'efpace de cinq à fix travers de
doigt (huit à dix centimètres), finiffant en diminuant infenfiblement d'épaiffeur & de largeur,
& étant collé fur la partie fupérieure de l'extrémité du corps caverneux fans y faire aucune éminence fenfible, & fans communiquer ni avec ce
corps, ni avec le tiffu fpongieux de l'urethre, fi

ce n'eſt à leur extrémité ; cette appendice étant, au ſurplus, maintenue dans cette ſituation au moyen d'une adhérence avec le corps caverneux principal par un tiſſu cellulaire, & étant renfermée d'ailleurs dans une eſpece de gaîne ou de conduit réſultant de l'épanouiſſement de la membrane même de ce corps caverneux, dont l'extrémité ſe trouve logée dans une échancrure pratiquée à la partie interne de l'appendice de *la tête* (1).

De l'Urethre.

343. *L'urethre* eſt un canal qui eſt la ſuite du troiſieme orifice de la veſſie urinaire, & qui, ſe por-

---

(1) A l'égard du mouton & du bœuf, cette appendice eſt plus longue que celle du cheval ; elle diminue toujours de volume juſques à ſon extrémité antérieure ; là elle ſe recourbe en forme de coquille de limaçon. Cet endroit eſt marqué par une ligne réſultant de la peau qui le recouvre, & qui plus mince, & garnie intérieurement d'un tiſſu cellulaire folliculeux, provoque une ſaillie & préſente un corps particulier qui ne nous paroît pas ſuſceptible de gonflement dans l'érection, & qui d'ailleurs, eſt infiniment plus ſenſible dans le bouc & dans le bélier. On y voit, dans ces derniers animaux, pluſieurs rides à ſa ſurface. Ce corps dans le bélier eſt évidemment une continuation du tiſſu ſpongieux de l'urethre. La forme de cette eſpece de gland, eſt celle de la tête d'une vipere ou d'un ſerpent ; & l'urethre, prolongée à cet endroit, repréſente une ſorte de dard qui ſortiroit en-dehors comme la langue farouche que darde la vipere irri-

tant de cette poche hors de l'abdomen, fait partie du membre. Il faut en confidérer :

1°. *La longueur*, qui eft d'environ deux pieds (foixante-quatre centimètres) dans un cheval d'une taille ordinaire.

2°. *Le diamètre extérieur*, qui n'eft pas le même par-tout ; ce canal étant affez mince l'efpace de trois ou quatre travers de doigt (cinq à fept centimètres), depuis le col de la veffie jufques à fon paffage derriere les os pubis, s'amplifiant enfuite tout d'un coup, après fon trajet fous l'arcade de ces os, & diminuant peu-à-peu jufques à fon extrémité, où il perce la tête du *membre* & fe prolonge ainfi que je l'ai dit (1).

3°. *Le foutien*, ou les *appuis*, qui lui font offerts dans le baffin, & avant qu'il ait franchi les os pubis, la grande & les petites proftates : tel eft celui qui lui eft préfenté lors de fon paffage dans l'échancrure même de ces os par le ligament membraneux troué à l'effet de lui permettre une iffue ; tel eft encore celui qu'il reçoit dans tout le refte de fon étendue, de fon adhéfion très-forte au corps caverneux principal ou au corps du *membre*.

---

tée, à l'exception qu'ici ce dard eft unique & n'a pas deux branches.

(1) Du refte, le diamètre de *l'urethre* du bœuf & du mouton eft moindre, & ce canal répond à celui qui le renferme.

4°. *La direction*, qui eſt oblique de haut en bas ; depuis la veſſie juſques au ligament membraneux, après lequel il fait une courbure pour venir de derriere en devant gagner le corps caverneux ; il reprend enſuite cette même direction oblique, ſoit que le *membre* ſoit en érection, ſoit qu'il ſe trouve dans l'inertie.

5°. *La ſubſtance*, qui n'eſt autre choſe qu'un tiſſu folliculeux très-fin, dont les cellules s'ouvrent indifféremment les unes dans les autres ; les fibres qui le compoſent n'ayant aucun arrangement régulier : ce tiſſu eſt renfermé entre deux membranes, dont l'externe a plus de conſiſtance que l'interne, qui forme immédiatement les parois du canal, & qui eſt extrêmement douce & polie ; il n'eſt pas en une égale quantité par-tout ; il manque dans le court eſpace de la veſſie au ligament dont j'ai parlé (3°.), pendant lequel ce canal n'eſt que membraneux, mais les membranes y ſont plus fortes, & on y apperçoit, dès ſon principe, comme une portion des fibres charnues du col de la veſſie qui s'y prolongent, ainſi que des fibres charnues du muſcle triangulaire qui s'étendent juſques à la baſe de la grande proſtate. Son volume devient aſſez conſidérable au-delà du ligament, & c'eſt en cet endroit qu'il forme ce qu'on appelle le *bulbe de l'urethre* : il diminue

enſuite

enfuite infenfiblement & par degré tout le long du *membre*, jufques à fon extrémité (1).

6°. *Le diamètre intérieur*, qui eft d'environ quatre ou cinq lignes (un centimètre), & qui eft uniforme par-tout; cette cavité étant toujours humeétée d'une humeur onétueufe, propre à la défendre de l'impreffion fâcheufe & importune des-fels urineux, humeur qui y eft depofée par quantité de petits pores répandus dans toute fon étendue, & très-appercevables, fur-tout dans fon commencement; ces pores font les orifices des canaux excréteurs de nombre de petites glandes placées dans le tiffu fpongieux.

7°. *Les ouvertures, plus confidérables que ces pores*, rangées parallèlement fur deux lignes, à l'endroit du bulbe de l'*urethre*, & étant au nombre de dix ou douze de chaque côté; on les voit comme autant de petits mammelons très-diftinéts, femblables à l'extrémité des cornes des limaçons; on en fait même fuinter aifément l'humeur glaireufe qui vient des petites proftates

---

(1) Les fibres charnues, dans le taureau, font plus fortes, plus multipliées, & ne dépendent point du mufcle triangulaire, car l'animal en eft dépourvu. Ce qu'on appelle en lui le *bulbe de l'urethre*, n'eft prefque point fenfible; le tiffu fpongieux fe montre plus abondant que dans le refte du canal, dans l'étendue duquel fon *urethre* chemine.

Tome II.   K

par les canaux qui rampent fenfiblement au-deffous
de la membrane interne, & dont ces mammelons
font les orifices : plus près de la veffie & des ouvertures des véficules féminales, on découvre encore d'autres canaux femblables, au nombre auffi
de dix ou douze, mais plus gros, placés çà & là;
on y introduit facilement un ftylet qui conduit
jufques à la grande proftate dont ces canaux font
les tuyaux excréteurs.

8°. *Le veru-montanum*, qui eft un monticule
oblong, que l'on peut comparer à l'éminence qu'on
a appellée ainfi dans l'homme ; ce monticule étant
placé à la partie fupérieure & intérieure de l'*urethre*
dans l'intervalle de la grande & des petites proftates, & étant le rendez-vous de tous les tuyaux
excrétoires ayant rapport à la femence (1).

9°. *Les fix orifices*, qu'on découvre dans ce monticule, trois de chaque côté & d'inégale grandeur;
les deux plus extérieurs étant les plus petits ; &
repondant aux deux branches de la véficule mitoyenne ; les feconds, plus confidérables, placés au-
deffus, répondant aux canaux déférens ; les troi-
fiemes, placés au-deffus de ceux-ci, répondant aux
véficules féminales, ces derniers orifices étant les

______

(1) Il eft plus fenfible dans le taureau, & fe termine par
trois lignes faillantes qui fe perdent dans la fubftance de
l'*urethre*.

plus amples, & la membrane de l'*urethre* formant
en cet endroit comme un voile qui femble cou-
vrir & embraffer en partie l'orifice du canal déférent, enforte que l'humeur coulant dans celui-ci ,
a la liberté d'entrer dans la véficule , ou dans les
canaux éjaculatoires d'une part , & dans le canal
de l'*urethre* de l'autre ; c'eft ce dont on peut fe
convaincre en appuyant légérement le doigt fur
cette efpece de valvule flottante , & en inje&ant
quelque liqueur par le canal déférent , car on la
voit paffer dans la véficule féminale (1).

---

(1) Nous obferverons que dans le bélier, comme dans le
taureau, on ne trouve que *quatre orifices* , ceux des canaux déférens & des véficules féminales ; ces animaux n'ayant
point de véficule mitoyenne, il doit y avoir deux orifices
de moins. Du refte, à la face inférieure de l'*urethre* du
taureau, je remarque une valvule confidérable qui s'éleve
de bas en haut, & qui fe porte de derriere en-devant, de
maniere qu'elle peut permettre à l'urine d'enfiler le canal
de l'*urethre*, & que d'une autre part, elle l'empêche de ré-
trograder ; fi l'on fait attention à la fituation de ce canal
dans le corps du *membre*, à fon peu de reffort, à fa longueur, à fon diamètre, au trajet des mufcles accélérateurs
qui, dans cet animal, fe borne à l'endroit de la réunion
des deux branches du corps caverneux, on fera convaincu
que cette valvule doit avoir cet ufage. Elle fe trouve, au
furplus, percée à fon bord flotant de deux orifices , qui
proviennent des canaux excréteurs des petites proftates.

K 2

De la Grande Proſtate.

344. *La grande proſtate* eſt un corps glanduleux (1), dont il faut conſidérer ;

1°. *La ſituation*, près de l'ouverture antérieure de la veſſie, où elle embraſſe l'urethre dès ſon principe.

2°. *La forme*, qui eſt celle d'un croiſſant, dont les pointes ſont tournées du côté de la veſſie urinaire (2).

3°. *La ſinuoſité*, qui la partage en deux portions, & qui loge le canal de l'urethre, ainſi que tous les canaux qui ont rapport à la ſemence (3).

4°. *Le volume*, chacune de ces portions étant de la groſſeur d'un petit œuf de poule (4).

5°. *Les tuyaux excréteurs*, qu'on apperçoit, ainſi que je l'ai dit, au nombre de dix ou douze près des ouvertures des véſicules ſéminales, & qui s'ouvrent dans l'urethre. (*Voyez* 343, 7°.).

Des Petites Proſtates.

345. *Les petites proſtates* ſont ce qu'on appelle dans

---

(1) Abſent dans le bélier.

(2) Dans le taureau elle préſente à-peu-près la forme d'un cœur.

(3) Cette ſinuoſité eſt bien moins ſenſible dans le taureau & dans le bouc.

(4) Et bien moins conſidérable dans les deux animaux dont je viens de parler.

l'homme, *les glandes de Cowper*. Il faut en confidérer :

1°. *Le nombre ;* elles font deux, bien & diftinctement féparées.

2°. *La fituation ;* ces glandes étant placées aux parties latérales de l'urethre, quatre doigts (environ fept centimètres) plus bas que la *grande proftate.*

3°. *Le volume,* qui eft celui d'une châtaigne ordinaire.

4°. *La forme,* qui eft ovalaire (1).

5°. *La fubftance,* plutôt fpongieufe & véfieulaire que glanduleufe.

6°. *Les tuyaux excréteurs,* qui fe montrent, ainfi que je l'ai obfervé (343, 7°.), fous la membrane interne de l'urethre, & qui s'ouvrent dans ce canal par dix ou douze mammelons rangés parallèlement fur deux lignes, la *grande* & les *petites proftates* filtrant une humeur particuliere & mucilagineufe deftinée à le lubréfier, & à fervir de véhicule à la femence (2).

---

(1) Dans le taureau, comme dans le bouc, ces glandes unies l'une à l'autre ont véritablement la figure d'un cœur, & quand elles font féparées, elles font ovalaires. Elles font plus liffes, plus arrondies, moins unies l'une à l'autre, & plus groffes à proportion dans le bélier.

(2) Dans le taureau, dans le bélier & dans le bouc, ces *canaux excréteurs,* au nombre de deux, s'ouvrent, ainfi que

Des Vaisseaux de ces parties.

346.   Les vaisseaux de toutes ces différentes parties, sont arteres, veines & nerfs :

1°. *L'artere honteuse interne*, naissant de la premiere division de l'*iliaque interne*, s'étendant au-dessus de la tubérosité de l'ischion, & pénétrant dans le bulbe de l'urethre où elle s'évanouit.

Le second des rameaux de cette même *artere honteuse interne*, se distribuant dans les vésicules séminales, dans les prostates, ainsi qu'à la vésicule mitoyenne, & contribuant au plexus que nous avons observé aux extrémités de cette vésicule.

L'artere obturatrice, émanant de la troisieme division de cette même iliaque interne, & donnant un rameau que nous nommons *artere caverneuse*, attendu qu'il se porte dans le corps caverneux.

L'artere honteuse externe, fournie par l'artere abdominale qui est une des divisions de l'artere iliaque externe, sortant par l'arcade crurale, se propageant jusques à l'extrémité du *membre*, & se perdant dans le tissu spongieux de sa tête.

L'artere spermatique seconde, se portant aux parties externes, envoyant aussi plusieurs ramifications aux vésicules séminales, &c. &c.

---

je l'ai dit, au bord flottant de la valvule dont j'ai fait mention.

2°. *La veine honteuse interne*, étant une des premieres divisions des veines iliaques internes, se distribuant aux vésicules séminales, à la grande & aux petites prostates, au bulbe de l'urethre, & accompagnant par-tout l'artere du même nom.

La veine spermatique seconde, suivant la même division que l'artere.

Les veines caverneuses, se portant au *membre*, passant sous le ligament, communiquant avec la *veine honteuse interne*, se répandant sur ce même *membre*, en fournissant des rameaux au corps caverneux, quelques-uns de ces rameaux communiquant avec les *honteuses externes*, l'une & l'autre de ces *veines caverneuses* formant un lacis admirable sur toute l'étendue du *membre*, en donnant des ramifications au tissu spongieux de l'urethre, & se perdant dans la tête de ce même *membre*, auquel la veine abdominale envoie aussi quelques rameaux, &c. &c.

3°. *Les vaisseaux nerveux*, provenant des lombaires & des sacrés.

Des Muscles du Membre.

47. Les muscles du *membre*, au nombre de six, trois de chaque côté, sont:

1°. *Les érecteurs*, qui s'attachent à la partie postérieure, supérieure & interne de la tubérosité de

K 4

l'ifchion, defcendent obliquement de derriere en devant, embraffent les deux branches ou les racines du corps caverneux, & fe terminent aux parties latérales de ce même corps ; on pourroit les nommer, comme dans l'homme, par leurs attache·, *mufcles ifchio-caverneux.*

Ces mufcles, en fe contractant, tirent & appliquent le corps caverneux contre l'os pubis.

2°. *Les accélérateurs,* qui fe préfentent comme deux petites bande· charnues, très-minces, plus fortes à l'endroit du bulbe de l'urethre qu'ils recouvrent de même que ce canal fur lequel ils fe couchent après s'être joints au-deffous des os pubis aux mufcles triangulaires : dans le milieu de ce même canal, ils s'uniffent l'un à l'autre, & cette union eft marquée par une ligne blanchâtre & tendineufe qui regne dans toute leur étendue ; ils recouvrent encore, en partie, les ligamens urethrococcygiens ; enfin ils s'attachent tout le long de l'urethre au corps caverneux même, depuis le ligament inter offeux des os pubis jufques à environ cinq ou fix travers de doigt (huit à dix centimètres) de diftance de la tête du *membre.*

Ces mufcles agiffent fur l'urethre, en commençant depuis le bulbe jufques auprès de l'extrémité du *membre ;* ils déterminent la progreffion de la femence dans ce canal plus étroit dans le temps de

(153)

l'érection, attendu le gonflement du tiſſu ſpongieux. Leur action a lieu par ſecouſſes, & ſelon
que ces ſecouſſes ſont plus ou moins fortes, vives
& répétées, la ſemence eſt dardée avec plus ou
moins de violence.

3°. *Les triangulaires:* ces muſcles ſont beaucoup plus petits que les autres; ils répondent à
ceux que dans l'homme on appelle *muſcles tranſverſes*, placés entre les tubéroſités des os iſchion;
ils s'y attachent un de chaque côté & ſe portent
en dedans l'un contre l'autre, en augmentant de
volume; ils recouvrent les petites proſtates, & s'é-
tendent juſques à la grande, en enveloppant le
canal de l'urethre.

Ces muſcles agiſſent ſur les canaux éjaculatoires, ſur les proſtates, ſur les véſicules ſéminales, ſur la véſicule mitoyenne; ils font avancer
la ſemence dans l'urethre, & dégorger l'humeur
qui ſe filtre dans les proſtates & qui ſe mêle avec
la ſemence; ils peuvent auſſi comprimer ces
parties & élargir le bulbe de l'urethre auquel ils
s'attachent.

De l'Uſage général de ces Parties.

348. Les uſages de ces parties ſont:

1°. *En ce qui concerne les teſticules*, de ſéparer
du ſang que leur apportent les vaiſſeaux ſperma-

tique, l'humeur prolifique que nous appellons la
femence ; les petits tuyaux qui compofent la fubftance de ces corps , pouvant être regardés comme
des vaiffeaux fécrétoires dans lefquels cette humeur eft élaborée & perfectionnée par la circulation qu'elle y fouffre.

2°. *En ce qui concerne les épididymes,* de recevoir des tefticules cette matiere blanchâtre & mucilagineufe, & de la tranfmettre encore plus digé-
rée dans les canaux déférens.

3°. *En ce qui concerne les canaux déférens,* de
l'élaborer encore, fur-tout fi l'on obferve les
cellules abondantes dont j'ai parlé (347, 4°,);
de la charrier dans les véficules féminales, lorfque le voile qui couvre leur orifice & celui de
ces véficules, fe ferme ou s'affaiffe; car ce voile
gênant le paffage de la liqueur qui fe porte, fur-
tout dans le temps du coït, par fes canaux, dans
l'urethre, cette liqueur peut être refoulée &
enfiler aifément la route des canaux éjaculatoires,
& de-là être dépofée dans les véficules.

4°. *En ce qui concerne les véficules féminales,*
de la tenir comme en réferve pour le befoin; le
féjour qu'elle y fait pouvant lui donner un nouveau degré de perfection, & ces véficules la tranf-
mettant enfuite dans l'urethre.

5°. *En ce qui concerne la véficule mitoyenne,*

ſa véritable fonction ne m'eſt pas encore bien certainement connue; l'humeur qu'elle contient ne paroiſſant venir d'aucun endroit particulier, puiſqu'on ne voit nul canal qui puiſſe l'y conduire: peut-être pourroit-on préſumer, vu le nombre des vaiſſeaux qu'on obſerve à cette poche, qu'elle ſe filtre dans les tuniques même de ce petit réſervoir, à-peu-près comme le ſuc gaſtrique ſe filtre dans les tuniques du ventricule; elle eſt ſemblable à la matiere contenue dans les véſicules ſéminales; elle a la même couleur, la même conſiſtance; comme elle, elle eſt verſée dans l'urethre, mais ſes effets ſont-ils les mêmes?

6°. *En ce qui concerne le membre*, de porter, après être parvenu à un état de tenſion & d'érection néceſſaire, cette même ſemence chaſſée dans l'urethre, juſques auprès de l'organe dans lequel elle doit être lancée, & de concourir, ainſi que ce même canal, & par ce moyen, à l'évacuation de l'urine.

Des Parties de la Génération de la Jument.

349. Dans l'examen des *parties de la génération de la jument*, il faut faire une diſtinction de celles qui ſont *externes* & de celles qui ſont *internes*.

On doit conſidérer dans les premieres:

1°. *La vulve*, c'eſt-à-dire, la fente de la longueur de quatre ou cinq travers de doigt (ſept à huit centimètres), qui eſt perpendiculairement au-deſſous de l'anus, & qui proprement forme *l'orifice externe du vagin* (1).

2°. *Les levres de la vulve*, qu'on ne peut diſtinguer ici, comme dans la femme, en grandes & en petites; elles ſont proportionnément moins épaiſſes & moins groſſes dans la jument; elles ne font point ſaillie en dehors & elles ſe touchent exactement (2).

3°. *La forme des levres;* elles ſont en quelque maniere dentelées & repliſſées le long de leurs bords (3).

4°. *Leurs commiſſures*, qui ſont les points de leur réunion; *la commiſſure ſupérieure* répondant à une ligne peu ſaillante qui regne le long du périné, c'eſt-à-dire, le long du court eſpace qui eſt entre la *vulve* & l'anus; la *commiſſure inférieure* étant fort unie (4).

____

(1) On doit penſer que cette longueur eſt bien moindre dans la chevre & dans la brebis.

(2) Elles ſont plus épaiſſes dans la vache, dans la brebis & dans la chevre, & elles ſont extérieurement éminentes.

(3) A la différence de celles des trois femelles dont je viens de parler, qui ſont liſſes, ſans aucuns plis & ſans aucunes dentelures.

(4) Dans la vache, la chevre & la brebis, elles ſe terminent par une eſpece de pointe.

(157)

5°. *Leur subftance ;* les *levres* étant formées par un repli de la peau qui eft noirâtre en cet endroit, affez polie & dénuée de poil au-dehors; elle eft encore plus liffe au-dedans & d'une couleur vermeille; elle fe change enfin dans la propre fubftance du vagin (1).

6°. *Les corpufcules glanduleux*, qui font en nombre confidérable au-deffous de la peau, & à toute la circonférence de la *vulve;* les uns étant jaunâtres & du même volume que des grains de millet; les autres étant d'une couleur brune, ayant une forme oblongue, & fe rencontrant dans le corps graiffeux; ces différens corpufcules s'ouvrent à la furface de la peau, & fourniffent une humeur propre à lubréfier ces parties.

7°. *Le fphincter de ce même orifice*, ou les bandes charnues fituées fous la peau, & qui l'embraffent dans toute fa circonférence; quelques-unes de leurs fibres venant fe perdre dans le fphincter de l'anus.

8°. *La foffette naviculaire*, très-différente de ce qu'on nomme ainfi dans la femme, réfultant de l'enfoncement qu'on apperçoit au-dedans & au-

____

(1) La couleur en eft affez femblable au poil dans la vache & dans la chevre, & à la laine dans la brebis; dans la premiere de ces femelles, on les voit garnies de longs poils extérieurement.

delà de la commiſſure inférieure, en écartant les *levres de la vulve* (1).

9°. *Le clitoris*, qui eſt un tubercule très-dur, logé dans cet enfoncement (2).

10°. *Le prépuce du clitoris*, formé par le commencement de la membrane du vagin; cette membrane étant, en cet endroit, pliſſée & garnie de pluſieurs rides irrégulieres qui recouvrent ce tubercule, le tiſſu en eſt uni au-dehors; il eſt ſpongieux en-dedans, & laiſſe apercevoir quelques lacunes dans leſquelles on voit une humeur glaireuſe qui ſe répand au-dehors par quatre orifices aſſez diſtincts entre les plis & les rides dont j'ai parlé.

11°. *La longueur du clitoris*, variant dans la jument comme dans la femme, & étant quelquefois d'un pouce (trois centimètres), d'autres fois de deux (ſix centimètres), quelquefois de trois (huit centimètres) (3).

---

(1) Elle ſe montre dans les trois femelles que nous comparons ici à la jument comme une petite foſſette longuette, ridée dans toute ſa circonférence.

(2) Il eſt moins dur dans la vache & beaucoup plus petit. Il a encore moins de volume dans la brebis & dans la chevre, & il ſe préſente dans les unes & dans les autres de ces femelles au-deſſous de la foſſe naviculaire.

(3) Il paroît en avoir quatre ou cinq (onze à quatorze

12°. *Ses attaches*, au bord interne des branches des os ischion, près de leur symphise, par les branches ou les racines de ce corps.

13°. *Son tissu* ou *sa substance*, qui est spongieuse, & qui est plus serrée dans sa partie moyenne qu'à l'endroit de ses attaches aux ischion ; son extrémité étant garnie de cellules très-sensibles.

14°. *Les deux corps celluleux & caverneux*, de la largeur d'un pouce (trois centimètres), qui, depuis le *clitoris*, s'étendent environ quatre travers de doigt (sept centimètres), sur les parties latérales du vagin où ils se terminent.

15°. *Le réseau* ou *le plexus vasculeux*, formé par des vaisseaux sanguins, & qui se trouve entre la peau & le *clitoris* ; l'air introduit dans ces vaisseaux dilate les corps caverneux, s'insinue dans le tissu du *clitoris*, & en gonfle sensiblement l'extrémité.

16°. *Les muscles du clitoris*, au nombre de deux, un de chaque côté, prenant naissance des parties latérales du sphincter de l'anus, montant de haut en bas sur le corps caverneux qu'ils recouvrent dans toute son étendue, & se terminant chacun aux parties latérales du *clitoris* : ces

---

centimètres) dans la vache ; il est néanmoins encore plus considérable, ce corps cheminant & s'étendant jusques à la *vulve*, en faisant plusieurs inflexions tortueuses.

mufcles, lors de leur contraction, fixent & arrê-
tent le fang dans les cellules, & ce fluide, dont
le retour eft empêché, en augmente néceffairement le volume.

350. Les *parties internes de la génération* de la jument font, & il y faut confidérer :

1°. *Le vagin*, qui eft le canal qui depuis la vulve
s'étend jufques à l'*uterus* ou à la *matrice*.

2°. *La direction de ce canal*, qui eft horifontale,
en le confidérant depuis fon principe que nous fup-
pofons être à la vulve, il fe porte de derriere en
devant.

3°. *Sa pofition*, dans le baffin, entre la veffie urinaire, qui eft au-deffous, & l'inteftin rectum, qui
eft au-deffus.

3°. *Ses connexions* ou *fes adhérences*, avec ces
parties par le tiffu cellulaire du péritoine, & antérieurement avec la matrice, dont le col s'inférant
dans cette gaîne, la clôt entiérement.

4°. *Sa longueur*, qui eft d'environ neuf ou dix
pouces (vingt-quatre à vingt-fept centimètres).

6°. *Sa largeur*, qui eft d'environ quatre ou cinq
pouces (onze à quatorze centimètres), mais qui
eft fufceptible d'une très grande augmentation.

7°. *Sa fubftance*, qui eft membraneufe ; le péritoine le recouvrant extérieurement, depuis la
matrice jufques à l'endroit de l'union de ce canal,

d'une

d'une part, à la veſſie ; & de l'autre , au rectum , & le tiſſu cellulaire ſeulement ſe prolongeant enſuite, & le revêtiſſant juſques au lieu où ce canal ſe joint à la peau : une membrane aſſez épaiſſe, d'un tiſſu lâche & ſpongieux, & garnie de quantité de vaiſſeaux, en conſtitue le corps ; dans le moment de l'accouplement, elle ſe gonfle comme dans le temps où la jument a le plus violent déſir du coït ; elle éprouve une eſpece d'inflammation qui rend cette partie très-ſenſible ; c'eſt alors que *la jument eſt en chaleur*, & que la vulve s'ouvrant à diverſes repriſes, comme par des eſpeces d'épreintes, laiſſe échapper & fluer une matiere viſqueuſe & blanchâtre, filtrée en très-grande quantité dans cette circonſtance, & fait entrevoir la membrane interne qui ſe montre pleine de rides & de plis, & beaucoup plus rouge qu'à l'ordinaire ; cette membrane interne eſt continue à celle de la matrice ; elle eſt un peu plus ample que le *vagin*, ce qui en favoriſe les plis, qui, d'ailleurs ne ſont point ſemblables aux rugoſités apperçues dans le *vagin* des filles ; ils ſont plus volumineux, mais moins nombreux & moins reguliers (1).

______

(1) Dans la vache ces rides ſont beaucoup plus multipliées en approchant de l'orifice interne de la matrice ; elles le ſont plus ou moins, ſelon le plus ou le moins de

Tome II. L

8°. *Les follicules glanduleux* , dont le tiſſu ſpongieux eſt garni , & qui y ſont répandus: ils fourniſſent naturellement & en tout temps une humeur qui humecte ce conduit; elle eſt vraiſemblablement la même que celle qui annonce la chaleur de la cavale , & qui coule alors en abondance , car on ne trouve ici nulle trace du corps glanduleux que dans la femme on appelle *proſtate*, ni aucune autre partie qui puiſſe en tenir lieu.

9°. *Le méat urinaire* , ou l'orifice de l'urethre aſſez vaſte pour ſouffrir l'introduction d'un corps du volume du petit doigt.

10°. *La poſition de ce méat*, à la partie moyenne du *vagin*, dans ſa face inférieure , enſorte que l'urine qui enfile ce *méat*, fait néceſſairement un certain trajet dans le *vagin* même, & eſt expulſée enſuite en coulant de la vulve au-dehors (1).

11°. *La valvule*, formée par un repli de la membrane interne du *vagin*, étant à ce même orifice qu'elle dérobe entiérement, & s'oppoſant à ce

---

diſtenſion de ce canal; le tout eſt infiniment moins apparent dans la brebis & dans la chevre.

(1) Il eſt ſitué, dans les autres femelles que nous examinons, à la portion inférieure & poſtérieure du *vagin*, à quatre travers de doigt (ſept centimètres) de la *vulve*; il commence par une ſorte de gouttiere près de la foſſette naviculaire.

que l'urine , d'ailleurs déterminée en arriere du côté de la vulve par la direction de l'urethre qui fe porte de devant en arriere , ne coule en avant du côté de la matrice : ce repli a dans quelques jumens jufqu'à trois travers de doigt (cinq centimètres) de largeur : il s'agiroit , pour introduire une fonde dans la veffie , de relever ce repli avec cet inftrument, en comprimant légérement fur la face inférieure du vagin , & en gliffant l'inftrument au-deffous de ce repli , ou bien on pourroit le relever par le moyen d'une fpatule affez longue , & enfuite pénétrer par ce moyen avec la fonde dans la poche urinaire (1).

12°. *L'urethre*, qui diffère dans la jument de ce canal dans le cheval , en ce que le diamètre eft en elle beaucoup plus confidérable , & en ce qu'il

---

(1) Dans la vache , dans la chevre & dans la brebis , il eft un autre méchanifme. On ne trouve point de repli , mais on voit dans l'intérieur du canal de l'urethre , à environ quatre ou cinq lignes (un centimètre) de fon orifice , une véritable *valvule* qui , s'élevant de bas en haut , clôt ce canal , & le fermant ainfi , ne laiffe appercevoir qu'une efpece de cul-de-fac. L'ufage de cette *valvule* femble s'oppofer à ce que le taureau , le bouc & le béher , dont le membre eft très-mince & très-pointu , n'enfile le canal dans le moment du coïr, & ne pénetre dans la veffie. Cette ftructure , au furplus , rend l'action de fonder les femelles de ces animaux extrêmement difficile.

eſt auſſi beaucoup plus court, puiſqu'il n'a environ que quatre travers de doigt (ſept centimètres)
de longueur.

13°. *Sa direction*, qui n'admet ni inflexion, ni
courbure ; elle eſt oblique de devant en arriere,
& légérement de bas en haut, parce que la veſſie
eſt, ainſi qu'on peut l'obſerver, au-deſſous du
vagin, & que ce n'eſt qu'en traverſant la ſubſtance
de ce canal, que *l'urethre* peut y aboutir.

14°. *Sa ſubſtance*, très-différente dans la jument,
dans laquelle elle n'eſt que membraneuſe & nullement ſpongieuſe.

De la Matrice.

351. La *matrice*, examinée dans ſon état naturel, il
faut en conſidérer :

1°. *La longueur*, qui eſt d'environ huit pouces
(vingt-un centimètres).

2°. *Le corps*, qui en eſt la partie principale, &
qui, par ſa forme & par ſon volume, eſt à-peu-
près ſemblable à l'inteſtin rectum ; il eſt néanmoins
beaucoup plus uni.

3°. *Les deux extrémités*, l'une antérieure, &
formant ce qu'on appelle *le fond de l'uterus*, &
l'autre poſtérieure, formant ce qu'on en appelle
le col.

4° *Le col*, ou cette même extrémité poſtérieure
qui ſe trouve comme enchâſſée dans le vagin, &

qui s'y prolonge de la longueur de deux ou trois travers de doigt (trois à cinq centimètres), elle eſt plus étroite que le corps & en quelque ſorte reſſerrée ; à peine pourroit-on y introduire le doigt.

5°. *L'orifice*, qui ſe trouve préciſément à l'extrémité de ce même col & dans ſon milieu : on y remarque un épanouiſſement de la membrane interne du corps & du col, qui ſort par ce même orifice, & ſe montre dans le vagin, comme une fleur épanouie & garnie d'inégalités ou de dentelures (1).

6°. *Le fond*, ou l'extrémité antérieure, qui ſe bifurque & préſente deux portions qui font, à peu de choſe près, chacune la moitié du volume du corps de l'*uterus;* c'eſt ce qu'on a appellé les *cornes*, & ce que j'en appellerai les *branches*.

7°. *Les branches*, ayant chacune cinq ou ſix pouces (treize à ſeize centimètres) de longueur, & qui, ſemblables à des portions d'inteſtins grêles, s'étendent tranſverſalement, l'une à droite, l'autre à gauche, & de dedans en dehors, de façon qu'elles paſſent au-deſſous de la partie antérieure des iléon : on les prendroit au premier aſpect pour des culs-de-ſac, & elles paroiſſent fermées à leur extrémité

---

(1) Cette fleur, dans la vache, eſt plus réguliere & plus liſſe, ainſi que dans la chevre & dans la brebis, en qui elle eſt moins conſidérable.

L 3

flottante ; mais en les examinant de près , & après les avoir ouvertes , on apperçoit dans le fond un mammelon ou un tubercule de la groffeur d'un petit pois , & on diftingue dans le milieu de cette protubérance une ouverture fi petite , qu'elle ne peut admettre qu'un ftylet très-fin ; cette ouverture eft l'orifice interne de la *trompe de Fallope* (2).

8°. *La fituation* , qui eft telle qu'elle eft en partie hors du baffin, la *matrice* s'avançant dans l'abdomen directement en arrière des inteftins grêles, les gros inteftins étant au-deffous, l'inteftin rectum étant au-deffus, ainfi que les vertebres des lombes, & le fond , les branches & le corps flottant dans cette cavité, fans néanmoins pouvoir être déplacés & perdre effentiellement la pofition que la nature leur a affignée.

9°. *Les connexions* , par fa continuité avec le vagin ; par tous les vaiffeaux qui s'y portent & qui en reviennent ; par des productions du péritoine appellées les *ligamens larges* ; les *ligamens ronds*

------

(1) Ces mêmes *branches* , dans la vache & dans la brebis , diminuent de volume jufques à leurs extrémités ; là elles fe recourbent en-deffus pour donner naiffance aux trompes qui en font une continuation. Il en eft de même dans la chevre. On n'obferve aucun mammelon dans leur intérieur, mais à leurs extrémités , elles font , dans cette femelle , repliées fur elles-mêmes , & imitent la figure d'un limaçon.

qui, dans la femme, partent de la partie supérieure de *l'uterus*, & paſſent par les anneaux du grand oblique, n'exiſtant point dans la jument; *l'uterus* étant auſſi maintenu dans ſa ſituation par les parties qui l'entourent.

10°. *Les ligamens larges*, qui, de l'extrémité de chaque branche, qu'ils fixent particuliérement, ſe portent & ſe terminent aux muſcles tranſverſes, près des apophyſes tranſverſes des vertebres lombaires; ces mêmes *ligamens* ſe prêtant & s'allongeant, autant qu'il en eſt beſoin, dans la circonſtance où la cavale eſt pleine, & de manière que la *matrice*, qui dès-lors ſe propage extrêmement en avant, ne ſoit point gênée, d'où il ſuit que leur principal uſage conſiſte moins à lui ſervir d'attache, qu'à s'oppoſer à ce qu'elle ne ſe porte pas plus d'un côté que de l'autre (1).

11°. *L'épaiſſeur*, qui eſt d'environ quatre ou cinq lignes (un centimètre) à ſon orifice, & de deux ou trois lignes (quatre à ſix millimètres) à environ qua-

____

(1) Des fibres charnues très-ſenſibles ſe montrent dans les *ligamens* de la vache, ſur-tout dans le temps de la plénitude; dans la chevre, il eſt, ainſi que dans la brebis, un petit muſcle qu'on peut comparer au crémaſter : il prend naiſſance auprès des lombes, & marche juſques à l'arcade crurale & dégénere en un tendon très-grêle, qui ſe porte en avant le long des parties latérales de la *matrice*.

tre travers de doigt (sept centimètres) de ce même orifice, soit dans le corps, soit dans les branches.

12°. *La substance* ou *le tissu*, qui paroît être membraneux & vasculeux : quantité de vaisseaux d'où résulte une sorte de substance spongieuse, semblable à celle du vagin, sont soutenus par un tissu de fibres qui, sans être absolument de la nature de celles qui composent les muscles, en approchent beaucoup : elles n'ont pas moins de corps ; elles sont moëlleuses, & douées d'une élasticité surprenante, & ce n'est qu'à raison de ce ressort qu'après avoir été considerablement distendues pendant que la *matrice* contenoit le fœtus, elles ont la faculté de revenir sur elles-mêmes au point que ce viscère n'a pas plus de volume, & n'occupe pas plus d'espace ensuite, qu'il en occupoit avant la plénitude.

13°. *Les tuniques*, l'une externe, l'autre interne, une duplicature du péritoine renfermant ce même viscere & ses deux branches, formant la membrane externe ; cette duplicature se bornant au commencement du vagin, se repliant d'une part sur le rectum, & de l'autre sur la vessie, tandis qu'elle s'étend & s'évanouit à l'extrémité de chaque branche, & fournit les ligamens dont j'ai parlé.

La membrane interne, pouvant être comparée à la portion de la membrane interne de l'estomac, que j'ai appellée mammellonée , étant comme celle-ci affez molle, en quelque façon veloutée, plus ample que ce qui conflitue le corps de la *matrice* , & faifant également des plis vagues & irréguliers dans le vifcere & dans fes branches , mais dont la direction eft longitudinale dans le col, jufques au dehors de l'orifice, où ces mêmes plis & le prolongement de cette tunique interne, forment l'épanouiffement que j'ai dit être femblable à une fleur. Du refte, cette fubftance veloutée eft légerement rougeâtre; il en fuinte fans ceffe une humeur vifqueufe dont on la trouve toujours pénétrée , & qui l'entretient conftamment dans un état de foupleffe convenable. Le nombre infini de ramifications fanguines qu'on obferve dans toute fon étendue , femblent partir des vaiffeaux de la tunique fpongieufe , & ce font fans doute ces ramifications par le moyen defquelles le placenta adhere, dans la jument pleine, à toute cette membrane (1).

---

(1) Nous voyons dans la vache , dans la chevre & dans la brebis cette *membrane interne* garnie d'un nombre confidérable de porofités , répondant à des mammelons du volume d'un pois. Elles font plus multipliées dans les branches de la *matrice* que dans le corps ; on y apperçoit une infinité de petits points rougeâtres, formant les porofités dans les intervalles que laiffent les mammelons entre eux ; ils font liffes & unis.

14°. *Les glandes* apperçues par *Harder*, dans les chevres, par *Apiarius*, dans les vaches, & par *Collins* dans la jument, où jamais je n'en ai vues.

Des Trompes.

352. Les *trompes* font deux canaux dépendans de la *matrice*, un de chaque côté, répondant à l'extrémité de chaque branche, flottant l'un & l'autre dans la cavité de l'abdomen, & néanmoins contenus & renfermés dans les deux lames du péritoine, qui, après avoir couvert la *matrice* & fes branches; fe prolongent pour fournir les ligamens larges.

Il faut en confidérer :

1°. *La longueur* : en les fuivant ou en les conduifant depuis chaque branche, jufques fur les ovaires, elle eft d'environ fept ou huit travers de doigt (douze à treize centimètres) (1).

2°. *La direction* : dans ce trajet elles ne vont point en droite ligne ; elles font d'abord une grande courbure : elles font de plus repliées fur elles-mêmes par plufieurs inflexions en zig - zag, plus petites

______

(1) Dans la chevre, la brebis & la vache elles font continues aux branches, & n'ont dans la vache, en les confidérant dans leur état naturel, depuis la *matrice* jufqu'aux ovaires, que quatre travers de doigt (fept centimètres) de longueur. Si on les détache des ligamens larges, cette longueur eft d'un pied (trente-deux centimètres) & plus.

& plus preffées du côté des branches ; ces inflexions s'écartant & devenant moins angulaires à
mefure que ces canaux s'approchent de l'autre extrémité, où elles s'effacent entiérement (1).

3°. *La groffeur* ou *le diametre*, qui n'eft pas le
même dans toute leur étendue; il eft d'environ celui
d'une paille ordinaire à l'extrémité du côté de la
matrice; il augmente enfuite, de maniere qu'à l'autre extrémité il eft de la groffeur du petit doigt (2).

4°. *Le pavillon :* cette extrémité s'ouvrant & s'é-
panouiffant par plufieurs portions découpées de
membranes, dont quelques filets s'attachent à l'o-
vaire même, & cet épanouiffement conftituant proprement le *pavillon.* Quelques anatomiftes du corps
humain lui ont donné les noms de *morceau frangé,*
de *morceau du diable* (3).

5° *L'orifice extérieur,* étant dans le milieu du pavillon, & affez large pour admettre l'extrémité du

------

(1) Dans la vache elles font un demi-cercle en fe portant
du côté de l'ovaire; les inflexions font plus près les unes
des autres & plus marquées; elles fe terminent par une
forte de pavillon.

(2) Il eft bien moindre dans la vache.

(3) Nous le trouvons dans la chevre & dans la vache
parfemé de fibres charnues, fans aucune dentelure ; la
largeur en eft une fois plus grande dans la vache. Il s'attache auffi à l'extrémité de l'ovaire.

petit doigt, cet *orifice* conduifant au canal ou à la cavité qui regne tout le long de la *trompe* (1).

6°. *L'orifice intérieur*, qui paroît dans la cavité des branches au milieu d'un petit tubercule, & qui ne peut admettre qu'un ftylet ordinaire (2).

7°. *La fubftance*, qu'on ne peut mieux comparer qu'à celle des canaux déférens dans l'homme ; elles font à l'extérieur compofées d'un tiffu blanchâtre affez fort, & intérieurement d'une même fubftance fpongieufe, au milieu de laquelle leur canal eft pratiqué ; tout l'intérieur de ce canal étant, au furplus, garni d'une matiere fongueufe & molaffe toujours imbue d'une humeur mucilagineufe qui, en fuppofant qu'un œuf doive y paffer pour parvenir de l'ovaire dans l'*uterus*, peut rendre cette route plus facile & plus gliffante.

Des Ovaires.

353. Les *ovaires* font dans la jument comme dans la femme, deux corps placés, un de chaque côté, dans l'abdomen, & à l'extrémité des trompes ; ces corps étant enfermés avec elles dans la même duplicature du péritoine, & flottant entre les inteftins.

Il faut en confidérer :

---

(1) Il eft infiniment plus petit dans la vache.

(2) Dans la chevre & dans la vache, il eft continu aux extrémités des branches.

1°. *Le volume*, qui varie, mais qui eſt aſſez conſidérable (1).

2°. *La longueur*, qui varie pareillement, & qui communément eſt d'environ trois ou quatre travers de doigt (cinq à ſix centimètres).

3°. *La forme*, qui eſt oblongue , & qui d'ailleurs eſt à-peu près ſemblable aux reins du mouton , attendu que dans le milieu de la longueur de ces corps , & préciſément à l'endroit qui répond aux vaiſſeaux ſpermatiques , il eſt un enfoncement ; les reins auxquels nous les comparons n'ont cependant pas autant de volume (2).

4°. *La membrane particuliere* dont ils ſont pourvus ; cette membrane étant aſſez ſemblable à celle des teſticules du cheval , que nous nommons tunique albuginée.

5°. *La compoſition :* nous n'avons jamais apperçu les fibres charnues que *Valiſnieri* dit avoir trouvées dans la ſubſtance des ovaires de la jument & de la vache ; ces corps nous ont paru formés de pluſieurs petites véſicules peu ſenſibles , & qui ne le deviennent que par l'ébullition , la matiere albumineuſe dont elles ſont remplies ſe durciſſant à la chaleur , ce qui les diviſe de maniere qu'elles ne

____

(1) Il eſt bien moindre dans la vache.

(2) Dans la vache, la forme en eſt ovalaire & bien éloignée de celle d'un rein ; on n'y remarque point d'échancrure.

paroiffent plus comme auparavant ne former qu'une
feule & même maffe , & ces mêmes véficules n'é-
tant autre chofe que ce que les anatomiftes ont envifagé comme autant de petits œufs propres à la
génération ; chacun de ces œufs contenant le germe
& les linéamens d'un fœtus , germe qui , felon eux ,
ne demande , pour être vivifié , que l'impreffion
de la femence du mâle : ces véficules étant encore
unies & contenues par un tiffu cellulaire & fpongieux compofant de petites loges , dans lefquelles
fe rendent plufieurs vaiffeaux fanguins très-déliés ; une partie de ces vaiffeaux fe diftribuant aux
véficules même , tant pour y porter la matiere
qui les remplit , que pour leur fournir celle qui
eft néceffaire à leur entretien & à leur nourriture ,
& ce même tiffu fervant , dans le fyftême de la
génération par les œufs , à remplir la place que
laiffe l'œuf ou la véficule qui fort de l'ovaire , place
qui néanmoins eft marquée par une dépreffion ou
une forte de cicatrice qui dépend du vide prétendu
réfultant du détachement & de l'abfence de l'œuf ,
ainfi que de l'écartement de la membrane de l'o-
vaire lors de fa fortie ; car , felon quelques parti-
fans de cette opinion , les pores des membranes
fe dilatent alors & facilitent , d'une part , l'introduction des parties les plus fubtiles de la femence ,
& de l'autre , le paffage de l'œuf qui a été fecondé.

6°. Enfin, *l'abfence dans la jument du ligament blanchâtre* qui, dans la femme, fe porte de l'ovaire aux angles de la matrice, & que les anciens, qui le fuppofoient creux, avoient appellé *canal déférent*: il eft vrai que les ovaires font plus près ici, non du corps, mais de l'extrémité flottante des branches de la matrice; on peut remarquer auffi que du côté gauche, l'ovaire n'en eft pas fi voifin, parce que la branche de ce même côté eft plus courte.

Des Vaiffeaux de ces Parties.

354. Les vaiffeaux de toutes les parties que nous venons de décrire, font en très-grand nombre, principalement les vaiffeaux fanguins. Nous obferverons:

1°. *Les vaiffeaux fpermatiques* tenant le premier rang, & diftingués par leur fonction, par leur marche & leur régularité plus marquée & plus conftante; ces vaiffeaux ne faifant point dans la jument un auffi long trajet, puifqu'ils ne fortent point de l'abdomen, & qu'ils fe bornent aux ovaires; leur diamètre étant ici plus confidérable, *les arteres* naiffant de l'aorte poftérieure, très-près de la petite méfentérique; *les veines* naiffant de la veine cave poftérieure à une hauteur pareille, & étant un peu plus groffes que *les arteres*; ces vaiffeaux en s'écartant de l'axe du corps, décrivant une courbure en dehors dans leur trajet, jufques à l'ovaire,

& trois ou quatre pouces (huit à onze centimètres) après leur origine , *l'artere* s'uniffant de chaque côté à *la veine ;* c'eft ainfi qu'eft formé *le cordon fpermatique* , qui paffe fur le mufcle pfoas & fur l'uretere , fans les croifer abfolument , pour parvenir enfin à l'ovaire. *La veine* , dès le milieu de fa marche , fe divife en nombre de ramifications , entre lefquelles paffe *l'artere* , qui , là , ne fe divife point , le tout étant garni du tiffu cellulaire du péritoine , formant dans la jument , comme dans le cheval , ce que l'on nomme le *corps pyramidal :* ce n'eft que près de l'ovaire que *l'artere* fe partage en plufieurs petits rameaux , dont une partie fe diftribue à l'ovaire , l'autre aux branches de *la matrice* , quelques-uns fe portant encore au ligament large & à la trompe : *les veines* fouffrent la même diftribution ; elle a feulement lieu par un plus grand nombre de rameaux , & ces rameaux font plus confidérables : au refte , ces vaiffeaux communiquent , ceux d'un côté , avec ceux du côté oppofé , & avec les autres vaiffeaux de *la matrice.*

2°. *Les vaiffeaux de la matrice & du vagin* , défignés en général par le nom de *vaiffeaux uterins* , émanans des iliaques internes & externes.

L'artere honteufe interne fourniffant les *arteres vaginales* , & donnant deux ramifications , l'une cheminant au clitoris & aux parties externes de

la

la génération, l'autre se distribuant sur le tissu spongieux, d'où résultent les corps caverneux, ainsi que dans le vagin.

L'artere obturatrice, fournissant dans les branches & dans les cellules du clitoris une ramification que nous avons nommée dans le cheval, *artere caverneuse*.

L'artere utérine, émanant de l'iliaque externe, se distribuant dans le corps de *la matrice*, fournissant quelques rameaux aux ovaires, aux ligamens larges, au vagin, &c.

Les veines : la veine honteuse interne, envoyant des ramifications au vagin & aux parties externes.

Les veines utérines, partant des iliaques externes, se distribuant à l'*uterus*, aux ovaires, aux ligamens larges, & accompagnant toujours les arteres.

L'obturatrice, suivant aussi la marche de l'artere du même nom, fournissant aux branches & aux cellules du clitoris, &c.

Dans ces parties, les veines sont destituées de valvules; en soufflant dans quelques-unes d'elles, on introduit de l'air dans toutes les autres; ce qui en prouve l'entière anastomose : le souffle produit le même effet dans les arteres, qui toutes communiquent, les spermatiques avec les utérines, & même quelques vaisseaux de la méfentérique postérieure qui se trouvent dans le méforectum, assez

Tome II.   ·M

près de *la matrice* : fans une telle ftructure , dans les gonflemens de *l'uterus* , les vaiffeaux euffent été facilement obftrués & comprimés : tous ces vaif-feaux , tant artériels que veineux , faifant, au fur-plus, quantité de circonvolutions & d'inflexions, au moyen defquelles ils peuvent être contenus dans un petit efpace , & cependant être d'une étendue à prêter & s'allonger autant qu'il eft néceffaire pour fuivre l'accroiffement de *l'uterus*, lorfque la jument porte : alors on voit une dilatation & un prolon-gement confidérable de ces tuyaux : tel qui , dans l'état ordinaire , recevoit à peine quelques globules fanguins , ou qui ne pouvoit même admettre que des particules féreufes, reçoit alors beaucoup de fang , & le diamètre des veines augmente toujours beaucoup plus que celui des arteres.

3°. *Les vaiffeaux nerveux* de toutes ces parties , tirant leur origine de plufieurs endroits ; ceux du corps & des branches de *la matrice* dépendant de la grande paire intercoftale , au moyen du plexus ab-dominal ; ceux du vagin dépendant des nerfs facrés qui fortent de l'extrémité de la moëlle épinière , par les trous de l'os facrum , & de quelques filets du plexus abdominal , & quelques filets détachés du nerf crural , de chaque côté , fe perdant dans la peau & dans toutes les parties extérieures : c'eft auffi principalement à l'entrée de la vulve, & dans l'étendue du vagin que la fenfation agréable, ou la titillation qui accompagne le coït, doit fe manifefter davantage; ce nerf fe terminant par des houpes nerveufes très fines, & qui ne font revêtues que d'une membrane extrêmement délicate.

4°. *Les vaiffeaux lymphatiques*, très-faciles à diftinguer dans *l'uterus* des vaches, où ils font quelquefois de la groffeur d'une plume, fuivant *Rudbeck, Gräaf, Walthon*. &c. qui les ont vus auffi dans *l'uterus* des brebis; *Deufingius* les ayant pareillement obfervés jufques dans les branches. Nous les avons vus, dans la femelle dont il s'agit, très-diftinctement.

De l'Ufage général de ces Parties.

355. Les ufages de ces parties font :

1°. *En ce qui concerne le fphincter de la vulve*, de la tenir comme fermée, & de comprimer le membre du mâle lors de fon intromiffion, de manière à rendre les attouchemens plus fenfibles.

2°. *En ce qui concerne le clitoris*, d'augmenter la fenfation du plaifir de la femelle, & d'y contribuer; du moins l'analogie peut le faire préfumer.

3°. *En ce qui concerne le vagin*, d'admettre le membre du cheval; les plis de la membrane interne de ce canal pouvant donner lieu à une fenfation plus vive, tant à l'égard de la femelle qu'à l'égard du mâle, & devant d'ailleurs faciliter sa dilatation lors du part; ce canal enfin servant encore de passage au fœtus, & à l'arriere faix dans ce même temps.

4°. *En ce qui concerne l'uterus*, de contenir le fœtus, de lui servir de nid & d'hospice jusques au terme fixé par la nature pour la délivrance de la mere, les branches ondoyantes résultant de la bifurcation de ce viscere, contenant quelquefois une des extrémités antérieure ou postérieure de ce même fœtus.

5°. *En ce qui concerne les trompes*, de transmettre la semence du mâle, de *l'uterus* jusques à l'ovaire, de se gonfler & de se roidir dans le moment du coït, au moyen de l'abord & du séjour du sang dans leur tissu cellulaire & spongieux, de s'adapter & de se joindre par ce mouvement naturel aux ovaires, jusques à la chûte de l'œuf prétendu qu'elles doivent recevoir pour le transporter à *l'uterus*.

De l'Etat de la Matrice dans la Jument pleine.

356. *La matrice* ou *l'uterus*, dans la jument pleine, éprouve des changemens après un certain temps de la plénitude de cette femelle. On en considérera :

1°. *Le volume ;* ce viscere s'étendant jusques auprès de l'estomac, les intestins grêles étant au-dessus, les gros intestins à ses côtés, son poids les obligeant à s'écarter & à le laisser repofer fur les mufcles abdominaux même (1).

2°. *La figure*, oblongue, & par conféquent conforme à celle du fœtus & à fa pofition, felon la longueur de la mere.

3°. *La couleur*, qui fuccéde à la couleur prefque blanchâtre qu'il avoit dans l'état naturel ; cette couleur étant d'un rouge-brun, provenant de la quantité de fang qui paffe, & qui eft contenu dans les vaiffeaux utérins qui ont acquis un diamètre extraordinaire (2).

4°. *Les branches*, dilatées plus ou moins, mais jamais proportionnément autant que le corps de la *matrice*, & n'étant communément plus au niveau du fond de ce vifcere, ce fond étant la portion qui devient principalement plus ample & qui fe porte en avant ; enforte que fans changer, pour ainfi dire, de fituation, ces mêmes *branches* fe trouvent environ dans le milieu de l'étendue de la *matrice*, & dans la région des reins, ce point de fait n'eft pas néanmoins toujours conftant &

---

(1) Dans la vache il s'étend un peu au-delà des lombes, au-deffous des inteftins & au-deffus de la panfe, fa pofition étant tranfverfale d'un flanc à l'autre, fes deux branches fe trouvent tout d'un côté.

(2) Elle eft néanmoins plus blanche que dans la vache & dans la brebis.

souffre des variations. Dans un des sujets ouverts à l'école vétérinaire d'Altort, la *branche* du côté droit étoit au niveau du fond ; son volume répondoit à celui des extrémités postérieures du fœtus, extrémités qu'elle logeoit, tandis que celle du côté gauche répondoit à la région lombaire ou rénale, & receloit un hippomane de la grosseur d'une noix médiocre, attaché par de petits vaisseaux au placenta (1).

Des Parties produites ensuite de la Conception.

357. Après la conception, il est des parties qui naissent, se forment & n'existent dans l'*utérus*, qu'autant que dure la plénitude. La principale est l'*embryon* ou le *fœtus* ; les autres sont le *placenta*, les *membranes* qui enveloppent le petit sujet, les *eaux* contenues dans ces membranes, le *cordon ombilical*, les *vaisseaux ombilicaux*, &c.

Du Placenta.

358. Le *placenta*, est ce corps appellé anciennement le *foie utérin*, & dont il faut considérer :

1°. La *figure*, qui est conforme à celle de la matrice ; ce corps n'étant point, comme dans la

---

(1) *Les branches* sont plus alongées dans les femelles que nous comparons à la jument ; la gauche est ordinairement vide, & contient des cotylédons.

(185)

femme, rond, plat, circonscrit & assez épais,
mais étant au contraire une véritable poche plus
mince & plus ample, qui garnit toute la surface
interne de l'*uterus* & de ses branches.

2°. *Les adhérences*, plus intimes dans les branches où il forme comme deux appendices, & où
il se trouve engagé dans des plis & dans des anfractuosités de leur membrane interne ; ces adhérences étant moins fortes dans tout le reste de l'u-
terus, où elles sont plus foibles que dans le *placenta*
de la femme (1).

3°. *La couleur*, plus rouge, & l'*épaisseur* plus
considérable dans ces appendices que dans le
corps (2).

4°. *La substance*, cette partie, dans la jument,

____

(1) Dans la vache & dans la brebis les *adhérences* à la
matrice n'ont lieu que par les houpes vasculeuses que l'on
remarque au *placenta*, & qui s'implantent dans les cotylédons, c'est-à-dire, dans les petits mammelons que l'on
observe à la substance de l'*uterus* dans son état naturel, &
dont l'accroissement est très-considérable lors de la plénitude : ces petits mammelons, ainsi accrus, font d'une couleur jaunâtre, à-peu-près de la forme d'un rein, d'une substance
spongieuse, & criblés d'un nombre prodigieux d'orifices, qui
favorisent l'implantation dont nous venons de parler, & qui
répondent aux porosités de la membrane interne.

(2) Comme dans les vaches & dans les brebis, à l'endroit
des cotylédons.

paroiſſant être une membrane véritable , revêtue extérieurement ou dans ſa face convexe d'un tiſſu cotonneux qui adhere directement à la *matrice* par une infinité de petits mammelons implantés & reçus dans les poroſités de la tunique veloutée de ce viſcere; ces mammelons ſe montrant comme de petits grains pulpeux, ſemblables à ceux que l'on obſerve dans la ſubſtance de la rate ; l'intérieur du corps du *placenta* étant garni d'un tiſſu formé d'une quantité innombrable de vaiſſeaux ſoutenus par un tiſſu particulier très lâche ; ces vaiſſeaux partant du tiſſu cotonneux extérieur, ſous la figure de petits pinceaux, traverſant la ſubſtance de ce même *placenta* pour ſe rendre au tiſſu vaſculeux qu'ils forment eux-mêmes , & ſe réuniſſant enfin de maniere qu'ils compoſent les vaiſſeaux conſidérables d'où réſulte principalement le cordon ombilical (1).

---

(1) *La ſubſtance* de ce corps, dans la vache & dans la brebis, eſt par-tout la même, ſi ce n'eſt aux lieux où il répond aux cotylédons, à chacun deſquels il fournit un paquet de houpes vaſculeuſes qui s'implantent, ainſi que je l'ai dit, par les poroſités de la membrane interne dans les cellules de la ſubſtance ſpongieuſe, & qui uniſſent le *placenta* à la *matrice*, enſorte qu'il ſeroit très-poſſible d'enviſager ces faiſceaux vaſculeux comme autant de *placenta* particuliers : du reſte, quand nous ſéparons nous-mêmes le *placenta* d'avec la *matrice*, nous ne pouvons nous empêcher

5°. *Les usages* : les matieres destinées à l'ac-croissement & à la nourriture du fœtus, passant par ce corps intermédiaire de la mere à l'enfant ; ce corps absorbant immédiatement, par consé-quent, les sucs laiteux, utérins & nourriciers transmis au fœtus par la veine ombilicale.

Des Membranes qui enveloppent le Fœtus.

359. En considérant les membranes, au nombre de deux seulement, on verra :

1°. *Le chorion*, ou la *premiere & l'extérieure* : celle-ci étant mince, diaphane, très-peu unie dans

---

de dilacérer la membrane interne, les houpes vasculeuses suivent les *placenta*, les cotylédons restent à découvert & demeurent à la *matrice*, puisqu'ils en sont des mammelons, & l'on diroit que les houpes vasculeuses sont une moitié des cotylédons, tandis que réellement elles ne sont que ces mêmes houpes, dégagées des trous innombrables dont les cotylédons sont percés ; dans le part, ou dans la séparation naturelle de ces corps d'avec l'*uterus*, il est à présumer qu'il n'y a nulle dilacération de la membrane, & que les houpes vasculeuses quittent insensiblement, & peu-à-peu les orifices des cotylédons ; ensorte qu'en les examinant dans la femelle qui a mis bas, ces corps spongieux ne doivent pa-roître que des corps glanduleux enveloppés de la membrane, & ce qui, dans la femelle qui n'a pas porté, n'étoit que de simples mammelons, doit paroître dans celle qui a pro-duit une ou plusieurs fois, comme de véritables glandes d'un volume plus ou moins considérable.

fa face externe ; elle eft une continuation de l'ouraque qui, après avoir traverfé l'*amnios*, & s'être
répandu fur toute la face externe, fe prolonge
le long du cordon ombilical, & va tapiffer la face
interne ou concave du placenta (1).

2°. *Son union avec l'amnios*, dans toute l'étendue de cette enveloppe, au moyen d'un tiffu folliculeux & réticulaire, très-fort dès le principe de
cette union, & qui s'évanouit ou devient tel, à
quelque diftance du cordon, qu'il permet que l'on
fépare aifément ces membranes ; nombre de vaiffeaux rampant dans le tiffu de le première, fur-
tout dans l'étendue de la portion qui tapiffe le placenta ; quelques-uns d'entre eux s'étendant jufques
à celle par laquelle ce même *chorion* accompagne
& revêt la feconde.

3°. *L'amnios* ou *la feconde & l'intérieure*, un
peu plus forte que la précédente, fufceptible de
divifions en plufieurs feuillets, dont il ne feroit
pas poffible de fixer le nombre, unie du côté
interne, moins polie par fa face externe, attendu
le tiffu qui l'unit au *chorion* ; fon étendue fe bornant à la poche qui en réfulte, & étant limitée

____

(1) Il n'en eft pas de même dans la vache & dans la
brebis, nous le regardons comme naiffant du placenta ta-
piffant, d'un côté, l'intérieur de la *matrice*, & de l'autre,
une partie de *l'allantoïde* & une partie de *l'amnios*.

par ce même *chorion* depuis le lieu de sa séparation du cordon ombilical ; cette seconde membrane paroissant au surplus venir du sujet même , & être un véritable prolongement du péritoine (1).

4°. *Les sacs* , ou *les cavités* dont ces membranes sont les parois : le premier & le plus vaste comprenant l'espace ou l'intervalle qui regne depuis le placenta jusques au second dans lequel le fœtus est renfermé ; celui-ci étant formé par le *chorion* & par l'*amnios* , & étant , pour ainsi dire , contenu dans l'autre , qui est le plus grand & qui résulte du *placenta* & du *chorion* , puisque cette derniere membrane tapisse toute la face concave de ce corps : du reste , la membrane *allantoïde* , observée par plusieurs anatomistes dans les ruminans (cette membrane , selon quelques auteurs , étant , dans les animaux dont il s'agit , un prolongement de l'ouraque , qui , parvenu à l'extrémité du cordon ombilical , s'étend sur le *chorion* , le tapisse intérieurement , y adhere , & forme avec lui une partie du grand sac dont elle ne revêt qu'environ la moitié , tandis que quelques autres anatomistes la placent sous l'*amnios* même dans l'étendue du petit sac) , ne

____

(1) Dans la vache & dans la brebis l'*amnios* est unie , non-seulement au *chorion* , mais à l'*allantoïde* , elle naît de même du péritoine du fœtus , fortifié par les fibres aponévrotiques des muscles transverses.

paroiſſant non plus exiſter ici que dans la femme, en qui elle a été gratuitement ſuppoſée pluſieurs fois, à moins qu'on ne prenne, dans la jument, le *chorion* pour l'*allantoïde*, & alors la membrane premiere & extérieure ne ſeroit que l'*allantoïde*, nom que quelques-uns lui ont anciennement donné, même dans la femme, & il n'y auroit point de *chorion* (1).

5°. *Les eaux*, contenues dans l'un & l'autre de ces ſacs ; celles que renferme le premier & le plus ample, étant un peu troubles, & conſtituant la premiere liqueur qui flue à l'ouverture de l'*uterus* ; cette liqueur ne paroiſſant être autre choſe que l'u-

---

(1) Le premier ou le plus extérieur des ſacs, eſt, dans la brebis & dans la vache, formé par l'*allantoïde*, & l'autre par le *chorion* & l'*amnios*. L'allantoïde naît à quatre doigts (ſept centimètres) de l'ombilic : elle n'eſt autre choſe que l'ouraque qui s'épanouit pour ramper entre le *chorion* & l'*amnios*, à quelque diſtance de ſa ſortie du cordon ombi-lical, & ſe prolonge en branches, dont l'une, beaucoup plus longue, paſſe le long de l'abdomen du ſujet, & du dos ſur la tête, pour venir le long de la partie inférieure de l'enco-lure ſe perdre dans une des branches de la *matrice*, où elle forme un cul-de-ſac. L'autre branche, beaucoup moins lon-gue, après avoir paſſé ſur le graſſet, accompagne l'extré-mité poſtérieure dans la ſeconde branche de l'*uterus*, où elle fait comme la précédente : c'eſt ainſi du moins que nous l'a-vons pluſieurs fois apperçue.

rine charriée par l'ouraque dans ce même fac où elle eft comme en réferve (1).

Elle a été trouvée cependant tranfparente, blanchâtre dans nombre de brutes, douce dans la biche, infipide & pas plus falée dans le veau que la férofité de l'amnios, que *Courvée* & quelques autres ont prétendu qu'elle remplaçoit; elle paroît fervir à défendre le petit ou le fecond fac, ainfi que le fœtus qui y eft logé, de la compreffion des parties qui l'avoifinent.

Les eaux contenues dans ce même petit fac, & dans lefquelles baigne le fœtus, étant d'une nature différente, plus claires & parfaitement femblables à la férofité qui abandonne la partie rouge du fang, quand il eft hors de fes vaiffeaux; la fécrétion de celles-ci n'étant pas vraifemblablement l'ouvrage des petits corpufcules que l'on découvre fur les membranes, & pouvant s'opérer, comme dans le péricarde, par quelques ramifications artérielles très-exiguës, & deftinées à la laiffer paffer fans aucun mélange de fang ni d'autres humeurs; en ce cas, elle s'épancheroit par les orifices de ces mêmes vaiffeaux, qui forment autant de pores à la furface interne des membranes; ces *eaux*, au

-----

(1) Cette liqueur eft renfermée dans l'*allantoïde* de la vache & de la brebis.

furplus, maintenant toutes les parties du fœtus dans un degré de foupleffe néceffaire, le fixant dans un milieu conven ble où il jouit d'une forte de liberté, le défendant de l'impreffion des mouvemens des parties voifines & du choc des corps extérieurs, mouvemens qui auroient pu lui être communiqués, fi leurs effets ne fe perdoient & ne s'amortiffoient, pour ainfi dire, dans ces mêmes *eaux*; celles de la premiere & de la petite cavité facilitant enfin fa fortie de la prifon qui le renferme, en humectant, en relâchant & en lubréfiant les paffages, après que les membranes déterminées, engagées dans le col de l'*uterus* & dans le vagin par les efforts de ce même fœtus, ainfi que par la contraction de la *matrice*, & ne pouvant réfifter à l'impulfion des *eaux* & de l'être qui fe préfente, ont été rompues & dilacérées.

Des Hippomanes.

360. *Les hippomanes* font des corps que les anciens croyoient être adhérens au front du fœtus, & qui ont donné lieu à une infinité de fables fur leurs effets, en qualité de philtres amoureux.

Il faut en confidérer:

1°. *Le nombre*, qui varie & qui eft quelquefois affez confidérable, puifqu'il n'eft pas rare qu'on en trouve dix ou douze, & souvent davantage dans de certains sujets (1).

2°. *La situation* : ils sont plus communément placés dans les branches que dans le corps du placenta.

3°. *La forme*, sujete à variation, & qui, quoiqu'assez irréguliere en général, est le plus souvent applatie & plus ou moins large ou moins longue, selon le nombre & le lieu de l'insertion des vaisseaux par lesquels ces corps sont suspendus.

4°. *Le volume*, qui varie de même : il est toujours assez ample dans ceux qui ayant été naturellement détachés, errent & flottent dans la liqueur du grand sac, ordinairement au nombre d'un, de deux ou de trois, & s'échappent au dehors avec cette même liqueur, ensuite de la rupture des membranes.

5°. *L'adhésion*, que quelques-uns ont dit être quelquefois à l'amnios, d'autres à la membrane allantoïde par une espece de pédicule ; mais ayant constamment lieu avec le placenta par de véritables petits vaisseaux qui sont en plus ou moins grande quantité, & auxquels ces corps tiennent comme par autant de fils ; quelquefois ces vaisseaux étant en moindre nombre, & dès-lors plus volumineux : du reste, ils sont toujours noués, confondus & en-

---

(1) Nous en avons vu trois ou quatre dans *l'allantoïde* de la vache.

tortillés les uns dans les autres, fur-tout à mefure qu'ils approchent de leur extrémité ou de
leur terme.

6°. *La confiftance*, en quelque forte céracée &
moins liffe extérieurement dans ceux qui font encore fufpendus, que dans ceux qui ont été errans ;
elle eft auffi plus denfe dans ceux-ci ; ils n'ont
ni les uns ni les autres aucune membrane, aucune
enveloppe ; l'efpece de cérumen d'une couleur oli-
vâtre & foncée qui forme ces maffes, recouvre
en partie les vaiffeaux dans leur entortillement, &
femble fe gliffer entre eux, tandis qu'une autre
portion tient à l'extrémité du cordon qui réfulte
de ces petits tuyaux réunis & tortueux. Quant à
ces mêmes corps détachés & féparés de leurs liens,
fans doute à raifon de l'accroiffement de leur volume & de leur poids, la confiftance en eft plus
folide ; ils préfentent intérieurement des cavités
irrégulieres, & dans lefquelles on rencontre une
matiere graveleufe, qui vraifemblablement les a
fait regarder comme un des réfulats du fédiment
de la liqueur dans laquelle ils nagent ; cependant
pourquoi & comment la nature auroit-elle accordé
des vaiffeaux à un fédiment ? Ces vaiffeaux charrient vifiblement cette même humeur qui, vu fa
confiftance, s'arrête & forme un corps à leur extrémité : ne feroit-elle point un dépôt, une forte

de

de fêces ou d'excrémens des fucs nourriciers & utérins ? La matiere graveleufe qu'on remarque
dans l'intérieur des *hippomanes* flottans , ne feroit-
elle pas un débri d'une portion des vaiffeaux
défféchés , & leurs cavités ne réfulteroient-elles
pas de la place que ces mêmes vaiffeaux occupoient
lorfque cette humeur les environnoit, ainfi que
de leur défféchement dans le milieu de ces corps,
où ils fe trouvent à l'abri de la liqueur qui les
baigne ? Cette matiere graveleufe ne feroit-elle
point due à quelque partie du fédiment de cette
même liqueur , fans cependant que les *hippomanes*
en fuffent le produit ? C'eft ici le cas de fe rejeter
fur la devife de *Montagne*, & de s'écrier, *que fais-je!*

Des Cotylédons.

361. Entre les corps que nous venons de décrire, il en
eft encore d'autres qu'il eft important d'examiner ,
& qui fe préfentent d'abord comme des glandes.

On confidérera :

1°. *Leur forme* : elle eft ovalaire.

2°. *Leur nombre* , beaucoup plus multiplié que
celui des hippomanes.

3°. *Leur fituation* , affez conftante dans le corps
du placenta auquel ils adherent, puifqu'ils font
fufpendus chacun par un feul pédicule qui en
réfulte , qui eft accompagné de vaiffeaux & recouvert par le chorion.

Tome II.   N

4°. *La longueur* de ce pédicule , qui varie , mais qui quelquefois eſt de trois ou quatre pouces (huit à onze centimètres).

5°. *La dilatation* de ce même pédicule à ſon extrémité , où il forme une eſpece de ſac , de poche ou de véſicule aſſez ſemblables aux véſicules pulmonaires; il eſt cave dans ſa longueur.

6°. *Ses orifices* : le ſupérieur répondant à la *matrice* , & préſentant un mammelon lorſqu'en comprimant le pédicule on fait refluer de bas en haut l'humeur qui y eſt contenue ; l'inférieur s'ouvrant dans la véſicule même , qui , comme une ſorte de réſervoir , reçoit l'humeur qu'elle y dépoſe.

7°. *L'humeur*, qui ne diffère en aucune maniere de celle dont les hippomanes ſont formés, ſi ce n'eſt par ſa conſiſtance qui eſt un peu plus molle : ſi l'on ouvre ces véſicules & qu'on les comprime , elle en ſort comme une maſſe cérumineuſe.

Du Cordon Ombilical.

362. *Le cordon ombilical* eſt la ſeule partie qui établiſſe une communication du fœtus avec la mere.

Il faut en conſidérer :

1°. *Le principe* , qui eſt au placenta : ce cordon s'élevant de la ſurface interne de ce corps , le plus ſouvent à l'endroit qui répond au fond de la matrice.

3°. *Le terme* , qui eſt à l'ombilic du fœtus.

(195)

3°. *La longueur*, qui eſt d'environ deux pieds & demi (quatre vingt centimèrres) (1).

4°. *La groſſeur*, qui eſt d'environ trois pouces (huit centimètres) (2).

5°. *La compoſition* : trois vaiſſeaux ſanguins & un canal membraneux connu ſous le nom d'*ouraque* forment ce faiſceau ; ces vaiſſeaux ne faiſant point autant d'inflexions les uns autour des autres que dans l'homme, où ils ſont unis par une ſubſtance membraneuſe qui eſt entre eux ; le chorion leur offrant ici une gaîne juſques au lieu de ſon union avec l'amnios (3).

6°. *Les uſages*, qui conſiſtent dans la communication ou dans la correſpondance dont j'ai parlé ; la marche & l'entortillement des vaiſſeaux les garantiſſant d'ailleurs de ce qu'ils auroient pu ſouffrir de la part du fœtus lors de ſes mouvemens, s'ils n'avoient pas été ainſi circonvolus ; ce cordon, enfin, aſſez long pour ne pas gêner ces mêmes

----

(1) Il eſt proportionnément plus court dans la vache & dans la brebis.

(2) Et qui eſt un peu plus forte dans la vache.

(3) Dans les femelles que nous comparons ici, quatre vaiſſeaux ſanguins forment le *cordon ombilical*, deux veines & deux arteres ; les deux veines ſe réuriſſent dans le bas-ventre après avoir franchi l'anneau ombilical, & n'y font plus qu'un ſeul tronc.

N 2

mouvemens & s'y oppofer, affurant & facilitant l'expulfion du placenta, enfuite de celle de l'enfant.

Des Vaiffeaux Ombilicaux.

363. *Les vaiffeaux ombilicaux* font les deux arteres & la veine qui entrent dans la compofition du cordon.

1°. *Les arteres*, partant des iliaques internes du petit fujet; cheminant d'abord le long de la veffie, une de chaque côté; marchant de même le long de l'ouraque; fortant de l'abdomen par l'anneau ombilical; les deux troncs laiffant enfuite échapper plufieurs branches qui fe difperfent dans les membranes, & fe portent par diverfes inflexions ou fpirales jufques au placenta, où ils fe perdent & fe divifent en une multitude infinie de petites branches & de ramifications qui s'anaftomofent avec les veinules qui donnent naiffance à la veine ombilicale : dans ce trajet, c'eft-à-dire, depuis le fœtus jufques au corps dans lequel ces arteres fe ramifient, leurs tuniques font très-fortes, très-épaiffes & très-élaftiques.

2°. *La veine ombilicale*, deux fois plus ample que les arteres; ayant fes racines au placenta par plufieurs petites veinules qui, en fe réuniffant & formant des veines d'un diamètre plus confidérable, ne compofent plus qu'un feul tronc qui fort du placenta, & chemine par des fpirales jufques à l'ombilic, laiſſant auſſi, dans ce trajet, échapper des branches qui vont aux membranes, & étant contenue, indépendamment de ſes propres tuniques, dans une gaîne aſſez épaiſſe, qui s'évanouit lorſque cette veine a franchi l'anneau ombilical; cette même veine ſe portant alors, de derriere en devant, le long de l'aponévroſe du muſcle tranſverſe, au côté droit de la ligne blanche; marchant juſques ſur le diaphragme, lé long duquel elle chemine en ſe portant obliquement à droite pour entrer dans une des ſciſſures du foie; jettant, lorſqu'elle eſt parvenue à l'extrémité de cette ſciſſure, & à quelque diſtance de la porte de ce viſcere, quelques ramifications collatérales qui s'y diſperſent, & qui, à leur fin, s'anaſtomoſent avec des ramifications de la veine cave; fourniſſant au même endroit pluſieurs autres branches qui vont dans la ſubſtance du foie; la plus antérieure s'anaſtomoſant ſenſiblement avec des ramifications de la veine cave, & répondant au canal unique que dans l'homme on appelle le *canal veineux*, & qui s'oblitere après la naiſſance (1); le tronc de cette même veine, après une longueur pareille à celle de ce canal,

____

(1) Ce canal eſt de même dans les fœtus des vaches & des brebis, & ne differe de celui de l'homme que par le plus d'ampleur de ſon diametre.

N 3

aboutiffant dans le finus de la veine porte , directement au lieu où il pénetre dans le foie , de maniere
que le fang & les fucs nutritifs apportés du placenta par cette veine au petit fujet , paffent dans
la veine cave & dans le torrent de la circulation
par trois endroits ; favoir , par les petites ramifications collatérales qui s'abouchent avec de pareilles ramifications de la veine cave ; par la
ramification qui , tenant lieu ici de canal veineux , fe jette & fe dégorge auffi-tôt dans une
des groffes branches de cette derniere veine ;
enfin , par le finus de la veine porte , dont les extrémités s'anaftomofent également avec les branches hépatiques de la veine cave ; d'où il paroît
évident que le deffein de la nature , en offrant
trois iffues à la colonne confidérable du fluide qui
arrive par la *veine ombilicale* , a été d'obvier à ce
que fon intrufion dans la veine cave ne pût trou-
bler la circulation dans le fœtus , d'autant plus
que cette intrufion a lieu dans trois temps divers ; le
fluide qui enfile le canal veineux , tenant la route
la plus courte ; celui qui eft fourni par des ramifications collatérales n'y parvenant qu'enfuite ; &
celui du finus qui doit parcourir tout le foie , étant
le dernier à aboutir dans le torrent (1).

____

(1) Nous obferverons ici que les *veines ombilicales* , dans

De l'Ouraque.

364. *L'ouraque*, dans les hommes, ne fait pas comme dans l'animal dont il s'agit ici, portion du cordon ombilical ; dans le fœtus humain il se borne à l'ombilic, & ne se présente le plus souvent que comme une espece de ligament : on peut l'envisager dans le cheval comme un canal membraneux, dont on doit considérer :

1°. *Le principe*, qui est à la vessie dont il paroît être une extension en forme de conduit.

2°. *Le diamètre*, bien moins considérable que celui de la poche urinaire dont il est une continuation, & qui augmente de plus en plus après qu'il a franchi l'anneau ombilical, ce canal se terminant en s'épanouissant & en formant le chorion.

3°. *La consistance*, qui est telle, qu'au-delà de l'anneau il n'est formé que par une membrane très-mince.

4°. *Le trajet*, le long du cordon, entre les vais-

la vache & dans la brebis, excédent de très-peu de chose le diamètre des arteres ; mais depuis l'ombilic, où elles s'unissent & où elles forment un tronc plus ample que dans le cheval, on voit cheminer ce même tronc du côté droit, en décrivant une ligne oblique jusques à environ la troisieme fausse-côte où il pénétre dans la scissure du foie, qui se rencontre à la partie moyenne de ce viscere.

N 4

feaux fanguins, jufques au moment où il forme le chorion (1).

De la Situation du Fœtus dans l'Uterus.

365. Pour s'affurer de la *pofition du fœtus* dans l'antre utérin, pofition qui varie felon les temps divers de la plénitude, il faut faire une incifion à ce vif-cere felon fa longueur, & ouvrir le placenta même ; alors on le voit environ au neuvieme mois :

1°. *Dans le fecond fac qui l'enveloppe*, & au mi-lieu des eaux que ce même fac renferme.

2°. *La croupe*, dans le fond de l'*uterus*, près de l'eftomac.

3°. *Les extrémités poftérieures*, repliées ou quel-quefois étendues fous le ventre, fouvent auffi logées dans la branche droite ou gauche.

4°. *La tête*, fe préfentant dans le baffin, l'occi-pital en haut, le bout du nez en bas, mais laté-ralement.

5°. *L'encolure*, courbée à droite ou à gauche dans la région iliaque.

6°. *Les jambes antérieures*, repliées fous le ven-tre, fouvent fe prolongeant le long de la ganache & appuyant fur l'orifice de la *matrice*.

7°. *Le dos*, à gauche où à droite, le ventre à

______

(1) Dans la vache & dansla brebis, l'*ouraque* donne naiffance à l'allantoïde, ainfi que je l'ai dit (page 188, note 1).

droite ou à gauche, toute autre pofition, fur-tout au neuvieme ou au dixieme mois lunaire, étant contre nature (1).

Des Différences les plus notables dans le Fœtus & dans l'Adulte.

366. Les différences les plus remarquables dans le *fœtus*, avant ou peu de temps après le part, comparaifon faite de ce petit fujet avec le poulain de quelques mois, fe tirent :

1°. *De l'exiftence de la ramification de la veine ombilicale*, dont j'ai parlé, & qui, dans l'animal, tient lieu de canal veineux, & de fon oblitération dans le poulain ; cette même ramification ne préfentant en lui qu'une forte de ligament auquel on n'attribue aucun ufage.

2°. *De l'exiftence des arteres ombilicales*, dont la cavité s'efface dans l'adulte, & ne fubfifte en lui que dans la longueur de quatre ou cinq travers de doigt (huit centimètres), attendu quelques ramifications qui fe diftribuent de ce lieu à la veffie,

______

(1) Quant au *fœtus* de la vache, il eft pofé tranfverfalement le dos vers l'ombilic, la tête à gauche, la croupe à droite, les deux extrémités poftérieures dans la branche droite, & contenues dans le petit baffin, la branche gauche étant vide & garnie de cotylédons que l'on diftingue même à l'extérieur.

& au moyen defquelles le fang trouvant jufques-là
un débouché, entretient ce qui refte de ces canaux
dans cette même longueur, fans parer néanmoins
à la diminution de leur diamètre.

3°. *Du changement fingulier que l'on obferve
dans ces mêmes arteres*, qui, dans le *fœtus*, & tant
qu'elles font utiles à la circulation, marchent, ainfi
que je l'ai dit, à côté de l'ouraque auquel elles
fe joignent dès la partie fupérieure de la veffie,
y tenant même par une efpece de tiffu cellulaire,
& qui, après la naiffance & enfuite de leur parfaite oblitération, fe bornent à cette même partie
fupérieure, & fe terminent au principe de cet ouraque, fans qu'on en découvre le moindre veftige
au delà ; événement qui n'a point lieu dans l'homme adulte, puifqu'on fuit toujours ces mêmes vaiffeaux oblitérés en lui comme dans le poulain, depuis leur origine jufques à l'ombilic, très diftincts
& entiérement féparés d'une efpece de ligament
qui tient la place de l'ouraque.

4°. *De l'oblitération de l'ouraque*, évidemment
ouvert dans le *fœtus*.

5°. *Du volume plus ample du foie*, dans celui-ci.

6°. *De l'efpece de gluten* blanchâtre qu'on trouve
dans fon eftomac, ce *gluten* étant quelquefois
grumelé.

7°. *Du meconium*, dont fes inteftins font farcis,

formant des crotins jaunâtres affez folides dans les gros inteftins.

8°. *De l'ampleur du thymus*, & de la médiocrité du volume des reins fuccinturiaux dans plufieurs fujets.

9°. *De la couleur plus noire de fes poumons*, qui n'ayant point encore fervi à la refpiration, tombent au fond de l'eau dans laquelle on les jette.

10°. *De l'exiftence du trou oval*, appellé dans le *fœtus* humain le *trou botal*; ce trou étant placé dans la cloifon des deux facs du cœur, en arriere, du côté inférieur; fe trouvant dans le fac gauche & à l'origine de la veine cave poftérieure & de la veine pulmonaire, où cette même cloifon forme une digue qui répond à l'ouverture de la premiere de ces veines; ce trou vraiment rond ne pouvant être dit ovalaire, qu'attendu la valvule qui en clôt une partie; l'intervalle qu'elle ne recouvre point ayant cette forme; cette même valvule prefque ronde, plus grande que l'ouverture à laquelle elle s'applique, adhérant inférieurement à fa circonférence dans la moitié de fon étendue, le refte étant foutenu fur cette ouverture par un réfeau en quelque forte tendineux qui s'attache fupérieurement au bord du trou qui y répond; l'ufage de ce trou totalement inutile dans l'adulte, mais dont les veftiges fubfiftent toujours, parce que la membrane qui

(204)

le renferme étant moins épaisse que le reste de la
cloison, il est constamment en cet endroit une
sorte de dépression que l'on nomme la *cicatrice
du trou oval*, son usage, dis-je, étant de laisser
passer le sang du sac droit dans le sac gauche ; la
disposition de la valvule étant telle qu'il ne sau-
roit passer du gauche dans le droit, parce que plus
ce fluide se présente en abondance, plus il doit appliquer la valvule à l'ouverture.

11°. *De l'existence du canal artériel ;* ce vaisseau de
communication entre l'artere pulmonaire & l'aorte
ayant environ quinze lignes (trois centimètres) de
longueur & deux ou trois lignes (six millimètres) de
diamètre ; sortant du tronc même de l'artere pulmonaire près de sa division en deux branches ; se
portant delà obliquement en arriere, en faisant
une légere courbure pour s'insérer à la partie latérale de l'aorte postérieure dès son commencement,
& à deux doigts (trois centimètres) de l'aorte
antérieure ; la substance de ce vaisseau étant d'ailleurs la même que celle des autres arteres, avec
cette différence, qu'intérieurement on y observe
un tissu filamenteux dont les filets se portent d'une
paroi à l'autre, ce qui contribue sans doute à l'obs-
truction de ce canal qui s'oblitere dans le poulain,
& qui toujours dans la même situation subsiste
comme un ligament ; l'usage de ce même canal

étant de fournir au fang qui arrive par la veine cave,
une route qui le difpenfe de parcourir l'artere pulmonaire pour fe porter dans l'aorte ; ce canal
l'y conduifant immédiatement, & de maniere
qu'il n'en paffe que très-peu dans les arteres pulmonaires ; auffi les deux branches qui font la divifion du tronc pulmonaire font-elles, au-delà du canal, plus petites dans le *fœtus* qu'après la naiffance,
comme l'aorte poftérieure, dès l'endroit où elle le
reçoit, eft plus groffe qu'elle ne l'eft avant que le
canal s'y infere ; le volume de ces vaiffeaux changeant au furplus dès qu'au moyen de la refpiration
du *fœtus*, le poumon fe dilate & permet aux arteres pulmonaires de recevoir, en fe dilatant auffi,
le fang qui aborde dans le tronc dont elles font
les branches. Cette route eft beaucoup plus facile ;
le fluide marche alors fur une ligne droite & n'enfile plus le canal qui ne lui offre point un paffage
auffi direct. Il faut encore obferver que fi les arteres
pulmonaires groffiffent enfuite de maniere à répondre parfaitement au volume du tronc, l'aorte
diminue dans la portion de l'infertion du canal,
fon diamètre étant réduit à celui qu'elle a dans fa
courbure. J'ajouterai que fi dans quelques fujets
humains adultes, le *trou oval* ou le *canal artériel*,
& quelquefois l'un & l'autre, ainfi que la veine
ombilicale ont été trouvés ouverts, il eft très-

poffible que la même chofe arrive dans les animaux ; en ce cas, ils pourroient fubfifter & vivre
fans le fecours de la refpiration, la circulation
s'exécutant alors en eux comme elle s'exécute dans
le *fœtus*.

12°. *De la molleffe* ou *du moins de folidité des os.*

13°. *Du volume très-confidérable de la tête*, à
raifon de toutes les autres parties du corps.

14°. *De la multiplicité des pieces offeufes*, formant dans l'adulte un feul & même os en plufieurs
endroits, attendu leur union par fymphife dans
le *fœtus*.

15°. *De la molleffe de l'ongle*, préfentant en lui
une fauffe-ellipfe ; ce même ongle laiffant à peine
appercevoir les traces de la fole & de la four-
chette, & ayant un prolongement blanchâtre qui fe
détache peu-à-peu & en différens temps par écailles ;
ces écailles étant infenfiblement chaffées par ce
même ongle à mefure qu'il fe développe & qu'il
s'accroît : on en trouve prefque toujours une certaine quantité qui errent & qui flottent dans les
eaux du fac qui renferme le *fœtus*, &c.

DES VISCERES
DU THORAX,
O U
DE LA POITRINE.

SECONDE PARTIE.
Du Thorax.

367. L*E thorax* eſt la ſeconde cavité du corps de l'animal.

Cette cavité renferme les poumons , le cœur & toutes les dépendances de l'un & de l'autre de ces viſceres. Il faut en conſidérer :

1°. *L'étendue :* ſes bornes antérieures étant marquées par les premieres vraies-côtes & par une portion du ſternum ; les gros vaiſſeaux à leur ſortie, & la trachée artere ainſi que l'œſophage à leur entrée, rempliſſant l'intervalle qui eſt entre ces côtes & cette portion ; ſes bornes poſtérieures réſultant du diaphragme qui la diviſe & qui la ſépare de l'abdomen ; ſes limites étant par-tout ailleurs, c'eſt à-dire , dans toute ſa circonférence, formées par les côtes dont les muſcles inte-coſtaux garniſſent tous les interſtices , & qui ſont unies ſupérieurement par les vertebres, & les vraies-côtes, inférieurement par le fternum.

2°. *La forme*, qui peut être envifagée comme une forte de cône dont la pointe eft en devant, & dont la bafe, affez réguliérement arrondie, eft en arriere, mais dont les portions latérales font applaties, dans le cheval comme dans tous *les* quadrupedes.

De la Plevre & du Médiaſtin.

368. *La plevre* eft une membrane qui tapiffe intérieurement toute l'étendue de la poitrine.

Il faut en confidérer :

1°. *La confiſtance* : fon tiffu étant extrêmement ferré, & à-peu-près le même que celui du péritoine (1).

2°. *La ſubſtance* : cette membrane étant compofée de deux lames garnies d'une quantité innombrable de petits vaiffeaux ; l'externe étant inégale & l'intérieure étant très-déliée ; l'une & l'autre revêtues d'un tiffu cellulaire très-abondant à l'endroit des adhérences que contracte la membrane, & plus rare & en moindre quantité aux lieux où fon union avec les parties voifines eft plus intime.

----

(1) Dans le bœuf & dans le mouton, il eft beaucoup plus fort & garni de graiffe à l'endroit où cette membrane recouvre le cœur.

3°.

3º. *Les connexions* : les moins fortes étant aux muícles intercoſtaux , à la portion charnue du diaphragme & à elle-même , lors de ſon redoublement & du repli qu'elle fait ; & les plus étroites ayant lieu avec les côtes , le centre nerveux ou tendineux du diaphragme, le ſternum & le cartilage xiphoïde.

4º. *Le repli* , au moyen duquel elle forme deux ſacs ou deux veſſies coniques poſées l'une auprès de l'autre ; chacune de ces veſſies décrivant du côté des côtes le même chemin que ces os ; l'une venant du côté droit, l'autre du côté gauche s'adoſſer par leur autre face latérale , & toutes les deux deſcendant ainſi dans le milieu du thorax qu'elles coupent & qu'elles diviſent en deux portions, en formant enſemble une cloiſon limitant les deux cavités qui réſultent de leur trajet & de leur marche : c'eſt préciſément cette cloiſon que l'on appelle le *médiaſtin* , qui ne s'étend ici , de même que le péricarde, que juſques au cartilage xiphoïde, & ne ſe continue point ſur le diaphragme comme dans l'homme , d'où il ſuit, que la poitrine partagée également de cette maniere depuis ſa partie ſupérieure juſques à ſa partie inférieure , au moyen de l'application de ces deux ſacs, chaque cavité a ſa *plevre* , puiſqu'elle eſt revêtue d'une tunique qui ſemble lui être propre.

Tome II.   O

5°. *Les écartemens*, compofant autant de loges qu'il eft de parties auxquelles ces veffies doivent prêter des enveloppes ; l'adoffement n'en étant pas par-tout exact, & les parois n'en étant pas par-tout réunies & collées l'une à l'autre depuis leur départ des vertebres, jufques à leur arrivée au fternum.

Supérieurement, & près de la furface inférieure des vertebres, elles laiffent entr'elles, vu le tiffu cellulaire qui les remplit, un intervalle dans lequel l'aorte, l'azygos, &c. font commodément placées.

Au-deffous de cet interftice, il en eft bientôt un autre deftiné à recevoir la trachée-artere, & une portion de l'œfophage.

Antérieurement, & fous la trachée-artere, font logés le thymus & les gros vaiffeaux qui partent du cœur : là, les deux veffies fe réuniffent de nouveau jufques au fternum, tandis qu'en arriere & inférieurement, leur éloignement eft encore plus confidérable qu'il ne l'a été, car l'efpace qu'elles préfentent, loge le cœur & le péricarde : parvenues au bord poftérieur de ce fac, elles s'écartent de nouveau & forment deux prolongemens, un à droite & l'autre à gauche ; celui du côté gauche s'étendant depuis le péricarde, le long de la partie moyenne interne du même côté, defcendant le long de la partie latérale gauche du centre ten-dineux du diaphragme auquel il adhere forte-

ment, & fe terminant aux cartilages des dernieres vraies-côtes près de leur articulation: le prolongement du côté droit étant moins confidérable,
naiffant pareillement du bord poftérieur du péricarde, attaché le long de la veine cave jufques au
diaphrâgme fur lequel il defcend en ligne droite
le long du centre tendineux de ce mufcle, & fe
terminant au cartilage xiphoïde, enforte que ces
deux prolongemens laiffent entre eux un efpace
triangulaire répondant à celui que laiffent dans
leurs parties poftérieures les deux lobes du poumon, & qu'ils rendent impoffible toute communication des deux cavités, puifqu'ici ils font l'office de *médiaftin*, mais n'étant point unis dans
leur partie poftérieure, & l'un ayant moins de
longueur que l'autre; l'efpace triangulaire dont
j'ai parlé, augmente l'amplitude de la cavité droite.
Du refte, ces deux prolongemens membraneux
font garnis de petites bandelettes graiffeufes, femblables à celles que l'on obferve dans l'épiploon,
qui ne paroiffent être que la continuation de la
membrane adipeufe qui fe trouve à la bafe du
péricarde (1).

---

(1) Ces bandelettes ne fe montrent point dans le bœuf
& dans le mouton, & ces deux prolongemens poftérieurs
font liffes & unis.

6°. *La surface interne*, qui est lisse, polie, mouillée & humectée par une humeur qui s'échappe & qui transsude sans cesse des artérioles exhalantes, & qui repompée & reprise par les orifices des dernieres séries des tuyaux veineux, est rapportée ainsi dans la masse. Cette rosée lubréfie ces vessies & conserve leur flexibilité & leur souplesse.

7°. *Les vaisseaux tant artériels que veineux*, provenant des thorachiques internes, des intercostales, de la dorsale, des diaphragmatiques, &c. les veines accompagnant les arteres du même nom ; les nerfs étant des filets du plexus pulmonaire.

8o. *Les usages : la plevre* revêtissant toute la superficie intérieure du thorax encore plus exactement que dans l'homme, dans lequel le péricarde contractant une adhérence immédiate avec le diaphragme à la tête du trefle tendineux, interrompt le trajet de cette membrane en cet endroit, tandis que, dans le cheval, son expansion sur ce muscle est entiere. De plus, elle affermit & soutient les parties interceptées dans la duplicature du *médiastin ;* elle les garantit du poids & de l'effort des poumons ; elle prévient, en séparant ces deux masses, tous les accidens qui pourroient arriver de leur proximité, & qui existeroient infailliblement si elles flottoient dans une seule & même cavité; elle empêche, dans le cas de l'affection d'un des lobes & de quelqu'épanchement dans un des côtés du thorax, que le fang, le pus, ou les férofités épanchées paffent dans l'autre, & portent atteinte à la portion qui eft dans fa parfaite intégrité, & qui feule peut fuffire encore à la vie. Enfin, dans la circonftance d'une plaie pénétrante dans la poitrine, l'air extérieur jette le poumon dans l'affaiffement ; or, s'il n'y eût eu qu'une feule cavité, l'une & l'autre maffe auroient été dans l'impoffibilité de fe dilater, & l'animal auroit été bientôt fuffoqué.

Du Thymus.

369. *Le thymus*, appellé par quelques-uns *fagoüe* (1), eft une maffe molaffe, dont il faut confidérer :

1°. *La fituation* : antérieurement, ainfi que les gros vaiffeaux, dans la duplicature du médiaftin, & dans fon fecond écartement ; fupérieurement au péricarde & en deffus du fternum ; cette maffe hors des lames entre lefquelles elle eft placée, n'étant foutenue, & n'étant maintenue que par quelques vaiffeaux (2).

2°. *La couleur*, qui eft d'un rouge pâle dans le

____

(1) Et *ris* dans le veau.

(2) Dans le fœtus de la vache & de la brebis, dans le veau & dans l'agneau, elle s'étend jufques au larynx ; tandis que dans le bœuf & dans le mouton, elle fe borne à la partie moyenne de la trachée-artere.

fœtus , qui tire fur le brun dans le poulain , & qui eft noirâtre dans le cheval (1).

3°. *Le volume* , moins confidérable dans le cheval que dans le poulain , & dans le poulain que dans le fœtus ; car infenfiblement & avec l'âge , fon émaciation eft entiere. Il eft même des chevaux dans lefquels ce corps n'eft plus apperçu.

4°. *La figure* , imitant quelquefois affez celle des poumons ; cette maffe étant alors compofée de deux appendices , ou de deux lobes unis feulement l'un & l'autre par un tiffu cellulaire , mais le plus fouvent ne pouvant être exaftement décrite , attendu fon irrégularité , & parce qu'elle change toujours à mefure que ce corps augmente & diminue (2).

5°. *Les vaiffeaux* que lui envoie le tronc unique de l'aorte avant fa divifion , & que nous nommons *arteres thymiques* ; les veines qui portent le même nom accompagnant ces arteres ; le plexus pulmonaire lui fourniffant quelques filets nerveux (3).

6°. *La fubftance* , qu'on regarde comme glanduleufe.

____

(1) Elle eft blanchâtre dans le veau.

(2) J'ai remarqué que la forme du *thymus* du bœuf & du veau , du mouton & de l'agneau , eft très-alongée.

(3) Les vaiffeaux artériels , dans les animaux que nous comparons au cheval , font fournis par les carotides.

7°. *Quant aux usages*, nous n'avons à cet égard aucune certitude réelle, car on ne doit pas s'en rapporter à toutes les conjectures des anatomistes sur les fonctions du *thymus humain*. L'illustre *Morgagni* a vu un suc laiteux dans la substance de ce corps ; *Bellingerus* a cru y découvrir un canal qui se portoit à la mâchoire ; *Vercelloni* prétend en avoir conduit un jusqu'à la trachée-artere ; *Pozzi* a imaginé que cette masse molasse suppléoit aux fonctions des poumons ; *Bassius*, qu'elle servoit à atténuer la lymphe visqueuse du fœtus, &c. C'est à nous à nous taire & à douter, l'analogie ne pouvant ici nous servir de guide.

Du Diaphragme.

370. *Le diaphragme* est un corps véritablement musculeux, formant une cloison qui sépare le thorax & l'abdomen. Il faut en considérer :

1°. *La position*, qui est telle qu'elle est verticale dans l'animal, sans cependant l'être parfaitement, car il est légérement incliné, sa portion inférieure se portant en avant.

2°. *Les faces* ; l'antérieure convexe, la postérieure concave, l'une & l'autre recouvertes par les membranes qui tapissent les cavités auxquelles elles répondent ; ainsi la plevre couvre la face antérieure sans aucune interruption, parce que dans le cheval,

le péricarde n'adhere nullement au *diaphragme*, &
le péritoine revêt la face postérieure, à l'exception
du lieu de l'adhérence du foie à ce muscle, ce qui
est commun à l'homme & à l'animal.

3°. *La figure*, applatie, irréguliérement ronde
dans sa circonférence, & telle qu'elle se prolonge
supérieurement par une double queue tendineuse,
l'une à droite, & l'autre à gauche, qui forme ce
que nous nommons les *piliers du diaphragme*.

4°. *La substance* : cette cloison que nous n'avons
présenté que comme un seul muscle (187),
étant néanmoins formée par le concours de deux
muscles, tellement unis qu'ils paroissent n'en faire
qu'un, & qu'on peut, plutôt dans le cheval que
dans l'homme, distinguer à la direction & à l'arrangement des fibres qui les composent ; il en est
donc un grand & un petit.

5°. *Le grand muscle*, formant plus des deux tiers
de la cloison, ses fibres offrant à l'œil un plan
applati, & étant disposées en maniere de rayons
qui se portent de la circonférence au centre, où
elles se terminent en une aponévrose qu'on a
appellée *centre tendineux*, *centre nerveux*, *plan
aponévrotique*, *aponévrose mitoyenne*, ou *centre
aponévrotique*.

6°. *Le centre aponévrotique ;* sa figure n'étant
point ronde & représentant un trefle bien moins

formé dans l'animal que dans l'homme , fon pé-
duncule étant tronqué de maniere qu'il en réfulte une efpece de chevron dont les angles font
arrondis.

7°. *L'ouverture* , placée à la partie latérale droite
de cette aponévrofe & dont la ftruĉture eft fin-
guliere , en ce que fes bords ne font point coupés , & en ce que les fibres aponévrotiques y font
repliées & entaffées à-peu-près comme les ofiers
qui compofent le bord des paniers , au moyen de
quoi cette ouverture n'eft fufceptible d'aucun changement dans fon diamètre , lors des mouvemens
divers de ce mufcle ; ainfi la circulation du fang
ne fauroit être troublée dans la veine cave poftérieure à laquelle cette même ouverture livre à deux
doigts (trois centimètres) de fa fortie du cœur , un
paffage pour pénétrer dans l'abdomen & fe plonger
dans le foie , placé poftérieurement à cette aponévrofe , direĉtement à l'endroit de cette ouverture.

8°. *Les connexions du grand mufcle :* par fa circonférence , inférieurement au cartilage xiphoïde ,
à l'extrémité poftérieure du fternum , à la face interne des cartilages des vraies-côtes ; latéralement
aux cartilages des fauffes-côtes , jufques auprès de
l'épine où toutes fes attaches fe terminent à la portion
offeufe des dernieres fauffes-côtes , & où ce mufcle
fe termine lui-même pour faire place au petit.

9°. *Le petit muscle*, plus différent encore de celui que nous venons de décrire par fa ftructure, que par fon étendue, & placé à la partie fupérieure du *grand muscle*, dans une efpece d'échancrure ou d'intervalle que celui-ci lui laiffe depuis le centre aponévrotique jufques aux vertebres des lombes; la largeur de cet intervalle étant de cinq à fix travers de doigts (huit à dix centimètres); la figure de ce *petit muscle* préfentant un ovale allongé, & fa confiftance étant telle qu'il eft beaucoup plus fort & plus épais que le *grand muscle*; fes fibres font prefque longitudinales, & fe partagent en deux faifceaux mufculeux. Elles fe réuniffent près du centre aponévrotique auquel elles adherent au moyen d'un tendon commun.

10°. *L'ouverture oblongue*, réfultant de l'intervalle que laiffent entre eux ces deux faifceaux au-delà du tendon commun, ouverture qui livre un paffage à l'œfophage, ainfi qu'aux cordons de la huitieme paire, ou aux grands nerfs fymphatiques qui accompagnent ce canal dans l'abdomen.

11°. *Les piliers*, réfultans de ces mêmes faifceaux qui, après s'être rapprochés enfuite de cette ouverture, & avoir gagné ainfi les vertebres des lombes, fe divifent de nouveau, & forment deux portions féparées appellées de ce nom. Le *pilier droit* étant plus confidérable que le gauche, & une par-

tie des fibres de celui-ci dans leur réunion au-dessus
de l'œsophage , paroissant s'incorporer dans l'autre ,
de maniere que le *pilier gauche* a sensiblement
moins de volume.

12°. *L'ouverture* , naissant de l'intervalle que ces
mêmes piliers laissent entre eux , & après laquelle
ils ne se réunissent plus; elle offre à l'aorte un passage dans son trajet de la poitrine dans l'abdomen ,
comme au canal thorachique & à la veine azygos
qui se prolongent également de l'abdomen dans le
thorax.

13°. *Les attaches des piliers* , qui, après un trajet
de quatre ou cinq travers de doigt (sept à neuf
centimètres), se terminent par un tendon applati ,
fixé au corps des vertebres lombaires; le droit à la
seconde , troisieme & quatrieme de ces vertebres ,
le gauche ne s'étendant guere au-delà de la seconde
& de la troisieme.

14°. *Les vaisseaux du diaphragme* , nommés *phré-
niques* ou *diaphragmatiques* : il sont arteres , veines
& nerfs. Les vaisseaux artériels, au nombre de deux,
partant quelquefois d'un même tronc , de la partie
inférieure de l'aorte , à son passage par le petit muscle , & quelquefois sortant un peu avant ce passage : ils se répandent d'abord sur les faces du grand
muscle , en serpentant & en faisant plusieurs inflexions, & pénetrent dans toute son étendue par

nombre de petites ramifications : il en reçoit encore des intercoftales & des thorachiques internes.

Les veines n'étant point, comme les arteres & comme dans toutes les autres parties du corps, des canaux diftincts, & qu'on peut féparer, mais des efpeces de finus creufés & formés dans le tiffu même du centre aponévrotique & du corps charnu du grand mufcle : l'injection n'en change point la figure qui eft toujours applatie & non cylindrique. Ces finus font au furplus au nombre de deux ou trois. Après avoir reçu le fang des arteres, ils fe rendent dans le tronc de la veine cave poftérieure à fon paffage par le centre aponévrotique.

Les nerfs font des rameaux des dernieres verte-bres dorfales, quelques filets qui fe détachent du grand nerf intercoftal à fon paffage du thorax dans l'abdomen, & quelques-uns auffi émanans du plexus pulmonaire. Il eft encore deux nerfs pro-pres à ce mufcle ; on les appelle *nerfs diaphragma-tiques*, formés par la réunion de plufieurs filets dépendans de la cinquieme & fixieme paire cer-vicale, & qui pénetrent dans le thorax en paffant pardevant les gros vaiffeaux ; ils fe prolongent, un de chaque côté du péricarde où on les apper-çoit facilement à l'ouverture de la poitrine, & fe perdent enfin dans le grand mufcle.

15°. *Les ufages* : quelques auteurs ont nié que

le diaphragme fût un muscle dans l'homme, & ne l'ont regardé que comme une haie de séparation de l'abdomen & de la poitrine ; une telle erreur n'a pu prévaloir : cette cloison a été généralement déclarée charnue & tendineuse. Dans l'inspiration elle se porte en arriere ; elle augmente dès-lors la capacité de la poitrine, & facilite la dilatation des poumons, tandis que dans l'expiration elle diminue la capacité que son premier mouvement avoit accrue, & ce premier mouvement est un mouvement actif, dans lequel consiste sa véritable fonction ; car le second n'est qu'un mouvement passif, occasionné par la contraction des muscles abdominaux à laquelle il cede ; aussi a-t-on regardé avec raison le *diaphragme* comme le principal organe de l'inspiration naturelle. Il est très-mobile & très-susceptible d'agitation ; pour peu qu'on comprime les nerfs diaphragmatiques, on le voit languir, & la respiration languir avec lui ; il reprend visiblement son action entiere, & cesse d'être comme paralysé, quand on relâche ces mêmes nerfs.

Des Poumons.

371. *Les poumons* sont deux masses considérables qui remplissent la plus grande partie de la capacité du thorax, & qui sont exactement séparées par le médiastin. Il faut en considérer :

1°. *La situation* : chacune de ces masses étant contenue sous le nom, l'une de lobe droit, & l'autre de lobe gauche, dans les cavités résultant de la marche & de l'adossement des deux plevres.

2°. *Le volume*, celui de chaque lobe étant à-peu près égal (1).

3°. *La forme*, qui répond à celle de la cavité qui les renferme, & au contour qu'elle décrit; ainsi ils sont plus étroits antérieurement que postérieurement ; latéralement, & du côté du médiastin, ils sont concaves, & dans celle de leur surface qui regarde les côtes, ils sont convexes.

4°. *Les appendices*, qui n'étant ici marquées par aucune scissure, ou par aucune section distincte & apparente, ne sauroient être prises pour des lobules ; l'une de ces *appendices* étant de la longueur d'environ un demi-pied (seize centimètres), partant du lobe droit, près de l'entrée des gros vaisseaux, & se portant dans l'intervalle qui est sous le tronc de la veine cave postérieure, & les deux autres se montrant à la partie antérieure de l'un & l'autre lobe, de la même longueur que la précédente, ayant environ quatre travers de doig' (sept centimètres) de largeur, leur forme étant à peu-

____

(1) Il varie dans les individus, mais en général il est moindre dans le bœuf & même dans le mouton, considération faite du volume de ce dernier animal.

près femblable à celle de la rate ; elles s'étendent fur la trachée artere : ces deux derniers prolongemens font très-fouvent affectés dans la circonftance de la morve (1).

5°. *La couleur*, qui varie felon les âges, & qui dans le fœtus, eft d'un rouge foncé ; dans le poulain & dans le cheval, d'une couleur beaucoup plus claire & plus vive ; dans les vieux chevaux, d'une couleur tirant tantôt fur le bleu, tantôt fur le gris. Souvent ces maffes font comme marbrées ou femées de taches bleuâtres & grisâtres en même temps, fans qu'on puiffe en inférer aucune atteinte qui ait pu porter coup à la vie du fujet (2).

6°. *La tunique propre*, qui eft une continuation de la plevre.

7°. *La fubftance*, qui eft fpongieufe felon les uns, vafculeufe felon les autres, & qu'on doit réellement envifager comme un tiffu de vaiffeaux

---

(1) Nous diftinguons dans les *poumons* du bœuf & du mouton deux lobes marqués par deux fciffures profondes, fur - tout aux *appendices* latérales ; ces *appendices* fe portent inférieurement & poftérieurement le long des parties latérales de la poitrine jufques au diaphragme, ayant environ un pied (trente-deux centimètres) de longueur, & le vifcere fe borne par une pointe antérieurement, à la bafe du cœur.

(2) En général, elles font d'un rouge plus clair dans le mouton & dans le bœuf.

de toute espece , dont les ramifications & les sub-
divisions innombrables sont soutenues par un tissu
cellulaire ; les fibres extrêmement déliées de ce
même tissu , étant lâchement arrangées & disposées dans les intervalles que laissent entre eux tous
ces vaisseaux.

8°. *Les connexions* , par l'espece d'isthme que
forment & la trachée artere , & les racines des
vaisseaux sanguins qui s'y portent ; ainsi ces masses
adherent , d'une part , au cœur par les vaisseaux
pulmonaires , & de l'autre à la trachée ; les deux
lobes étant, d'ailleurs, communément flottans dans
chaque plevre.

De la Trachée-artere , en général.

372.　On appelle, en général, de ce nom, tout le canal
qui, placé directement au-devant de l'œsophage,
regne le long de la partie antérieure de l'encolure,
& s'étend depuis le fond de la bouche , jusques aux
poumons dans lesquels il se propage.

La tête ou le sommet de ce canal membraneux
& cartilagineux , est nommée le *larynx.*

Le canal lui-même est ce qu'on nomme proprement la *trachée.*

Les rameaux infinis, qui dérivent de ses bifurca-
tions ensuite de son entrée & de son expansion dans
le tissu des deux lobes , portent le nom de *bronches.*

Du

Du Larynx.

373.   Il faut confidérer dans le *larynx*.

1°. *La fituation*, derriere la bafe de la langue, entre cette partie & le pharynx.

2°. *Le volume*, qui eft plus confidérable que le canal qu'il termine fupérieurement.

3°. *Les cartilages*, au nombre de cinq, favoir, le *thyroïde*, le *cricoïde*, les deux *arytenoïdes*, & l'*épiglotte*.

4°. *Le cartilage thyroïde*, le plus grand de tous, qui fe préfente comme une lame cartilagineufe roulée à demi, convexe antérieurement & en dehors, concave par conféquent en dedans, & dont la forme eft extérieurement & en quelque forte, fur-tout fi on le tourne de haut en bas, femblable à celle de l'ongle du cheval.

Du milieu de fa convexité, qui ne fournit point ici la tubérofité marquée au haut de la partie antérieure du col humain, réfulte un angle obtus, qui femble divifer ce cartilage en deux portions latérales, liffes & unies, qui ont chacune la figure d'une lofange.

Les angles poftérieurs & inférieurs en font plus longs & plus aigus, & fe terminent, dans l'animal, par une petite facette arrondie, deftinée à établir une articulation avec les petites facettes légérement convexes qu'on obferve poftérieurement aux parties latérales & moyennes du *cartilage cricoïde.*

Ces mêmes angles font moins allongés que dans le *thyroïde humain;* l'os hyoïde embraffant plutôt, dans le cheval, ce cartilage, qu'il ne le furmonte, & les branches du corps même de l'os s'attachant très-légérement, en paffant à côté de ces angles, par une bande ligamenteufe, grèle & petite.

L'endroit le plus faillant de la convexité, qui, fupérieurement préfente une face mince & applatie fur laquelle l'*épiglotte* eft attachée & repofe, eft inférieurement partagé par une échancrure qui s'étend jufques environ au milieu de cette convexité, cette échancrure fe trouvant remplie par un ligament affez fort, qui affure la jonction du cartilage dont il s'agit avec le *cricoïde* (1).

5°. *Le cartilage cricoïde,* tirant fon nom de fa forme annulaire, étant en quelque façon enchâffé dans le *thyroïde,* au deffous & au-dedans duquel il eft placé; fa portion antérieure & la moins large étant creufée dans fon bord fupérieur par une échancrure qui eft occupée par une partie du même ligament qui l'unit au *thyroïde;* fa portion pofté-

____

(1) Dans le bœuf comme dans le mou on, le *thyroïde* eft beaucoup plus évafé, nulle échancrure ne le divife; on en obferve feulement une légere à fa partie fupérieure, & il préfente antérieurement une éminence.

rieure, beaucoup plus vaſte, s'étendant en haut &
en bas, eſt extérieurement partagée dans ſon milieu par une ligne âpre, ſaillante & verticale : de-
là deux faces, une de chaque côté.

En arriere de ces faces, & à côté de chacune
d'elles, eſt une petite facette qui reçoit l'angle
poſtérieur & inférieur du *thyroïde*, qui y eſt maintenu par un ligament capſulaire, enſorte que ce
même *thyroïde* eſt libre de faire quelques mouvemens ſur le *cricoïde* (1).

Supérieurement à ces deux faces & dans leurs
bords, ſont deux autres facettes un peu relevées,
& qui établiſſent l'articulation de ce cartilage avec
les *aryténoïdes*.

6°. *Les cartilages aryténoïdes*, qui ſont égaux,
ſitués & fixés directement au-deſſus du *cricoïde*,
à côté l'un de l'autre, & à la partie poſtérieure du
larynx, & dont la forme, quoique très-irréguliere, préſente néanmoins trois angles & trois
faces (2) ; l'angle inférieur étant le plus notable
& marqué par une facette concave, qui reçoit la
facette convéxe relevée, ou plutôt le bord même

______

(1) Il eſt antérieurement plus allongé dans les animaux
que nous comparons ici au cheval, de maniere qu'il ne
ſauroit ſe loger dans le *thyroïde*.

(2) Ils ſont ſupérieurement plus arrondis dans le bœuf &
dans le mouton.

du *cricoïde*, d'où réfulte une efpece d'articulation, maintenue par un ligament capfulaire : des deux autres angles, l'un étant pareillement inférieur, & fe trouvant prefque entiérement recélé dans le *thyroïde* : l'autre fupérieur, étant recourbé & formant une forte de crochet dont la pointe atteint & joint l'angle femblable de l'*aryténoïde* voifin : il en réfulte, en deffous, un intervalle confidérable, garni d'abord par un ligament, enfuite par les mufcles aryténoïdiens, qui, pour fe porter d'un *aryténoïde* à l'autre, paffent fur cette échancrure ; ce cartilage, au furplus, à l'extrémité de ce même angle, paroiffant dégénérer en une forte de ligament ; car la confiftance en eft beaucoup plus molle en cet endroit que dans tout le refte de fon étendue.

7°. *L'épiglotte* (1) ; ce cinquieme cartilage étant appellé ainfi, parce que lorfque la langue fe porte en arriere, il eft abaiffé fur la *glotte*, de maniere qu'il couvre exactement cette embouchure, & qu'il empêche les alimens d'y pénétrer. Il fe termine en une pointe dans les chevaux comme dans les chiens, & cette extrémité fe trouve même roulée & recourbée en devant (2). A mefure qu'il

____

(1) Eft beaucoup plus large dans le bœuf, & proportion gardée, dans le mouton.

(2) Dans les bêtes à laine & dans le bœuf, cette pointe eft moindre, arrondie, & forme prefque une valvule.

approche de la partie supérieure de l'angle du
thyroïde, il diminue de consistance ; il dégénere
enfin, en s'y attachant, en un ligament gras &
pulpeux qui est le seul & l'unique lien qui le fixe.
La face externe en est convexe, la face interne
légérement concave. Il est toujours élevé, soit à
raison de son attache, soit à raison de sa position,
de son élasticité & de sa figure, de maniere que
l'air qui entre par la bouche de l'animal & en
plus grande abondance par ses naseaux, enfile continuellement & sans peine les bronches ; il s'y
insinue & en sort avec la même aisance & avec
la même liberté qu'il y est parvenu.

8°. *La glotte*, qui est l'ouverture du *larynx*, ou
la fente à-peu-près ovalaire par laquelle ce tuyau
mobile formé principalement de l'assemblage des
quatre premiers cartilages qui sont unis par des
muscles, des ligamens & des membranes, est ouvert supérieurement : cette fente étant, proportion
gardée, plus considérable dans le bœuf même &
dans le jumart, dont le cri est néanmoins très-aigu,
que dans le cheval, & ses parties latérales offrant
deux ouvertures ovalaires, une de chaque côté,
répondant à une poche membraneuse d'environ
un demi-pouce (un peu plus d'un centimètre) de
profondeur, qui se termine par un cul-de-sac; l'usage
de cette poche étant peut-être de retenir une partie

de l'air, qui, attiré en trop grande abondance, pourroit nuire au viscere dans lequel il doit pénétrer (1).

9°. *Les muscles*, qui operent l'élévation & l'abaissement du *larynx*, ainsi que le resserrement & la dilatation de la *glotte* : les *sterno-thyroïdiens* le tirant en bas & le forçant à descendre ; les *hyo-thyroïdiens* l'élevant & le forçant à monter ; les *crico-thyroïdiens* rapprochant le *cricoïde* & le *thyroïde*, puisqu'ils élevent le premier de ces cartilages ; les *crico-aryténoïdiens postérieurs* dilatant la *glotte* ; les *aryténoïdiens*, les *crico-aryténoïdiens latéraux*, les *thyro-aryténoïdiens* effectuant le rapprochement des cartilages auxquels ils tiennent, la rétrécissant & la fermant entiérement ; enfin, l'*hyo-épiglottique* la dilatant aussi, puisqu'il releve l'*épiglotte*.

10°. *La tunique*, qui revêt & qui tapisse le *larynx*, & qui est une continuation de celle de la bouche : elle est percée d'une multitude de pores, & laisse passer au travers de ces ouvertures sans nombre & plus multipliées aux environs des cartilages *aryténoïdes* & de l'*épiglotte*, l'humeur onctueuse qui enduit le *larynx*, qui en empêche le desséchement, & qui en facilite les mouvemens divers.

____

(1) Ces ouvertures & ces poches n'existent ni dans le mouton, ni dans le bœuf.

11º. *Les glandes thyroïdes*, une de chaque côté & sur les parties latérales du *cricoïde*; ces deux glandes distantes l'une de l'autre de deux travers de doigt (trois centimètres), d'une forme ovalaire, d'un volume comparable à celui d'une châtaigne, mais moins considérable dans les vieux chevaux que dans le fœtus & dans le poulain, d'une couleur à-peu-près la même que celle du thymus; la substance en étant un peu plus compacte, mais n'étant pas moins granulée : l'usage n'en est pas encore plus connu que celui de la glande unique, qui, dans l'homme, couvre antérieurement la convexité du *larynx* (1).

12º. *Les vaisseaux*, *tant sanguins que nerveux* : les carotides & les jugulaires y en envoyant plusieurs, parmi lesquels il en est de considérables, qui se distribuent, sous le nom d'*arteres* & de *veines thyroïdiennes*, aux glandes thyroïdes, dans lesquelles il y a une communication de circulation établie par de petits tuyaux qui se portent de l'une à l'autre, & qui sont de véritables canaux sanguins. La huitieme paire unie à ses nerfs accessoires, ainsi qu'à la cinquieme paire avec laquelle elle forme

---

(1) Elles ne different, dans le bœuf & dans le mouton, qu'en ce qu'elles sont placées à la partie latérale & postérieure de la *trachée-artere*, près du cartilage *cricoïde*, & à côté de l'œsophage.

les grands nerfs sympathiques , leur fourniffant des filets nerveux ; cette même paire , après avoir pénétré dans le thorax , remontant le long de l'encolure par deux rameaux qui fe gliffent fous l'origine des arteres axillaires , & qui, pour fuivre ce trajet , forment chacun une anfe ou une courbure. Ces deux rameaux font les *nerfs récurrens* dont la fection ou la ligature entraîne la fuppreffion totale de la voix dans l'animal ; ils fe répandent dans la trachée-artere & dans le *larynx.*

De la Trachée-artere , proprement dite.

374. Le tube , dont le larynx eft le fommet , forme un feul canal qui , du bas du cartilage cricoïde , fe propage , en defcendant , jufques à environ la cinquieme vertebre dorfale , où il fe divife en deux branches : ce canal , dans cette étendue , compofe ce que l'on appelle proprement la *trachée-artere.*

Il faut en confidérer :

1°. *La longueur & le diametre* , qui ne peuvent être comparés à la longueur & au diametre de la *trachée-artere humaine* , car ils font bien plus confidérables (1).

2°. *La pofition* , à la partie antérieure de l'encolure au-devant de l'œfophage , pofition moins

______

(1) Ils font moindre dans le bœuf que dans le cheval.

diſtante que dans l'homme de l'enveloppe extérieure, ce qui d'abord avec la longueur du tube,
facilite dans l'animal l'opération de la *bronchotomie*
ou *trachéotomie*.

3°. *Les cerceaux*, dont ce tube eſt formé en partie, *cerceaux* qui ſont imparfaits, & qui ne ſont
par conſéquent que des ſegmens cartilagineux
poſés verticalement les uns au-deſſus des autres,
& eſpacés & ſéparés par des interſtices; ces mêmes
cerceaux étant interrompus & coupés poſtérieurement, ainſi que dans l'homme, & perdant toujours de leur épaiſſeur à meſure qu'ils approchent
de leurs extrémités, ce qui diſpoſe ces extrémités
à gliſſer l'une ſur l'autre, dans le cas où, preſſés
& comprimés ſelon leur largeur, ces mêmes anneaux interceptés ſont reſſerrés, & le diamètre du
canal étréci (1).

4°. *Les ligamens* élaſtiques & très-forts, qui
affermiſſent, qui maintiennent ces cerceaux poſés
de champ les uns ſur les autres, qui rempliſſent
les intervalles qu'ils laiſſent entre eux, qui ſe bornent aux bords des cartilages, & qui peuvent enfin,
dans le beſoin, ſolliciter le rapprochement de ces

---

(1) Nous les trouvons parfaits ou complets dans le bœuf
& dans le mouton, mais plus minces à leur partie poſtérieure, où leur union, par des ligamens, préſente une ſorte
de crête dans toute la longueur de cette même partie.

mêmes cartilages , lorsqu'ils ont été éloignés par une caufe quelconque.

5°. *La membrane ligamenteufe*, confidérable & élaftique , qui occupe le vide réfultant de l'interruption des cerceaux à la partie poftérieure de *la trachée* , & qui en fait le complément , car elle acheve de former le canal qui , dans cet endroit, eft légérement applati (1).

6°. *Le plan de fibres mufculaires*, qu'on découvre entre cette même membrane ligamenteufe & la membrane interne du canal ; les fibres de ce plan s'étendant tranfverfalement d'un cartilage à l'autre dans toute l'étendue de *la trachée* , & s'attachant intérieurement de chaque côté à l'endroit de la diminution de l'épaiffeur des cerceaux ; elles tapiffent toute la partie poftérieure de la membrane interne à laquelle elles adherent trè-fortement , tandis que de l'autre part ce même plan eft uni d'une maniere très lâche par un tiffu cellulaire à la membrane ligamenteufe (2).

7°. *La membrane interne* dont nous venons de

---

(1) On conçoit que les ligamens très-courts, dont nous venons de parler , fuppléent dans les bêtes à cornes & dans les bêtes à laine à cette même membrane.

(2) Ce plan, beaucoup plus étroit dans le bœuf & dans le mouton que dans le cheval, eft placé en eux poftérieurement, entre la membrane interne & l'union des cerceaux.

parler, qui eſt une continuation de celle qui tapiſſe intérieurement la bouche & le larynx , cette membrane ayant été régardée par quelques anatomiſtes du corps humain , comme tendineuſe , & vue par d'autres comme une membrane nerveuſe ; jamais partie ne fut plus fuſceptible d'irritation ; elle ne ſouffre que le contaĉt de l'air , encore en eſt-elle bleſſée pour peu qu'il ſoit empreint d'exhalaiſons acrimonieuſes. Il faut obſerver qu'elle eſt d'une force confidérable dans la partie antérieure , que les fibres qui la compoſent ſont longitudinales, qu'elle adhere très-fortement aux cerceaux cartilagineux & aux ligamens intermédiaires qui uniſſent ces cerceaux , & que ſi , d'un côté , les fibres muſleuſes & tranſverſes qu'elle recouvre , peuvent opérer le rétréciſſement de la *trachée* , les fibres longitudinales de la membrane dont il s'agit peuvent , de l'autre , feconder l'élaſticité des ligamens intermédiaires , & folliciter l'abréviation de la longueur du canal.

8°. *La membrane* qui le revêt extérieurement, & qui eſt une membrane vraiment cellulaire.

9°. *Les cryptes* ou *les follicules*, qui ſe manifeſtent par des pores à ſa ſurface interne , & qui fourniſſent un fluide onĉtueux & néceſſaire pour en rendre les parois mobiles, liſſes, humides & gliſſantes : ſans le ſecours de cette humeur, le paſ-

fage continuel de l'air auroit inévitablement def-
féché ce tube dans les dernieres divifions duquel
elle produit le même effet.

10°. *Les vaiffeaux , tant fanguins que nerveux ,*
étant des ramifications des carotides, des arteres
cervicales inférieure & fupérieure ; les veines accompagnant ces arteres ; les nerfs étant des filets
de la huitieme paire ou des nerfs récurrens.

Des Bronches.

375. C'eft aux rameaux du tube qui, dès fa bifurcation, perd le nom de *trachée*, que nous donnons
celui de *bronches* (1). Il faut en confidérer :

1°. *Les deux branches*, qui marquent dans le
thorax le terme de ce canal & le principe des
tuyaux bronchiques ou aériens ; ces deux branches
entrant & pénétrant, l'une à droite & l'autre à
gauche, dans le lobe qui leur répond.

2°. *La longueur de ces deux branches* , qui eft à-
peu-près égale , la direction du médiaftin n'étant
point oblique dans l'animal, & ces deux branches
fourniffant chacune une multitude infinie de ramifications.

3°. *La branche droite ;* le premier rameau qu'elle

______

(1) D'abord & avant cette bifurcation, il fournit dans le
bœuf & dans le mouton un tuyau bronchique du côté droit,
qui fe porte à l'appendice du même côté.

jette, se portant dans l'appendice du poumon qui occupe l'intervalle qui se rencontre sous le tronc de la veine cave postérieure.

4°. *La substance des bronches*, qui, dès leur origine, est à-peu-près la même que celle de la trachée ; la structure des rameaux & de leur tronc offrant néanmoins une différence en ce que les anneaux des premiers rameaux font le plus souvent encore imparfaits, comme les anneaux de la trachée même, le complément en étant cependant bientôt rempli : quelquefois aussi & rarement ces cerceaux font entiers dès l'instant de la première division ; mais dans l'un & dans l'autre cas, on ne voit pas que les cartilages des ramifications qui font des séries de ces mêmes branches, forment des cercles incomplets ; ces cartilages présentant des cerceaux brisés, composés de plusieurs segmens de cercles très irréguliers, d'où résultent des anneaux entiers, jusqu'à ce qu'enfin ils s'évanouissent, & que le tissu des *bronches*, devenues capillaires, soit purement membraneux.

5°. *Le tissu cellulaire*, ou la tunique cotoneuse, qui paroît être une continuation du tissu cellulaire du médiastin, & qui couvre extérieurement & dans toute leur étendue ces canaux aériens.

6°. *La membrane*, qui en tapisse la surface interne, & qui est un prolongement & une suite

de celle qui revêt la concavité de la trachée, &
dont j'ai parlé (374 , 7°.).

7°. *Les fibres ligamenteuses*, élastiques, charnues & transverses, décrites en parlant du tube, qui
est le tronc principal & premier de ces canaux.

8°. *Les pores*, ici plus tenus que ceux que nous
avons observé supérieurement.

9°. *La terminaison des bronches*, ensuite de la
suppression ou de l'effacement des cerceaux cartilagineux qui abandonnent insensiblement ces
tuyaux, à mesure de leur progression dans le viscere, ces mêmes tuyaux ne formant alors que des
racines vasculeuses, qui en laissent encore échapper
d'autres dont elles sont comme la tige, & n'ayant
de parois que celles que leur prêtent la membrane
interne & la tunique cellulaire qui la recouvrent.

10°. *Les vésicules*, ou les petits sacs nés de l'expansion de ces tuniques, qui ferment & closent chaque tuyau parvenu au dernier période de son dé-
croissement & à sa fin ; toutes ces racines bronchiques & toutes les productions de ces mêmes racines étant par conséquent terminées par un cul-
de-sac membraneux , & contenant à leurs pointes
ou à leurs extrémités , un petit sac flexible qui
adhere à chacune d'elles , comme les grains adherent à la grappe. Chaque rameau en produit un
plus ou moins grand nombre proportionnément à

fon étendue, à la quantité de fes ramifications, à l'abondance des brins & des jets qui en partent, & c'eft l'amas de ces follicules véficulaires émanant de ces diverfes faifceaux qui compofe des lobules plus ou moins confidérables, comme c'eft l'enfemble de ces lobules qui compofe les lobes. Du refte, chaque véficule a fon rameau ou fa *bronche*; elles font toutes exactement fermées : s'il eft entre elles quelque correfpondance, ce n'eft que par l'entremife & le moyen des canaux aériens, car ce n'eft qu'autant que l'air entre & pénetre dans un rameau, que toutes les ramifications qui en font une fuite, groffiffent : celles qui ne lui répondent pas, reftent dans l'affaiffement & dans l'inertie. Si l'on fouffle dans la trachée, tout le poumon fe gonflera ; fi l'on fouffle dans la *bronche* droite, le lobe droit fera gonflé, mais le lobe gauche demeurera affaiffé ; enfin, fi l'on fouffle fur-le-champ dans la *bronche* gauche, le lobe gauche fe gonflera, & le lobe droit s'affaiffera ; d'où l'on doit conclure que le trajet de l'air fe borne dans des véficules féparées qui n'ont aucun commerce entr'elles, & ce qui prouve que le tiffu du poumon n'eft point un tiffu tel que celui de la rate.

11°. *Le tiffu interlobulaire*, formé par le tiffu cellulaire qui recouvre extérieurement les *bronches*, & qui fe répand en lamines tranfparentes & flexibles d'où réfultent des cellules irrégulieres. Après avoir environné les lobules, il environne enfin les lobes, puifqu'il s'épanouit fur la furface externe de tout le vifcere, en s'uniffant & en s'appliquant à fon enveloppe générale. De plus, ce même tiffu eft celui qui fournit une forte de gaîne qui renferme en même temps les canaux aériens & les vaiffeaux pneumoniques artériels & veineux.

12°. *Les glandes bronchiques*, placées le plus fouvent en dehors, à la bifurcation de la trachée & aux premieres divifions des *bronches*; ces glandes augmentant fouvent confidérablement de volume dans des poumons viciés & engorgés, & étant quelquefois fquirreufes ou fuppurées, noirâtres ou cendrées; le tiffu en eft ferme, & elles font d'une couleur d'un brun jaunâtre dans l'état naturel: leur ufage eft vraifemblablement de filtrer, en grande partie, l'humeur la plus épaiffe que l'on apperçoit dans les *bronches*.

Des Vaiffeaux des Poumons.

376. *Les vaiffeaux pneumoniques, artériels & veineux*, ne font autre chofe que l'*artere* & les *veines pulmonaires*, dont les racines concourent, ainfi que nous l'avons dit, avec la trachée, à la formation de l'ifthme qui unit les poumons au vafte continent du corps. Il eft encore d'autres vaiffeaux
fanguins

fanguins nommés *bronchiques*, des vaiffeaux lymphatiques & des vaiffeaux nerveux.

Il s'agit d'obferver :

1°. *L'entrée des premiers*, dans la fubftance pulmonaire ; ils font auffi tôt accompagnés par les
bronches qui fe gliffent & fe placent entre ces vaiffeaux, enforte que les uns & les autres de ces
canaux, qu'on peut comprendre fous la feule dénomination de *canaux aéro - fanguiferes*, contenus
dans une feule & même enveloppe, cheminent
enfemble & parallelement.

2°. *Leur trajet*, enfuite de cette marche parallele ;
ce trajet fe bornant au lieu de la terminaifon des
bronches, & là, ces mêmes vaiffeaux fanguins fe
repliant, fe réfléchiffant, & rampant autour des
extrémités des tuyaux prépofés à l'admiffion de
l'air ; ils en recouvrent la fuperficie, ils s'étendent
dans les interftices & dans les intervalles que laiffent
entre elles ces mêmes extrémités ; ils fe répandent
dans toutes les cellules qui occupent ces efpaces,
cellules qui réfultent des lamines tranfparentes &
flexibles dont nous avons parlé.

3°. *La dégénération des canaux artériels en veinules*, qui, en augmentant infenfiblement de diamètre, forment des veines, & enfuite les quatre
troncs qui s'implantent dans le fac pulmonaire ;
ces veinules repréfentant fur les extrémités bron-

Tome II.   Q

chiques, une forte de rets ou de filet nommé dans l'homme le *réfeau vafculaire de Malpighi*.

4°. *Les vaiſſeaux bronchiques*, qui fuivent exactement *les vaiſſeaux pulmonaires* & les ramifications des bronches; l'*artere bronchiale* émanant de l'aorte poftérieure par deux branches qui fe jettent & qui fe ramifient enfuite dans chaque lobe ; leur départ étant fixé un peu en arriere de la courbure ou de la croſſe, & quelques-unes de ces ramifications s'anaftomofant avec les *vaiſſeaux pulmonaires;* enfin les *veines bronchiales* réunies le plus fouvent en un feul rameau, & fe dégorgeant dans l'azygos ; ces veines commençant aſſez fouvent auſſi dans le bélier avec la veine coronaire du cœur.

5°. *Les jets très-déliés,* qui vont aux glandes bronchiques, & qui partent encore de ces vaiſſeaux artériels & veineux.

6°. *Les filamens nerveux*, provenant du plexus pulmonaire, & qui, dans leur trajet communiquant avec le plexus cardiaque, fe répandent dans les poumons; ces mêmes filamens fuivant la trace des tuyaux artériels & veineux, & concourant viſiblement avec eux à la compofition du *réfeau de Malpighi.*

7°. *Enfin les vaiſſeaux lymphatiques,* qui fe montrent très-diftinctement dans les poumons du che-

val , entre la tunique & la fubftance de cet organe ;
leur marche n'étant point uniforme ; mais quelques-uns d'entre eux pouvant être quelquefois fuivis
jufques au canal thorachique.

Des Ufages de ces Parties.

377. Nous déduirons de ces connoiffances & de ces
lumieres, d'une part, la néceffité de la ftruĉture
& de l'arrangement de toutes ces pieces , & de
l'autre , l'importance & les effets principaux de la
refpiration. Cette fonĉtion dont la libre exécution
concourt effentiellement à la confervation de la
machine , dont la moindre altération en trouble
l'économie , & dont la ceffation en provoque la
deftruĉtion & la ruine , confifte dans un flux &
reflux perpétuel & alternatif de l'air, flux & reflux exprimés par les mots d'*infpiration* & d'*expiration*.

L'infpiration en opere l'admiffion dans la trachée , & dans toutes fes dépendances ; l'*expiration* en effeĉtue la fortie & le rejet au-dehors.

Dans le premier cas , la preffion de l'atmof-
phere le détermine & le pouffe par la glotte dans
le poumon ; & fi l'embouchure de la trachée fe
trouve alors comprimée par une colonne d'un
poids énorme auquel l'élafticité des cartilages &
les mufcles font obligés de céder , quelle réfif-

tance auroit pu oppofer à cette vive impulfion un canal qui auroit été fimplement membraneux ? Le tube & fes rameaux ont donc été d'abord entrecoupés de cerçeaux plus forts dans la partie fupérieure, plus foibles & brifés dans la partie moyenne ; & ces cerceaux qui, comme une forte de lien, les affermiffent, non-feulement main-tiennent le canal toujours ouvert, mais le ren-dent capable de foutenir l'impétuofité du choc auquel il eft fans ceffe expofé. Ces cartilages né-ceffaires devoient encore être efpacés. En fuppo-fant que la fubftance des parois de ce tube & de ces mêmes rameaux n'eut été que cartilagineufe, 1°. cette confiftance auroit gêné l'action de la tête, & n'auroit pu fe concilier avec la flexion de l'encolure ; 2°. le poids & l'effort de l'air au-quel ces canaux auroient toujours livré paffage, n'en auroient jamais pu changer ni le diamètre ni l'étendue : or de l'immobilité de ces canaux en tous fens, c'eft-à-dire, de l'impoffibilité de l'aug-mentation & de la diminution de leur longueur & de leur cavité, auroit réfulté l'impoffibilité totale de l'expanfion & du retour de cet organe fur lui-même, & conféquemment fon inertie. Il falloit donc indifpenfablement que le tiffu du tronc & des racines aériennes fût cartilagino-mem-braneux au moins pendant un certain trajet, les portions cartilagineufes fervant à la direction de l'air vers l'extrémité du cône, & devant fuppléer à la foibleffe des portions membraneufes, ou les renforcer, & les portions membraneufes qui rempliffent les interftices des cartilages devant fe prêter à l'abord de ce même air, & être fufceptibles des mouvemens que l'entrée de ce fluide leur imprime. Si dans les parois des dernieres divifions, on n'apperçoit que de fimples membranes, c'eft toujours par une fuite des précautions indifpenfables que la nature a prifes pour remplir fon objet dans la conftruction de ce vifcere, dont elle avoit à affurer les fonctions & le jeu, puifque en facilitant ainfi, fans inconvénient & fans danger, la plus grande diftenfion & l'élévation des rameaux bronchiques à leur terminaifon & à leur fin, elle ne pouvoit procurer en même-temps & plus aifément l'amplitude & la dilatation des poumons qui, fans l'action de l'air & du fang, ne formeroient qu'une maffe conftamment inutile.

Les cerceaux de la trachée font compofés d'une feule & unique piece; ils font interrompus & coupés poftérieurement, & leur diamètre eft toujours à peu-près égal; les anneaux bronchiques, au contraire, font formés de plufieurs fegmens, nul hiatus n'en intercepte l'intégrité, & leur diamètre diminue toujours à mefure de la progreffion des ramifications dans lefquelles ils font interpofés : voici ce que ces différences nous font préfumer.

La trachée devant néceffairement obéir aux diverfes actions de la tête & du col de l'homme & de l'animal, & étant, principalement dans celui-ci, en but au contact, à la compreffion & au heurt des corps extérieurs, il n'eft pas douteux que chacun des anneaux que l'on y obferve a dû avoir affez de folidité, pour qu'à l'approche de ces corps, ou lors des différens mouvemens dont elle ne peut que fe reffentir, le canal fût toujours dans un état de dilatation ; or, des anneaux brifés & faits de plufieurs fegmens, n'auroient certainement pu, dans ces momens, s'oppofer au rétréciffement ou à l'interception de la cavité du tube, dont les foibles parois fe feroient alors inconteftablement affaiffées, les fegmens cartilagineux fe repliant fur eux-mêmes. Il importoit donc ici de n'admettre dans chaque cercle qu'une piece cartilagineufe affez flexible pour pouvoir fubir quelque refferrement, mais en même-temps douée d'affez de force pour conferver, lors d'une compreffion quelconque, la figure & la cavité du canal. Ces cercles font poftérieurement ouverts & coupés précifément à l'endroit où le tube rampe fur le canal alimentaire, d'où il paroît d'abord que la defcente des alimens introduits

& charriés par ce même canal, ne peut recevoir & souffrir aucune oppofition de la part des feg-mens cartilagineux. Les cerceaux dont il s'agit font enfin d'une grandeur & d'un volume à-peu-près égal ; auffi le décroiffement n'en étoit-il ni requis, ni effentiel. Lorfque les fibres longitudi-nales tendent en effet à raccourcir le tube en rap-prochant les anneaux, leur puiffance n'eft jamais telle qu'elles puiffent faire arriver ces mêmes anneaux au contaft ; ils ne peuvent, à plus forte raifon, rentrer & s'enclaver les uns dans les autres, ainfi il auroit été affez inutile de les difpofer de la même maniere que les fegmens cartilagineux des bronches.

La multitude des fegmens qui entrent dans la compofition de ceux-ci, concourt dans l'*expira-tion* : 1°. à la poffibilité de l'affaiffement ou du retour des lobes & des lobules fur eux - mêmes : affaiffement, ou retour produit par les fibres muf-culaires & par la force contraftile des membranes, mais qui eût été empêché en partie, & qui n'au-roit point été affez confidérable, fi les anneaux euffent été faits & fabriqués d'une feule piece, & qui l'eût été trop, fi les ramifications dépourvues de fes cartilages, n'euffent été que membraneufes. 2°. Cet affaiffement ne pouvant avoir lieu qu'autant que les vaiffeaux pneumoniques, dans le tronc

defquels nous remarquons, avec *Winflow*, des
rides tranfverfales, font pliffés, preffés & raccourcis, & qu'autant que les ramifications aériennes
font dans le même état, les anneaux peuvent y
contribuer & s'y prêter d'autant plus aifément, que
leur brifure & leur décroiffance fucceffive, felon
leur trajet vers les extrémités conoïdes, donnent
aux plus petits d'entre eux la faculté de s'inférer
dans les plus grands.

Dans l'*infpiration*, les fegmens étant multipliés ; 1°. L'air agit avec plus d'efficacité fur les
anneaux pour opérer la dilatation des bronches,
que s'il avoit à heurter contre un cercle non divifé,
& conféquemment contre un corps plus folide, qui
pourroit, dans tous fes points, oppofer une véritable réfiftance. 2°. L'efpace qui eft entre chacun
des fegmens & qui les fépare, fuppléant à l'interception qui eft à la partie poftérieure de la trachée, le diamètre des ramifications aériennes peut
être facilement varié. 3°. Enfin, chaque piece de
chaque cerceau étant agitée féparément, & étant
fufceptible, chacune en particulier, de divers trémouffemens ou frémiffemens, le fluide contenu
dans les vaiffeaux fanguins qui rampent fur les
bronches & qui les accompagnent, n'en reçoit que
des chocs plus réitérés, plus fréquens, & que des
fecouffes plus vives qui fe font fentir à toutes les

faces de ſes molécules , & elles n'en ſont par conſéquent que plus atténuées & plus briſées. Mais des
détails plus ſuivis des effets que la *reſpiration* produit ſur le tiſſu du poumon , répandront ſans doute
ici de nouvelles lumieres , & un plus grand jour.

. Suppoſons ce viſcere dans l'affaiſſement qui lui
eſt naturel , puiſqu'il ne peut ſe dilater par lui-
même : dans cet état , les vaiſſeaux des bronches
non pleins ſont couchés à angles aigus les uns ſur
les autres ; les véſicules ſont applaties , n'ont qu'une
extenſion plane , & ſe touchent dans toute leur
longueur , vu leur complication ; tous les canaux
aériens ſont raccourcis & rentrés dans eux-mêmes ,
ainſi que les vaiſſeaux ſanguins qui les ſuivent , &
qui n'ayant pas moins de tendance à ſe replier ,
ſont ridés , pliſſés & preſſés ; enfin , les eſpaces qui
ſont entre les ſegmens écailleux , les rameaux &
les véſicules , ſont très-peu conſidérables. Examinons enſuite les changemens que ſuſcitera , dans
ces parties , l'air introduit par la glotte dans la trachée-artere & dans les bronches. Les ramifications
aériennes ſeront gonflées , leurs anneaux s'écarte-
ront , elles ſeront diſtendues ainſi que les ramifications ſanguines , dont les plis s'effaceront , &
comme elles ſe ſépareront , les angles qu'elles forment à leurs diviſions & dans leur cours , ſeront
plus grands & moins aigus : les parois s'éloigne-

ront du centre de chaque véſicule , & tous les cen-
tres s'éloigneront les uns des autres ; les points de
contaſt entre elles ne ſeront plus les mêmes ; devenues ſphériques par l'égale diſtenſion de leur
membrane ſouple & cave , & enſuite des derniers
efforts de l'air contre elles , ſelon la théorie lumi-
neuſe de *Jean Bernouilli* , & ſuivant les ſavantes
propoſitions contenues dans la premiere lettre de
Malpighi à Alphonſe Borelli, elles ne ſe toucheront
plus que dans un ſeul point , & les intervalles celluleux & non aériens, ſeront par conſéquent délivrés
du voiſinage des vaiſſeaux qui charient ce fluide ,
les véſicules & les bronches de chaque diviſion
s'éloignant latéralement, & ſe dilatant vers les
parties qui ne réſiſtent point , c'eſt-à-dire, vers les
côtes & vers le diaphragme , qui cedent à l'amplitude du poumon. Or, voyons en peu de mots le
réſultat de toutes ces opérations.

Tant que ce viſcere eſt affaiſſé & abandonné à
lui-même , il ne peut être traverſé par le ſang :
c'eſt vainement qu'on voudroit en remplir les canaux par l'artere pulmonaire avec une liqueur préparée & injeſtée ; ſi l'on ne ſouffle dans les rameaux bronchiques , les vaiſſeaux ſanguins n'en
recevront que peu , & ſouvent pas la moindre partie : ce n'eſt donc principalement que dans l'*inſpiration* que les vaiſſeaux artériels & veineux ayant

acquis un plus grand diamètre, opposent moins d'obstacle au fluide lancé par le ventricule, & lui ouvrent un passage au moyen duquel il peut parcourir le chemin qu'il doit suivre? Mais comment l'expansion des rameaux bronchiques favorise-t-elle son admission? Les canaux sanguins rampent, ainsi que je l'ai dit, sur ces rameaux & sur les vésicules par lesquelles ils se terminent; ils s'y ramifient en une si prodigieuse abondance, & la multitude de ces vésicules est telle, qu'elle semble nous annoncer le dessein qu'a eu la nature de multiplier à l'infini ces mêmes ramifications. A mesure que les bronches grossissent, s'éloignent & augmentent, l'angle intercepté, les espaces celluleux s'élargissent proportionnellement: les parois des canaux sanguins cessent donc d'être comprimées & retirées sur elles-mêmes, & ces tuyaux pouvant dès-lors se dilater & s'allonger sans peine, se prêtent à l'abord du fluide qui leur est envoyé, lui présentent un nouveau jour pour sa marche, & en rendent la progression aisée.

Des uns & des autres de ces effets, résulte la preuve de ceux de la *respiration* en général sur la masse sanguine. Le suc exprimé des alimens entre dans les vaisseaux sanguins muni de toutes les propriétes des matieres dont il émane, & de celles qu'il emprunte encore des matieres avec lesquelles il s'est allié dans l'estomac & dans les intestins :

d'abord il eſt porté dans le cœur où il n'eſt point d'abord de maniere à recevoir des changemens, mais delà, il eſt envoyé dans les poumons : il eſt diſpoſé par ces agens à s'aſſimiler aux fluides & aux ſolides de la machine, & à pénétrer dans toutes les parties qu'il doit abreuver. L'action ſeule des arteres ne ſuffiroit pas à cet effet ; ces vaiſſeaux ont beſoin des ſecours qu'ils trouvent dans l'air qui les agite, qui les allonge, qui les preſſe, qui les faſſe & qui les refaſſe : or, comme dans la *reſpiration* les ramifications aériennes, les véſicules & les eſpaces celluleux augmentent & diminuent toujours alternativement, ſelon que l'animal inſpire & expire, & que la chaleur donne encore continuellement plus de reſſort à l'air qui eſt en repos après *l'inſpiration*, ou l'*expiration*, il s'enſuit que les canaux ſanguins dans leſquels les plis tiennent lieu des contours que font les canaux qui ſe diſtribuent dans les autres parties ſujetes à quelque expanſion, ne ſont jamais pendant deux inſtans ſucceſſifs preſſés également & en même ſens, & par conſéquent toutes les liqueurs qui coulent dans ce viſcere avec une ſinguliere promptitude (car elles y paſſent en un certain eſpace de temps en une auſſi grande quantité que dans tout le corps), y ſont réciproquement comprimées, fouettées, abandonnées à elles-mêmes, diſſoutes, broyées &

atténuées de façon , qu'ainsi que *Schenck* l'a très-
bien obfervé, le fang n'eft, pour ainfi dire, plus ie
même, lorfqu'il parvient au ventricule dans lequel
les veines le dépofent.

Les poumons font donc le principal organe de
la fanguification ; ils rendent méables les parties
des alimens ; ils broyent , ils changent les molécules chyleufes , ils les condenfent ; par eux , elles
deviennent fphériques ; ils les affinent tellement
dans leur paffage au travers des filieres tenues des
petites arteres, qu'ils les difpofent à enfiler les
tuyaux les plus fins ; ils préviennent ainfi les obf-
truĉtions qui , fans cette préparation , arriveroient
inévitablement dans les vaiffeaux capillaires , &
le fluide élaboré de cette maniere , acquiert enfin
la faculté de réparer les pertes de toute efpece que
fait à chaque moment l'animal.

Du Péricarde.

378. *Le péricarde* eft une poche, une capfule membraneufe qui enveloppe & qui renferme le cœur.

Il faut en confidérer :

1°. *La pofition,* dans la duplicature du médiaftin,
fes faces étant unies à cette même cloifon par le
tiffu cellulaire qui en revêt la furface extérieure.

2°. *La figure,* qui répond en partie & en quelque
façon à celle du cœur.

3°. *La capacité,* qui eft une fois plus ample que

le volume de ce viscere , dont l'action constante & le mouvement perpétuel & local eussent été gênés , s'il avoit été lui-même contraint dans sa capsule.

4°. *Les connexions* : par ses faces avec le médiastin ; par son angle inférieur avec le sternum auquel il adhere très-fortement à l'endroit des cartilages de la cinquieme , sixieme & septieme vraie-côte ; par sa partie supérieure , puisqu'il embrasse les vaisseaux , sa membrane propre se réfléchissant sur eux , sur les ventricules, sur les oreillettes ou les sacs , & la membrane qui lui vient du médiastin se confondant avec leurs tuniques; par cette même partie encore , au moyen de fibres aponévrotiques qui partent du muscle fléchisseur de l'encolure , & s'implantent dans sa substance; enfin , par sa partie antérieure à la face interne de la premiere vraie-côte , au moyen d'un ligament de chaque côté.

5°. *La substance* , consistant en une membrane très-distincte de celle qui paroît être une production du médiastin , qui embrasse les arteres & les veines qu'elle reçoit & qui se confond même, ainsi que nous venons de le dire , avec leurs tuniques ; cette membrane étant forte & serrée , adhérente & collée à la premiere , & présentant deux lames ou deux feuillets , dont le plus extérieur se réfléchit & se replie pour environner les vaisseaux, les facs & les ventricules , tandis que l'intérieur devient particuliérement la membrane propre de l'organe contenu dans cette enveloppe.

6°. *Les vaiffeaux qui lui font propres ,* connus fous le nom d'*arteres* & de *veines péricardines*, lui étant fournis par la cervicale fupérieure & par les bronchiques ; les veines accompagnant les arteres du même nom.

7°. *Les vaiffeaux communs*, qui fe répandent fur cette même poche, & qui font des ramifications des médiaftines, des thymiques & de légers rameaux des arteres & des veines coronaires qui rampent entre les deux membranes.

8°. *Les vaiffeaux nerveux*, qui lui viennent des pléxus cardiaque & pulmonaire.

9°. *Les vaiffeaux lymphatiques*, qui fe rendent au canal thorachique.

10°. *La liqueur* ou *l'eau*, que l'on trouve très-communément dans cette capfule, liqueur plus ou moins abondante, felon le plus ou moins d'efpace de temps qui s'eft écoulé depuis la mort de l'animal, claire d'ailleurs dans de certains chevaux, jaunâtre dans les uns, rougeâtre dans les autres, & variant enfin fuivant les divers degrés d'atténuation, fuivant fon féjour dans le *péricarde*, & felon les maladies qui ont occafionné la mort (1).

_____

(1) Elle eft ordinairement très-limpide dans le bœuf &

11°. *Les usages :* le *péricarde* ne devant point être regardé comme un réservoir spécialement destiné à humecter le cœur , puisque la surface des autres visceres est suffisamment humectée sans le secours d'une pareille enveloppe ; mais comme le seul lien qui pouvoit assujétir celui-ci & les vaisseaux ; car toute autre attache qui , venant des parties voisines , auroit pénétré dans la propre subsitance de cet organe , auroit inévitablement diminué & gêné la liberté de son action.

Du Cœur.

379. *Le cœur* est un corps musculeux , situé entre les parois de l'écartement du médiastin.

Il faut en considérer :

1°. *La forme ,* qui est celle d'un cône , arrondi dans sa pointe , ovalaire dans sa bâse , & applati dans ses côtés.

2°. *Les parties ,* qui se présentent extérieurement, la plus large en étant la base , la plus étroite en étant la pointe ; les côtés applatis en formant les faces , & le lieu de réunion de ces mêmes faces en marquant les bords.

3°. *La position ,* sur une ligne légérement incli-

---

dans le mouton ; nous en avons vu ayant la même consistance que l'humeur vitrée , mais dans des circonstances maladives.

née ;

née , tirée depuis les vertebres dorsales jusques au sternum auquel sa pointe ne touche néanmoins pas , car elle en est distante d'environ deux travers de doigt (trois centimètres) ; ensorte que l'on peut dire que la base en est supérieure , puisqu'elle répond aux vertebres dorsales ; que la pointe en est inférieure , puisqu'elle répond au sternum ; les deux faces en étant latérales , l'une à droite & l'autre à gauche ; & des deux bords , l'un étant antérieur & l'autre postérieur.

4°. *Le volume*, *la pesanteur*, *la circonférence*, *la longueur*, qui n'ont rien de constant & d'assuré , attendu les variations , à ces différens égards , dans les fœtus , dans les poulains , & dans les chevaux.

5°. *La tunique externe*, formée par le prolongement & par le repli de la membrane propre du péricarde.

6°. *Le tissu-cellulaire*, caché par cette même tunique , tissu qui , non-seulement revêt le *cœur*, mais qui se glisse entre ses fibres , & qui suit les ramifications des vaisseaux coronaires ; ses cellules étant sans doute plus amples & plus nombreuses à la base du viscere que par-tout ailleurs , puisque la graisse s'y rassemble en plus grande quantité.

7°. *La graisse*, plus abondante aux environs du *cœur* de certains chevaux que dans d'autres : elle décrit le trajet des vaisseaux qu'elle recouvre ;

Tome II.   R

elle les dérobe par son épaisseur ; elle entretient, en un mot, par son onctuosité, la souplesse des fibres ; elle en empêche le desséchement & la rigidité (1).

8°. *Les ventricules* ou *les deux grandes cavités*, renfermées dans l'épaisseur de cette masse conoïde, qui forment spécialement le viscere dont il s'agit : viscere qui n'est véritablement composé que de deux sacs adossés l'un à l'autre.

9°. *Le septum medium* ou *la cloison*, qui en coupe obliquement de droite à gauche, & de haut en bas l'intérieur, & qui le partage en deux portions creuses, dont l'une est le ventricule antérieur, & l'autre le ventricule postérieur ; cette cloison naissant de leur adossement, & les fibres de ces ventricules concourant par conséquent à sa formation. Au surplus, celle de ses faces qui regarde le ventricule antérieur est convexe, & celle qui répond au ventricule postérieur est concave.

10°. *Le ventricule antérieur*, beaucoup plus foible que l'autre, & d'ailleurs moins long d'environ un pouce (trois centimètres), ainsi qu'on peut en juger en mesurant la double pointe extérieure du *cœur*, & néanmoins incontestablement plus ample que le ventricule postérieur.

---

(1) On en trouve plus abondamment dans le bœuf & dans le mouton, & elle y est aussi beaucoup plus solide.

11°. *Le ventricule postérieur* ; son épaisseur à sa base répondant à celle du septum medium qui est d'environ deux pouces (six centimètres), tandis que celle du ventricule antérieur n'est que d'environ un doigt (un centimèrre & demi.)

12°. *La surface interne des ventricules*, revêtue d'une tunique fort déliée, sous laquelle est un tissu cellulaire très fin ; cette tunique s'étendant & se prolongeant dans des lacunes, des fossettes, des aires diverses qui résultant du croisement & de l'entrelacement des fibres, sont infiniment moins sensibles, moins fortes & moins multipliées dans le *cœur du cheval* que dans le *cœur de l'homme*, & ce viscere, dans l'animal, ne présentant point les colonnes charnues, les éminences, les cavités observées dans les parois de celui de l'homme ; car ici les sillons, les inégalités, les enfoncemens n'ont ni la même forme, ni la même étendue, ni la même masse, ni la même profondeur ; les anfractuosités étant, au surplus, beaucoup plus nombreuses dans *le ventricule postérieur*, que dans *le ventricule antérieur* (1) ; on ne doit pas encore oublier d'envisager les faisceaux transverses, qui, dans ces ventricules, se portent d'un côté à l'autre, *le ventricule*

______

(1) Ces anfractuosités sont, au contraire, beaucoup plus sensibles & beaucoup plus multipliées dans le *ventricule antérieur* du cœur du bœuf, que dans le *ventricule postérieur*.

antérieur en offrant un plus grand nombre : fouvent , foit dans le *cœur* du cheval , foit dans celui
du bœuf, il en eft un principal & qui eft exactement charnu ; d'autres en ont trouvé deux principaux qui étoient véritablement tendineux. Quoi
qu'il en foit , ces faifceaux font autant d'agens ou
de puiffances qui , comme des efpeces de tirans ou
d'entraits, dans le cas d'une furcharge & d'une plénitude confidérable , réfiftent à la force étrangere
qui poufferoit les parois du centre vers la circonférence ; ils préviennent donc par ce moyen la dilatation & l'agrandiffement exceffif des ventricules ;
dilatation que de violens efforts , des courfes longues & véhémentes, des exercices outrés & continus,
ou la trop grande abondance du fang peuvent occa-
fionner dans l'animal.

13°. *La fubftance*, qui eft évidemment mufculeufe, mais l'origine des fibres de ce mufcle n'ayant
rien de fenfible ; leur infertion n'offrant rien de
pofitif ; leurs lits n'étant marqués par aucune in-
terfection ; leurs circonvolutions & leurs détours
fe dérobant à nous , & nos conjectures ne pouvant porter que fur leur direction & fur l'obliquité
de leur marche. Le vifcere étant dans fa pofition
naturelle , les fibres les plus extérieures paroiffent
fe porter en ligne droite de la bafe à la pointe ;
elles font en très-petite quantité dans le cheval , &

ne cachent pas entiérement les fibres fuperficielles qui cheminent obliquement de haut en bas fur le ventricule antérieur, fur lequel elles femblent s'étendre, & qui y rampent en maniere de fpirale, mais dans un fens oppofé, c'eft-à-dire, de bas en haut. L'obliquité des pas de ces filamens charnus augmente à mefure que l'on pénetre dans la fubftance de ce vifcere; ils font toujours moins inclinés, & fe montrent, en quelque façon, tranfverfes dans la furface interne des parois; peut-être auffi que ceux du ventricule antérieur fe perdent dans le feptum medium, & que ceux du ventricule poftérieur s'y bornent; auffi cette cloifon paroît être compofée des fibres de l'un & l'autre, d'autant plus que celles qui marchent de la pointe à la bafe, femblent fe mêler & fe confondre avec celles qui viennent de la bafe à la pointe.

14°. *Leurs orifices* : les ventricules étant percés chacun de deux ouvertures, de maniere qu'il en eft quatre à la bafe du *cœur*, deux d'entre elles communiquant dans les facs ou oreillettes, & deux autres dans les arteres, c'eft-à-dire, dans l'aorte & dans l'artere pulmonaire; celles-ci formant ce que nous nommons les *orifices artériels*, les autres étant connues fous la dénomination d'*orifices auriculaires*, & chaque ventricule ayant par conféquent un *orifice auriculaire* & un *orifice artériel*.

15. *Les cercles* qui bordent ces ouvertures ; les tendons qui entourent celles des facs ou oreillettes étant plus forts & plus compofés que les *cercles* qui bordent les orifices artériels (1) ; ces mêmes *cercles* ne paroiffant formés que de la réunion de la membrane interne des arteres & de la tunique des facs , & ce que l'on pourroit y envifager comme tendineux n'étant réellement que le commencement & le principe de l'artere : quelquefois , & fur-tout dans les vieux chevaux , ces *cercles* qui bordent les orifices artériels acquierent une confiftance égale à celle des os ; de là l'erreur de quelques auteurs qui ont prétendu que la fubftance de la bafe du *cœur* eft offeufe dans le cheval.

16°. *Les valvules* , ou les efpeces de voiles , de digues , ou de foupapes , qui font à la circonférence des orifices auriculaires & artériels ; les premieres appellées *valvules veineufes* , les fecondes *valvules artérielles*.

17°. *Les valvules veineufes* ; il en eft d'abord quatre à l'orifice du fac ou de l'oreillette droite , dont deux grandes féparées par deux petites que l'on pourroit envifager comme des *fémi-valvules* (2) ;

___

(1) Et ayant encore plus de force dans le bœuf.

(2) Celles de l'oreillette droite , dans le bœuf , font plus longues & plus minces ; celles de l'oreillette gauche étant très-fortes & tenant de la nature du tendon.

les petites étant irréguliérement triangulaires ,
mais les foupapes entieres ne préfentant, en aucune
façon, une mitre, comme dans le *cœur* de l'homme ,
& formant , lorfqu'elles font étendues, un quarré
long, ou un parallélogramme à quatre angles
droits & à quatre côtés , dont il en eft deux plus
longs que les autres; les côtés qui ont plus de
longueur en conftituant les parties latérales ; les
côtés qui en ont le moins en conftituant le bord
flottant & la bafe ; ce bord inférieur & flottant
fe trouvant dans l'intérieur du ventricule , & la
bafe étant à l'orifice du fac même.

La fubftance de ces digues eft telle qu'elles
font membraneufes , tendineufes & charnues.

La portion membraneufe naît de la membrane
qui tapiffe l'intérieur de la cavité du ventricule ,
cette membrane fe prolongeant & fe repliant tout
autour du fac à fon embouchure poftérieure ; enforte que les *valvules* & les *fémi-valvules* , à leur
bafe , ne femblent être qu'un feul corps divifé enfuite en quatre parties diftinctes par leurs bords
latéraux & flottans. Des filets tendineux & d'a-
bord affez minces font fixés à ces bords latéraux
feulement, du moins dans les *grandes valvules*,
car dans les *petites* ils font attachés comme dans
les *valvules auriculaires humaines*, & à ces mêmes
bords & à leurs pointes. Ces filets, qui fe croifent

& s'entrecroifent diverfement, fe réuniffent enfuite, & de leur jonction, il réfulte des cordages
tendineux un peu plus forts, arrêtés après s'être
croifés de nouveau dans l'étendue des parois des
ventricules, non à une place déterminée, mais les
uns plus hauts & les autres plus bas, & la plupart
à des mammelons ou à des tubercules charnus dépendans des fibres même du ventricule, & qui en
excedent beaucoup moins le niveau que les piliers
mufculeux auxquels répondent, dans l'homme,
les attaches des *valvules auriculaires* (1). Dans le
ventricule poftérieur dont il s'agit ici, il eft deux de
ces mammelons, l'un à la paroi de ce même ventricule, l'autre à celle du *feptum medium* ; quelquefois on les trouve tous les deux aux parois du
ventricule même. Du refte ce font les petits filets
dont jai parlé qui compofent la portion tendineufe des *valvules*. Quant à la portion charnue,
elle naît, felon les apparences, de quelques fibres
mufculeufes qui proviennent des faifceaux charnus du fac, & qui rampent ainfi que les fibres
des tendons dans la duplicature des lames de ces
valvules.

Celles qui bordent l'entrée du fac gauche font

---

(1) Les filets dont il s'agit font, dans le ventricule poflé-
rieur du bœuf, infiniment plus forts que dans le ventricule
antérieur.

au nombre de trois; la forme étant la même que celle des *grandes valvules*; leur fubftance & leur pofition n'ayant rien, pour ainfi dire, de diffemblable, puifque leur bord flottant eft tourné inférieurement, & qu'une membrane continue à la circonférence de l'orifice en eft la bafe. Cette membrane, intérieurement découpée en trois portions, forme autant de *valvules* qui, chacune, préfentent la figure d'un rectangle : des filets pareillement tendineux tiennent à leurs parties latérales d'une part, & de l'autre à la paroi de la cloifon, & ici il n'eft qu'un mammelon diftinct & apparent pour une de ces *valvules*. Des entrelacemens de ces filets, réfulte une efpece de lacis à chacun des points de leurs attaches, & ces digues ou ces avances membraneufes & pourvues encore de fibres tendineufes & charnues, font abfolument deftinées à remplir, dans le ventricule antérieur, les fonctions dont les autres *valvules* font chargées relativement au ventricule poftérieur.

18°. *Les valvules artérielles*, nommées *valvules fémi-lunaires* ou *figmoïdes* (1), & qui occupent les embouchures des groffes arteres. Ces *valvules* s'ouvrant de dedans en dehors en s'appliquant aux parois de ces canaux, & fe fermant, en fe dilatant

____

(1) Beaucoup plus grandes dans le bœuf.

& en s'épanouiffant du côté des ventricules que leur convexité regarde. Elles font au nombre de trois pour chaque orifice artériel, femblables à trois culs-de-lampe, ou à trois nids de pigeon adoffés les uns aux autres, lorfqu'elles font dilatées. La fubftance en eft membraneufe & moins charnue que celle des orifices veineux. Leur membrane eft une fuite de celle qui a tapiffé les ventricules. A la bafe du *cœur* & à l'endroit du tendon circulaire, cette même membrane fe prolonge & s'attache à trois points différens de la circonférence de l'aorte dans le ventricule poftérieur, & de l'artere pulmonaire dans le ventricule antérieur ; elle forme à chaque embouchure trois portions de membranes diftinguées, d'où réfultent les trois *valvules*. Au milieu du bord flottant de chacune d'elles eft placé un petit bouton, une efpece de tubercule, dont le volume eft tantôt plus gros, tantôt plus petit, quelquefois plat & quelquefois rond. Ce corpufcule, fitué à la pointe des *valvules*, n'eft pas feulement prépofé à la clôture exacte des orifices, il paroît deftiné à affermir les fibres circulaires, & à rendre le point de réunion des fibres membraneufes plus folide.

19°. *Les ufages des valvules* ; fi les *valvules veineufes* laiffent entrer le fang dans le *cœur*, & s'oppofent enfuite à fa fortie par la voie qu'elles lui avoient ouverte en s'abaissant , les *valvules artérielles* produisent un effet directement contraire ; elles permettent à ce fluide de sortir de ce viscere , mais elles s'opposent à son retour dans les ventricules.

20°. *Les sacs* ou *les oreilletes* (1) ; le *sac gauche* ou *pulmonaire* répondant par son ouverture interne au ventricule postérieur ; le *sac droit* ou *de la veine cave* répondant au ventricule antérieur ; ce même sac étant placé à droite un peu postérieurement , ensorte que dans le cheval , la position de l'un & de l'autre est telle qu'ils semblent être d'un seul côté , & qu'on ne les voit qu'à peine du côté gauche (2). Le *sac droit ,* au surplus , formant une poche en quelque façon arrondie , & beaucoup plus vaste que la cavité qui résulte du *sac gauche,* laquelle est presque quadrangulaire (3) ; chacun de ces *sacs* ayant une appendice

-----

(1) Ils font infiniment moins amples dans le bœuf & dans le mouton, proportion gardée.

(2) Tandis que , dans les bêtes à cornes & dans les bêtes à laine , ils se montrent de l'un & de l'autre côté.

(3) *Le sac droit* a six travers de doigt (neuf à dix centimètres) de longueur, & trois travers de doigt (cinq centimètres) de largeur, dans le bœuf. *Le sac gauche,* dans les bêtes à cornes, n'a que trois travers de doigt (cinq centimètres) d'étendue, & est dentelé dans son bord.

ou un prolongement qui en fait, pour ainsi dire,
le fond ; car ces appendices sont intérieurement
caves & creusées, d'ailleurs, assez irréguliérement,
celle du *sac droit* ayant plus de capacité ; la surface interne de ce *sac* étant sur-tout sillonnée,
tapissée de petits cordages charnus & visibles, &
garnie de faisceaux plus nombreux, d'éminences
& de cavités plus sensibles que dans les ventricules, & quelques-unes de ces cavités, ou certains
intervalles des faisceaux offrant des fibres musculeuses ; ces *sacs* vus extérieurement pouvant être
pris pour un seul & même corps, mais étant évidemment distincts & partagés en deux portions
par deux tuniques, qui font une continuation de
celles qui ont revêtu le septum medium, soit du
côté du ventricule antérieur, soit du côté du ventricule postérieur. Ces deux tuniques, après s'être
réunies au-dessus de la cloison qu'elles recou-
vroient, se prolongeant en recelant dans leur adossement des fibres charnues, qui, de concert avec
elles, composent le *septum* ou *la cloison des sacs.*
Du reste, ces *sacs* s'ouvrant supérieurement dans le
cœur, & répondant extérieurement aux gros vaisseaux veineux qui aboutissent dans ce viscere ; le
droit recevant les deux veines caves qui le percent & qui s'y implantent, l'une antérieurement
& horisontalement, l'autre postérieurement & sur

un plan incliné légérement de bas en haut ; une éminence très - confidérable fe montrant au lieu de leurs concours dans leur confluent, éminence formée par les fibres charnues du *fac*, & qui, fous la figure d'un croiffant, s'avance pour féparer leurs troncs, & comme pour faire l'office d'un éperon ou d'une digue qui déterminerait dans le ventricule antérieur le cours du fang qui aborde par ces veines, & qui empêcheroit que dans les jets oppofés du fluide qui fe rend dans le *fac* par deux chemins contraires, il ne fe fît un refoulement ou plutôt un reflux ; enfin le *fac gauche* recevant les quatre veines pulmonaires qui s'y abouchent, & s'y plongent deux de chaque côté, de maniere que les quatre troncs de ces vaiffeaux en marquent les quatre coins, & femblent former quatre angles (1).

21°. *La fubftance des facs*, qui eft membraneufe & mufculeufe ; les tuniques qui en revêtent & qui en tapiffent la furface externe ou interne, étant les mêmes que celles qui tapiffent extérieurement & intérieurement les parois du *cœur;* ces membranes venant fe réunir & s'appliquer l'une à l'autre au bord des orifices veineux, & leur jonction

---

(1) Ce qui n'eft pas de même dans le bœuf; c'eft par un feul tronc qu'elles fe rendent à l'oreillette gauche.

formant la bande qui borne la racine des facs , &
fupérieurement à cette bande, ces mêmes tuniques,
entre lefquelles eft un tiffu-cellulaire , fe défunif-
fant , & leur expanfion formant la fubftance membraneufe des poches dont il s'agit.

Quant aux fibres mufculeufes , elles font contenues entre les deux membranes : on ne peut raifonnablement penfer qu'elles foient une continuation des fibres des ventricules , fur - tout fi l'on
confidere l'adhérence intime des tuniques à l'endroit de leur réunion ; & quand on réfléchit fur
la contraction des facs qui eft toujours oppofée ,
ou plutôt qui fuit toujours celle des ventricules ,
elles ne paroiffent point encore avoir de principe
tendineux ; feroient-elles donc un prolongement
des fibres charnues des gros vaiffeaux , lefquelles
fe terminent poftérieurement , & ne commencent
point leur trajet , mais l'achevent & le finiffent à
la jonction de ces mêmes membranes ? Cette idée
pourroit être adoptée , fi , dans des *cœurs* bouillis ,
ces fibres ne fe féparoient pas du *cœur* comme
des efpeces d'épiphyfes. En ce qui concerne la
marche & les entrelacemens de ces fibres , il n'y
a pas moins d'obfcurité ; on ne les apperçoit que
très-irrégulièrement difpofées en tout fens , & rangées par paquets & par bandes , plus ou moins
confufément.

22°. *Les vaiſſeaux*, dont le *cœur* eſt l'origine &
le terme ; ceux dont il eſt l'origine étant des *vaiſſeaux artériels*, & ceux qui s'y terminent étant
des *vaiſſeaux veineux*.

23°. *Les vaiſſeaux artériels*, c'eſt-à-dire, l'artere pulmonaire & l'aorte : l'artere pulmonaire
ſortant du ventricule droit ou antérieur, & dès
l'inſtant de ſa ſortie marchant obliquement en
haut & en arriere en joignant l'aorte : ce tronc ſe
diviſant après un trajet d'environ cinq à ſix pouces
(treize à ſeize centimètres), en deux branches
dont la longueur eſt égale dans l'animal, & le diamètre du rameau qui ſe porte au lobe gauche du
poumon étant plus conſidérable que celui qui ſe
porte au lobe droit de ce viſcere ; l'aorte étant
produite par le ventricule gauche ou poſtérieur,
& ſe montrant au côté gauche de l'artere pulmonaire : le tronc de ce vaiſſeau n'ayant que deux
pouces (ſix centimètres) & fourniſſant d'abord
deux branches remarquables ; l'une d'elles s'élevant, ſe contournant & ſe courbant en arriere &
par deſſus la diviſion des arteres pulmonaires ; elle
forme, dans l'animal, l'aorte poſtérieure, & c'eſt à
ſon origine & dans le milieu de ſa courbure que
s'inſere & ſe rend le canal artériel qui chemine
l'eſpace d'un pouce (trois centimètres) enſuite de
ſon départ de la partie latérale & ſupérieure du

tronc pulmonaire; il attache ces deux vaiſſeaux l'un à l'autre. La ſeconde branche marchant en avant & par un ſeul tronc l'eſpace d'environ quatre travers de doigt (ſept centimètres), & n'étant point ici, comme dans l'homme, formée par la carotide gauche & par les ſous-clavieres; car elle ne ſe partage en deux rameaux d'où réſultent les arteres axillaires, que lorſqu'elle a atteint l'extrémité antérieure du ſternum; de l'artereaxillaire droite, qui a beaucoup plus de capacité que l'artere axillaire gauche, réſulte une branche conſidérable, qui conſtitue le tronc des carotides. Au ſurplus, une gaîne membraneuſe naiſſant de la tunique qui revêt le péricarde & le *cœur*, & un tiſſu cellulaire rampant ſous cette gaîne, renferment & entourent ces deux troncs, c'eſt-à-dire, celui de l'aorte & le tronc pulmonaire juſques à leur ſortie du péricarde.

24°. *Les vaiſſeaux veineux* qui aboutiſſent aux ſacs; les deux veines caves ſe rendant dans le ſac droit, & les veines pulmonaires s'implantant dans le ſac gauche, ainſi que nous l'avons dit, & tous ces canaux, tant artériels que veineux, portant au moyen de la multitude infinie de leurs diviſions, le ſang dans toutes les parties du corps, & le rapportant au *cœur*, qui eſt le centre d'où il eſt parti.

25°. *Les vaiſſeaux coronaires*, artériels & veineux

neux qui font regardés comme les vaiffeaux propres du *cœur ;* les arteres naiffant du commencement de l'aorte, & fortant immédiatement du tronc
de ce canal ; leurs .embouchures , dans plufieurs
chevaux , étant placées à côté l'une de l'autre , &
répondant chacune au milieu d'une des valvules
fémi-lunaires derriere lefquelles elles fe trouvent
fituées , enforte que deux de ces valvules les cou-
vrent & les ferment entiérement, & qu'il eft une
valvule d'un côté & entre les deux orifices , derriere laquelle il n'eft point d'ouverture ; ces arteres
s'étendant d'ailleurs fur les faces du *cœur*, l'une à
droite & l'autre à gauche ; l'*artere coronaire droite* ,
après fa fortie du tronc, faifant quelque trajet fur la
bafe de ce vifcere, en cheminant du côté droit, entre
la bafe du fac & du ventricule, du même côté qu'elle
couronne, jufques à la cloifon des facs , & là , fe
divifant en deux branches, la premiere & la principale fe porte le long du feptum des ventricules
& du côté droit, en laiffant échapper plufieurs ramifications collatérales , qui fe difperfent & péné-
trent fenfiblement dans la fubftance du *cœur*, jufques à la pointe duquel fa marche eft évidente.
La feconde, dont le volume & le calibre font moindres , fe répandant poftérieurement en entourant
& en embraffant la bafe du fac gauche , enforte
qu'elle eft entre cette bafe & celle du ventricule :

elle fournit également nómbre de petits rameaux qui fe diftribuent & qui fe perdent dans l'une & l'autre de ces cavités.

En ce qui concerne l'*artere coronaire gauche*, elle part auffi de l'aorte & fuit du côté gauche à-peu-près les mêmes divifions ; elle chemine fur la cloifon des facs ; elle fe bifurque à deux pouces (fix centimètres) de fon origine, & fe partage en deux branches, dont la plus confidérable fixe la route qu'elle décrit le long de la face gauche du *cœur* dans la rainure qui répond au feptum medium. Elle parvient ainfi à la pointe de ce vifcere où elle s'anaftomofe avec celle de l'autre face : elle produit dans ce trajet une infinité de rameaux qui fe plongent dans les ventricules ; l'autre branche remonte entre la bafe du fac gauche & celle du *cœur* qu'elle couronne de ce même côté ; fes rameaux collatéraux, qui font très-nombreux , vont pareillement les uns au fac , & les autres au ventricule.

Quant aux *veines coronaires*, elles accompagnent les arteres dans toute leur étendue, celle du côté droit étant fournie par la veine cave, celle du côté gauche partant du fac du même côté ; ces veines communiquent l'une avec l'autre ; en les foufflant, l'air les parcourt entiérement, quoiqu'elles foient pourvues de valvules ; ces valvules laiffent même fouvent paffer l'injection (1).

26°. *Les ufages du cœur*, qu'*Hippocrate* a regardé ainfi que les vaiffeaux, comme les fources de la vie humaine , & comme des ruiffeaux qui fervent à l'irrigation de tout le corps. Quand il fe contraête, il chaffe le fang dans les canaux artériels ; quand il fe dilate, il reçoit celui qui lui eft apporté par les veines, ainfi fa contraêtion & fa dilatation réciproques & fucceffives font une des principales caufes de la circulation. Du refte, quelque grande que foit fa force motrice , elle ne fuffiroit pas pour imprimer le mouvement néceffaire à un poids auffi confidérable que celui du fang & des liqueurs. Les arteres douées de reffort les pouffent dans les plus petits canaux ; elles en aident le retour par les veines, & complettent par conféquent l'aêtion circulaire, d'où réfulte un véritable mouvement perpétuel tant que l'animal vit & refpire. Nous ajouterons ici qu'il eft , ainfi que nous l'avons déjà obfervé en paffant , une alternative de mouvemens fucceffifs & oppofés entre les ventricules & les facs , que leur aêtion eft totalement diftinête, & n'eft point confondue , puifque la contraêtion des

---

(1) Quelquefois nous avons vu , dans le bœuf, l'azygos double ; celle du côté droit fe rendre dans la veine inférieure ; celle du côté gauche paffant par-deffus l'oreillette du même côté, & fe rendant dans la *veine coronaire*.

petites cavités précede & devance fans cesse réguliérement la contraction des grandes, qui font dilatées au moment où les facs fe resserrent , comme
les facs font resserrés au moment où les ventricules fe dilatent.

Cet ordre étoit absolument indispensable. En
effet, & premiérement, si les facs & les ventricules
ne fe dilatoient pas successivement, & si leur relâchement arrivoit dans le même instant, les facs
dont le *cœur* de tous les animaux est pourvu , feroient d'une inutilité totale ; ils ne serviroient
qu'au passage du fang dans les ventricules : or,
l'abouchement immédiat des veines avec ces
grandes cavités auroit suffi sûrement, & auroit
dispensé la nature, toujours aussi simple que mer-
veilleuse dans la construction des machines qu'elle
emploie pour l'exécution de fes desseins , du foin
de placer à la base de cet organe des cavités particulieres : mais ces cavités font comme une forte
de bassin où le fluide qui doit revenir au *cœur*,
fé ramasse en une quantité relative à la capacité
des ventricules qu'il remplit ensuite & qu'il dilate.
Or, il ne peut fe ramasser dans ces bassins qu'autant que, par leur relâchement, ils font disposés à
l'admettre, & qu'autant que les orifices veineux
fermes, & le *cœur* conféquemment resserré, le
fang ne peut s'échapper de ce lieu de réserve dans

le moment où il y arrive ; donc la contraction du *cœur* ne peut que succéder à la dilatation des facs ; donc la dilatation des facs ne peut que devancer la contraction des ventricules ; 2°. fi le refferrement des ventricules s'opéroit dans le même temps que le refferrement des facs , les effets de leur action étant en raifon contraire , ces parties s'entre-nuiroient inévitablement. D'un côté , les facs tiffus de fibres mufculeufes , après avoir cédé à un certain point à l'abord du fang qui leur eft apporté par les veines caves & pulmonaires , réagiffent bientôt fur ce fluide ; ils fe contractent dans toute leur étendue , & leurs parois rapprochées , le compriment & le dirigent vers le *cœur*. D'une autre part , à mefure que les ventricules fe refferrent , le fang étend & fouleve les digues ou les foupapes qui font aux orifices veineux , enforte que les feuls orifices artériels livrent un paffage au liquide comprimé , & en favorifent la fortie. Les orifices veineux font néanmoins les uniques ouvertures par où les grandes & les petites cavités peuvent communiquer, & par où le fang contenu dans les facs peut être pouffé dans les ventricules : or , s'il eft certain que lors de la contraction du *cœur*, ces mêmes orifices font évidemment fermés, & que ce n'eft que lors de la contraction des facs que le fang eft déterminé dans les ventricules , il s'enfuit néceſſairement que cette alternative de reſſerrement dans les uns , & de relâchement dans les autres , eſt ſuivant l'ordre abſolu , conſtant & indubitable , établi pour les mouvemens de cet organe , puiſque , dès que leurs forces conſpireroient toujours enſemble , elles ne pourroient que tendre à une réſiſtance mutuelle , qui ſuſpendroit le cours du ſang , en lui interdiſant , pendant la contraction ſimultanée , la voie qu'il doit ſuivre , tandis qu'au contraire , ſelon l'arrangement méchanique de toutes les parties de ce viſcere , il eſt clair que les ſacs & les ventricules ſont des inſtrumens ſucceſſivement actifs & paſſifs , qui , tour-à-tour , cédent & font effort contre le fluide dont ils entretiennent & hâtent conſtamment la progreſſion & la marche : il n'eſt donc pas douteux qu'à meſure que les ſacs ſe rempliſſent, les ventricules ſe vident, & qu'à meſure que les ventricules ſe rempliſſent , les ſacs ſe dégorgent ; ainſi , en même temps que le ſang aborde par les vaiſſeaux veineux dans les petites cavités , il eſt lancé dans les tuyaux artériels par les ventricules : mais ce ſang qui aborde par les canaux veineux , & dont la marche dans ces mêmes canaux ſemble devoir être uniforme , puiſqu'il y entre & qu'il y eſt pouſſé en tout temps avec une force égale , a-t-il aſſez d'activité pour déterminer la dilatation des ſacs qui ,

vu leur fubftance charnue, font toujours plutôt
difpofés à la contraction qu'au relâchement ? Je ne
parlerai point ici des obfervations de *Lancifi* & de
Walæus, mais des miennes mêmes. J'ai apperçu
comme eux des contractions alternatives dans la
veine cave du cheval ; ce mouvement eft très-
manifefte dans les troncs de ce vaiffeau. Je l'ai
fuivi plufieurs fois poftérieurement jufques au diaphragme, & antérieurement jufques à fa fortie du
thorax par-deffus le fternum. Je peux avancer de
plus que ce même mouvement m'a paru exifter,
mais d'une maniere bien moins fenfible, dans les
troncs pulmonaires : or, dès que nous ne pouvons
refufer aux troncs veineux une vertu ofcillatoire
& femblable à celle qui réfide dans tout le fyftême
artériel, nous ne devons plus être étonnés que le
fang rapporté par les troncs ait la puiffance d'écarter les parois des facs, puifque celles de ces mêmes
vaiffeaux, en fe rapprochant, compriment fubite-
ment ce fluide & lui impriment conféquemment,
au moment de leur action fur lui, une force telle
que l'exige la réfiftance à furmonter & à vaincre.

DES VISCERES
DE LA TÊTE.

TROISIEME PARTIE.

*De la cavité du Crâne & des parties contenues
dans cette cavité.*

Des Méninges.

38c. Les os qui font à la face antérieure du crâne
du cheval ayant été enlevés, on découvre une
maffe moëlleufe qui, connue fous la dénomination
générale de cerveau, occupe & remplit abfolument cette cavité.

Cette maffe eft recouverte & enveloppée de
deux membranes appellées *méninges* par les anciens,
qui les regardoient comme l'origine de toutes les
autres membranes du corps. La plus extérieure de
ces enveloppes eft connue fous le nom de *dure-
mere* & celle qui eft directement au-deffous de celle-
ci, fous le nom de *pie-mere*.

De la Dure-Mere.

381. La *dure-mere* eft la membrane qui fe préfente

à l'ouverture du crâne : elle doit fa dénomination à fa force & à fon épaiffeur. Il faut en confidérer :

1°. *La fubftance*, qui n'eft autre chofe qu'un tiffu de fibres fortement croifées, qui la rend capable de foutenir l'abord du fang artériel porté avec impétuofité dans la maffe qu'elle revêt.

2°. *Les deux lames*, dont elle eft formée, plus fenfibles que dans l'homme, & qui, froiffées l'une fur l'autre, fe diftinguent parfaitement au taêt.

3°. *La lame externe*, recouvrant toute la face intérieure des parois de la cavité dont elle eft comme le périofte ; fes adhérences à ces parois n'étant cependant intimes qu'à l'endroit des futures, principalement à celui de la fagittale & de la lambdoïde, ainfi qu'à l'apophyfe falciforme, & au prolongement du temporal, dont on ne la fépare qu'avec peine, cette même lame étant, par-tout ailleurs, moins unie aux os que dans l'homme ; car fi leur enlevement nous montre quelques points rouges à fa furface externe, ces points rouges ne réfultent que de la dilacération des vaiffeaux fanguins qui établiffoient une communication entre ces os & cette lame.

4°. *La lame interne*, qui n'en contraête aucune. Elle eft toujours humeêtée d'une rofée fine, fournie, comme celle du péritoine, par les arteres exhalantes, fuintant une vapeur aqueufe qui s'oppofe à la coalition de cette lame avec la pie-mere. Elle eft auffi plus liffe & plus polie que la fur-face externe de l'autre.

5°. *Les replis*, formant dans le cheval deux cloi-fons principales, tandis que dans l'homme on en remarque trois; ces deux cloifons étant la faulx ou la cloifon falciforme, & la cloifon tranfverfale, & celle dont l'animal eft dépourvu étant la petite cloifon occipitale ou la cloifon du cervelet.

6°. *La faulx* ou *la cloifon falciforme*, perpendiculaire dans le cheval, de la bafe à la pointe, attendu la fituation inclinée de l'animal, & la pofition de fa tête; s'infinuant directement au-deffus & en arriere de la future fagittale dans le profond hiatus qui divife le cerveau en deux portions, & fes attaches étant, d'une part, antérieurement à cette même future par plufieurs petites brides qui l'y uniffent par fa grande courbure, inférieurement à l'épine frontale, à l'épine de l'os ethmoïde & à la partie inférieure & antérieure du fphénoïde; d'un autre côté, & fupérieurement au milieu de la partie fupérieure de la face interne de l'occipital, c'eft-à-dire, à l'apophyfe falciforme. La portion antérieure de cette cloifon plus épaiffe que la portion poftérieure en forme au furplus le dos; la portion poftérieure, ou la petite courbure ayant la figure d'un croiffant, & qui d'ailleurs libre & fans

connexions, permet la communication d'un côté
du cerveau à l'autre, en forme le tranchant ; l'extrémité inférieure, dont le principe est étroit, en est
la pointe, & cette même cloison s'élargit en remontant & à mesure qu'elle parvient à son extrémité supérieure, de maniere que ses lames, en s'é-
cartant, se continuent à celle de la cloison transversale où elle se termine. Quant à ses faces, qui regardent l'un & l'autre lobe, elles sont moins considérables dans l'animal, aussi le repli falciforme
a-t-il moins de longueur : il marque la division du
cerveau en deux lobes. La séparation de ce viscere
opérée par cette cloison, le garantit plutôt de l'impression qu'il auroit infailliblement ressentie des
mouvemens qui l'auroient frappé s'il eût été
contenu absolument dans une seule cavité, qu'elle
n'empêche, comme dans l'homme, que le poids
d'un des deux lobes n'affaisse l'autre, l'animal re-
posant rarement sur le côté.

7°. *La cloison transversale* ou *le second repli*,
divisant le cerveau & le cervelet, & naissant de
l'expansion de la faulx qui, supérieurement &
dès l'apophyse falciforme, s'écarte pour former
cette séparation, dont les attaches sont à une éminence transversale qui est à chaque côté de cette
apophyse, faisant elle-même partie de cette séparation, & à un prolongement oblique & tranchant

de la face interne du temporal , prolongement qui
eſt au-deſſus de la foſſe temporale. Pour ſe convaincre que ce ſecond repli ne doit ſa naiſſance
qu'à l'expanſion du premier , on peut couper dans
une tête la faulx , & l'on verra ſur-le champ l'affaiſſement de la cloiſon tranſverſale; comme ſi, dans
une autre tête , ou coupe cette cloiſon , l'affaiſſement de la faulx ſera abſolument inévitable. Du
reſte , ce ſecond repli , bien moins étendu que dans
l'homme , ſoit parce qu'il n'a point à ſoutenir , dans
l'animal , le poids de la maſſe moëlleuſe du cerveau , ſoit parce que quand même il en ſeroit
chargé , il ſeroit aidé par l'éminence tranſverſale
oſſeuſe dont j'ai parlé , laiſſe paſſer dans ſon milieu,
par un intervalle elliptique , l'origine de la moëlle
de l'épine , ou la moëlle allongée , qui va enfiler le
grand trou de l'occipital ; il ne fait donc point ici
l'office de tente du cervelet , car le cervelet , dans
l'animal incliné , eſt ſitué au-deſſus de cette cloiſon
dont toutes les fonctions conſiſtent à mettre une intervalle entre ces parties , à aſſujétir le cervelet ,
à compléter avec la faulx la cavité propre à loger
la glande pituitaire , à favoriſer de même la communication des ſinus caverneux entre eux , & à
ſoutenir enfin les deux ſinus latéraux qui réſultent de
la bifurcation du ſinus longitudinal antérieur.

8°. *Les productions* ou *les allongemens* qui, formés par les deux lames de cette membrane, se portent hors du crâne : ainsi elle passe par le grand trou de l'occipital, & revêt sous la forme d'un vaste canal membraneux la moëlle épiniere située dans l'intérieur du tuyau osseux que composent les vertebres : elle ne contracte aucune adhérence, & elle n'y est point attachée, si ce n'est à sa sortie du crâne au bord du grand trou occipital, de même qu'au bord interne de tous les trous vertébraux : son tube diminue ensuite à mesure qu'elle s'éloigne de l'origine de la moëlle qu'elle entoure ; elle accompagne ainsi tous les nerfs spinaux & tous ceux qui partent du cerveau ; elle les suit en maniere de gaîne, en se subdivisant comme eux jusques aux parties dans lesquelles ils se distribuent (1). Après sa sortie par les trous du crâne avec les vaisseaux sanguins, elle s'unit exactement avec le péricrâne. La portion qui accompagne le nerf optique s'épanouit dans l'orbite, & forme ce que dans l'homme on a appellé le *périorbite* ; elle enveloppe toutes les parties qui constituent le globe jusques à la partie antérieure de la cavité qui le contient, où elle s'unit

---

(1) Quelques anatomistes modernes prétendent que la dure-mere n'accompagne aucun nerf hors du crâne ou de l'épine, le nerf optique excepté. *Voyez Haller, Elem. Phys. lib. X. sect. VI. §. V. — Caldan. Inst. phys. art.* 191. (Note de M. Odoardi).

avec le périofte des parties voifines. Il eft encore d'autres prolongemens, tels que celui qui fort par la fente déchirée de la bafe du crâne, & qui s'étend fur le principe de la trompe d'Euftache, &c. &c.

9°. *Les vaiffeaux nerveux*, étant des filets exigus & très-obfcurs, détachés du tronc de la cinquieme & de la huitieme paire (1), &c. &c.

10°. *Les vaiffeaux artériels*, étant des divifions & des féries des carotides, des vertébrales, des occipitales, &c.; la carotide externe donnant principalement une branche particuliere & très-fenfible, qui, après avoir pénétré dans le crâne par la fente déchirée, marche le long de la face interne des pariétaux, & fe diftribue dans toute l'étendue de la furface extérieure de la *dure-mere*, en fe ramifiant fur le repli falciforme où cette branche s'unit & répond à celle du côté oppofé : telle eft l'artere que l'on nomme *méningere*.

11°. *Les finus*, ou canaux particuliers formés par l'écartement des lames de la *dure-mere*, placés en des lieux différens, éloignés des arteres, à l'abri de toute compreffion, & étant comme autant de réfervoirs prépofés pour la décharge du fang veineux, qui vient de toutes les parties du cerveau & des *méninges*. Ils rallentiffent néceffairement le

---

(1) Ceux-ci ont été également niés par quelques-uns. *Voyez Haller, Elem. Phyf. lib. X. fect. IV. §. II.* (idem).

cours de ce fluide, dont la marche eût été trop rapide, s'ils n'euſſent pas été auſſi multipliés qu'ils le ſont : les plus conſidérables, dans le cheval, ſont le ſinus longitudinal , les ſinus latéraux , les ſinus caverneux ou ſphénoïdaux, le ſinus occipital ſupérieur & les ſinus occipitaux latéraux. Les veines ne les percent pas tout-à-coup; elles s'y inſerent comme les ureteres dans la veſſie ; par ce moyen , il eſt impoſſible au ſang de refluer de ces réſervoirs dans les tuyaux veineux qui l'y verſent.

12°. *Le ſinus longitudinal* , régnant antérieurement le long de la convexité de la grande courbure ou du dos de la faulx. On pourroit, par cette raiſon, l'appeller le ſinus *falciforme* ; ſa figure eſt preſque triangulaire : il réſulte du prolongement de la lame interne de la *dure-mere* , laquelle ſe ſépare de l'externe qui demeure collée le long de la future ſagittale : ce ſinus, étroit dans ſon principe près de l'épine frontale, devient plus ample à meſure que ſe portant en haut, il parvient à ſa diviſion en ſinus latéraux & proportionnément aux vaiſſeaux qui s'y abouchent : les brides ligamenteuſes qui le traverſent font office de poutre ; elles en joignent les parois oppoſées , & empêchent l'augmentation de l'étendue de cette cavité ; ces brides ſont dans l'homme ce que l'on a appellé les *cordes de Willis*.

13°. *Les deux ſinus latéraux* , un de chaque

côté; ces finus n'étant, le plus fouvent, qu'une bifurcation du finus précédent, & n'étant formés en
effet que par l'écartement de la lame interne qui
fe prolonge pour compofer la cloifon tranfverfale ;
le finus latéral gauche naiffant quelquefois du finus
latéral droit, & non du finus falciforme ; mais ces
finus étant toujours moins triangulaires que celui-
ci : on y voit auffi des brides ou des cordes.

14°. *Les finus caverneux* ou *fphénoïdaux*, paroiffant n'en faire qu'un feul, fe joignant & communiquant en effet l'un avec l'autre, placés à côté de
la foffe pituitaire, & entourant la glande qui porte
ce nom. J'ai obfervé dans leur intérieur une fubftance réticulaire, femblable à celle des corps caverneux du membre, quoique beaucoup plus large.
Ces finus font, au furplus, ainfi que nous le ver-
rons, traverfés par les arteres carotides à leur entrée
dans le crâne ; leurs extrémités font le commencement des veines jugulaires.

15°. *Le finus occipital fupérieur*, placé dans la
foffe occipitale, s'étendant depuis la cloifon tranfverfale jufques au bord du grand trou occipital,
& fe partageant en deux branches, qui fuivent de
chaque côté le bord de ce grand trou, & ces deux
branches étant ce que je nomme les *finus occipitaux latéraux*. Elles vont aboutir dans les veines
vertébrales.

16°.

16°. *La communication des finus* : ces canaux, ainfi que plufieurs autres petites cavités qu'on pourroit appeller *finus*, mais dont je crois pouvoir me difpenfer de faire mention , communiquant entre eux, le falciforme avec les latéraux, les latéraux & les caverneux avec les veines jugulaires, l'occipital fupérieur avec les occipitaux latéraux , & ceux - ci avec les veines vertébrales, enforte que le fang, pour revenir du cerveau , fuit les routes que lui préfentent ces tuyaux veineux.

17°. *Les ufages ;* la *dure-mere* fervant de périofte interne à la boîte offeufe du crâne , dont elle tapiffe exactement la cavité , qu'elle rend auffi liffe & unie ; elle prévient les inconvéniens qui auroient réfulté, pour le cerveau, des afpérités qui fe trouvent à la bafe de cette boîte ; elle fournit les finus qui maintiennent la maffe moëlleufe dans un certain degré de chaleur , & toutes les enveloppes , les replis & les prolongemens dont nous venons de parler , &c. &c.

De la Pie-mere.

382. La *pie-mere* enveloppe le cerveau plus particulierement que la dure-mere , puifqu'elle eft audeffous de cette membrane : elle doit fon nom à la fineffe & à la délicateffe de fon tiffu ; elle eft, d'ailleurs, infiniment plus adhérente à ce vifcere dans le cheval que dans l'homme.

Tome II.   T

Il faut en confidérer :

1º. *Les deux lames.* La lame externe couvrant toute l'étendue de la maffe moëlleufe , & ne tenant à la dure-mere que par des veines qu'elle envoie dans les firus ; la lame interne pénétrant, s'infinuant & s'enfonçant, par des replis multipliés & ondoyans, dans toutes les circonvolutions du cerveau & du cervelet qu'elle touche immédiatement, & dont elle revêt les plus petites parties internes ; fa fubftance, au furplus, étant prefque toute artérielle ; jointe & collée par un tiffu cellulaire très-délié à la lame externe, elle ne l'abandonne que pour parcourir toutes les anfraÉtuofités, où elle affermit le nombre prodigieux des vaiffeaux que l'on y obferve ; après quoi, les deux lames réunies accompagnent & revêtiffent la moëlle allongée, la moëlle épiniere, & fuivent l'une & l'autre généralement tous les nerfs, ainfi que leurs divifions.

2º. *Les vaiffeaux,* qui font les mêmes que ceux qui fe diftribuent au cerveau.

Du Cerveau, en général.

383. La maffe moëlleufe, renfermée dans la dure & dans la pie-mere, préfente quatre parties : 1º. le *cerveau* proprement dit ; 2º. le *cervelet,* ou le *petit cerveau* ; 3º. la *moëlle allongée* ; 4º. la *moëlle épiniere.*

Le *cerveau*, proprement dit, occupe toute l'étendue du crâne jufques à la cloifon tranfverfale.

Le *cervelet*, eft la portion qui, dans l'animal, eft au-deffus de cette cloifon.

La *moëlle allongée*, eft cette fubftance que l'on peut regarder comme une production commune du *cervelet* & du *cerveau*, & qui, s'étendant depuis le *cervelet* jufques au grand trou de l'occipital, donne naiffance aux nerfs du *cerveau*.

La *moëlle épiniere* en eft une continuation ; .elle eft la fource des nerfs fpinaux contenus dans le canal offeux des vertebres ; elle fe porte depuis la tête jufques à l'échancrure qui fe montre aux dernieres vertebres de la queue.

Du Cerveau.

384. Il faut en confidérer :

1°. *La pofition*, qui eft, ainfi que celle du cervelet, & même du crâne, perpendiculaire à l'horifon, attendu la fituation inclinée de l'animal ; ainfi le cervelet, toujours un peu en arriere, occupe en lui le deffus, tandis que le *cerveau* occupe le deffous.

2°. *Le volume*, qui eft trois fois moins ample que celui du *cerveau* de l'homme.

3°. *La figure* qui eft antérieurement convexe & ovalaire, & poftérieurement applatie.

4°. *Les anfractuosités*, dont sa surface est garnie, & que l'on appelle encore les *circonvolutions du cerveau ;* circonvolutions qui reçoivent les replis de la laine interne de la pie-mere, & qui, assez irrégulieres dans leur direction, imitent à-peu-près les contours intestinaux, & pénetrent jusques au niveau du corps calleux.

5°. *Les deux lobes ;* l'un à droite & l'autre à gauche, séparés & distingués par le processus & par la cloison falciforme ; ces deux lobes n'étant point divisés en lobules dans l'animal, aussi n'y observe-t-on point ce sillon, cette scissure profonde, que l'on a nommé, dans l'homme, *la fosse de Sylvius.*

6°. *La substance*, qui est double ; l'une externe, par-tout semblable à elle-même, nommée *écorce du cerveau, substance corticale, cortex, substance cendrée, substance grise :* l'autre interne, appellée *substance médullaire, substance blanche ;* celle-ci étant plus ferme & dominant au-dedans de la masse moëlleuse, & l'une & l'autre ayant beaucoup plus de solidité dans le cheval que dans l'homme.

7°. *La composition*, qui a donné lieu à une multitude de recherches, & à des travaux, dont tout le fruit a été de nous apprendre à douter. Cependant, il paroît que le systême qui a prévalu, est celui qui nous a invité à croire que le *cerveau* n'est qu'une continuation des arteres diversement repliées, dont les extrémités forment les nerfs, fans qu'il y ait entre les extrémités de ces artérioles & les commencemens des vaiſſeaux nerveux, aucunes glandes intermédiaires.

8°. *Le corps calleux*, qui eſt une portion longitudinale & médullaire plus petite, plus étroite & moins profonde que dans le *cerveau* de l'homme, mais néanmoins proportionnée au volume du *cerveau* de l'animal : on l'apperçoit, en détachant de l'épine frontale le repli falciforme, en tirant cette membrane en haut, & en écartant légérement les deux lobes ; elle eſt d'une conſiſtance plus ferme & plus ſolide que le reſte de la maſſe moëlleuſe. Si l'on emporte, au moyen de pluſieurs ſections verticales, pratiquées antérieurement, le mélange des deux ſubſtances, juſques à l'enlevement total du cortex, on voit : 1°. la direction des fibres médullaires qui compoſent ce même corps calleux ; elles ſont tranſverſalement cannelées de ſtries qui ſe croiſent dans leur milieu, en venant les unes du côté gauche à droite, les autres du côté droit à gauche. On peut s'aſſurer, 2°. de la forme de la face antérieure de ce corps, qui répond à ſa face ſupérieure dans l'homme, mais qui paroît ici plus voûté. 3°. On trouve deux légeres anfractuoſités, deſtinées à loger des vaiſſeaux qui paſſent ſur cette partie. 4°. On découvre enfin la couture ou le

raphé, qui eſt au milieu de cette portion médullaire dans toute ſa longueur , & qui réſulte de la
rencontre & du croiſement des fibres.

9°. *Le centre oval*, c'eſt-à-dire , deux éminences ovalaires & convexes, extrêmement blan-
ches , une de chaque côté ou dans chaque lobe ,
unies par le corps calleux ; elles ſervent de parois ; elles cachent, ainſi que le corps qui les unit,
deux cavités conſidérables.

10°. *Les ventricules antérieurs* , ou *les grands
ventricules* , qui ne ſont autre choſe que ces mêmes
cavités. Pour y parvenir, il ſuffit de donner un
coup de ſcalpel à chaque bord du corps calleux.
La forme en eſt aſſez irréguliere ; ils ſont beaucoup plus longs que larges , & ſitués de chaque
côté dans le milieu des lobes. L'inſpection d'un
de ces ventricules fourniſſant des notions ſuffi-
ſantes ſur la ſtructure de tous les deux , nous
dirons que le ventricule droit s'étend dans toute
la longueur du côté droit du *cerveau*. De ſes deux
extrémités , l'inférieure eſt la plus arrondie & la
plus large ; la ſupérieure ſe termine en une pointe
qui s'enfonce dans la ſubſtance du corps moël-
leux. La premiere eſt auſſi éloignée du front ,
& la ſeconde de l'occipital, que ſa face latérale
externe l'eſt des tempes ou des larmiers. Cette
même face ſe contourne plus du côté droit à ſon

commencement & à la fin que dans son milieu,
tandis que la face latérale interne est exactement
voisine de la face interne de l'autre, de manière
qu'elles sont comme adossées. Près de son extrémité supérieure, cette cavité fait un prolongement qui se porte & se replie en arriere, en faisant un contour dans lequel s'insinuent les cornes
d'Ammon. On trouve, au surplus, quelquefois de
l'eau dans les ventricules, mais en très-petite
quantité ; si elle y est en abondance comme dans
de certaines hydrocéphales, le cas est mortel. On
ignore si cette sérosité existe dans l'animal vivant.
A l'ouverture du crâne d'un cheval morveux,
cette ouverture ayant été faite, l'animal n'étant
pas mort, nous n'en avons point apperçu. On
voit encore deux petits corps glanduleux, dont la
figure est assez irréguliere, unis par leurs pointes,
au moyen d'un prolongement du plexus choroïde,
qui pénetre d'un ventricule à l'autre, sous le septum lucidum. Ces corpuscules glanduleux avoient
acquis un volume considérable dans le même
cheval morveux.

11°. *Le septum lucidum*, qui n'est autre chose
qu'une cloison qui sépare les ventricules; elle n'est
pas moins diaphane que dans l'homme; & elle
naît de la partie postérieure du milieu du corps
calleux, directement au-dessous du raphé, elle se

porte toujours en arriere , jufques à une portion
moëlleufe, que l'on nomme, dans l'homme , la
voûte à trois piliers , & à la furface antérieure
de laquelle elle s'attache; elle eft formée de
deux plans très-minces de fibres médullaires; la
double lame qui en réfulte , n'eft point exactement unie ; car les deux plans font légérement
écartés , & il eft entre eux , & inférieurement, un
intervalle fenfible.

12°. *La voûte à trois piliers,* qui repréfente dans
l'homme, une efpece de plancher , vu fa pofition
horifontale , & qui, dans l'animal , étant perpendiculaire, doit perdre ce nom , & peut être appellée
triangle médullaire, attendu fa figure & fon principe. Ce triangle eft fitué à l'extrémité poftérieure du feptum lucidum , & au milieu des deux
ventricules , enforte qu'on l'apperçoit dès qu'on
a enlevé , & la cloifon , & une partie du corps calleux, dont il eft une production, & dont il forme,
pour ainfi dire, la face poftérieure. Ses côtés font
égaux ; de fes faces, celle de dehors eft plus arrondie que dans l'homme; à l'égard de fes extrémités,
l'une eft inférieure , & les autres fupérieures.; l'inférieure a été nommée, dans l'homme, le *pilier antérieur;* les fupérieures ont été appellées les *piliers
poftérieurs;* celles-ci préfentent deux corps longs
& cylindriques, fervant poftérieurement d'attaches

au triangle , & formés de la fubftance cendrée qui eft recouverte d'une lame médullaire émanant du corps calleux. Ils imitent, par leur développement, de légeres bandelettes , qui font les *corpora fimbriata* de *Winflow ;* ils s'enfoncent , ils entrent dans les circonvolutions ou dans les contours du ventricule ; c'eft ce que l'on a appellé *les cornes d'Ammon.* Quant à l'extrémité inférieure , qui répond, comme je l'ai dit, au pilier antérieur de la voûte dans l'homme, cette extrémité eft poftérieure à l'angle inférieur ; elle naît de l'approche & de la réunion ds bords latéraux de cette moëlle triangulaire & calleufe ; c'eft à cette feule extrémité inférieure qu'adhere le feptum ; auffi n'empêche-t-il pas, quoiqu'il fépare les ventricules , la communication de l'un à l'autre.

13°. *La lyre* ou *le pfalterium*, que l'on voit dès qu'on a coupé l'extrémité dont je viens de parler, & qu'on a enlevé le triangle médullaire de deffous en deffus. On appelle ainfi les lignes faillantes qui font à fa furface poftérieure , les unes moyennes longitudinales , les autres obliques , les autres tranfverfales.

14°. *Le plexus choroïde,* que le triangle médullaire cachoit en plus grande partie , & que l'on découvre en entier , lorfqu'on a détaché totalement ce même triangle. Ce plexus ou ce réfeau particulier de vaisseaux sanguins, arteres & veines, qui communiquent ensemble, & dont l'entre-lacement est soutenu par une membrane extrêmement fine, semblable à la pie-mere, & qui, de tous les canaux qu'elle unit, ne fait qu'un tissu très-délicat, s'étend non-seulement dans toute la profondeur des ventricules, & s'épanouit légérement aux environs, mais il rampe sur les couches des nerfs optiques qu'il recouvre, ainsi que les autres éminences dont nous parlerons.

15º. *Les corps cannelés*, qui sont des avancemens oblongs & grisâtres situés à la partie inférieure des ventricules antérieurs, & qu'on entrevoit seulement lorsqu'on n'a pas détruit le plexus. Ils ont été appellés de ce nom, attendu les especes de cannelures que forme intérieurement le mélange de la substance corticale & de la substance médullaire dont ils sont composés.

16º. *Les couches des nerfs optiques*, qui sont encore deux grandes éminences placées supérieurement, & cependant au niveau des corps cannelés. Leur substance extérieure est médullaire, l'intérieure est cendrée: elles sont adossées l'une à l'autre: leur forme est mi-sphéroïde; unies antérieurement, elles ne pourroient par conséquent l'être postérieurement; elles diminuent toujours de volume dans leur marche; elles se portent en-

fuite fous la forme d'un gros cordon médullaire
fur la partie poftérieure du cerveau, & fe croifent très-fenfiblement au-deffous de l'ouverture
poftérieure de l'entonnoir.

17°. *Le troifieme ventricule*, formé par l'écartement des couches optiques à mefure qu'elles fe
propagent en arriere, & qui n'eft autre chofe
qu'un efpace qu'elles interceptent dans leur milieu par cet hiatus forcé.

18°. *Le double centre fémi-circulaire de Vieuffens*, qui eft une traînée blanche, placée entre ces
couches & les corps cannelés.

19°. *L'ouverture commune inférieure*, & *l'ouverture commune poftérieure* : la premiere étant placée
à la partie inférieure de ce troifieme ventricule,
& la feconde à fa partie fupérieure, & toutes les
deux répondant dans ce canal.

20°. *La glande pinéale*, qui eft une éminence
beaucoup plus petite que les autres, & qui eft fituée
au-deffus de l'ouverture fupérieure & des couches
optiques : fa forme eft conoïde; la pointe en eft
antérieure, la bafe en eft poftérieure ; elle n'eft
unie au *cerveau* que par de petits vaiffeaux du
plexus choroïde, qui, l'entrelaçant fortement, l'affermiffent dans fa pofition. Elle eft de la groffeur
d'un pois ; fa fubftance paroît différente de celle
du *cerveau;* elle eft molaffe, mais néanmoins gri-

fâtre & cendrée dans l'homme. Dans l'animal, fa confiftance eft la même; elle diffère feulement par fa couleur, qui extérieurement eft brune, & intérieurement d'un brun plus clair.

21°. *Les tubercules quadrijumeaux de Winflow*, qui font quatre protubérances, ou deux paires de petites éminences; la première paire étant directement placée au-deffus de la glande pinéale; la feconde qui eft fupérieure & poftérieure, tellement attenante & continue à la première, que l'une & l'autre compofent un même corps. La groffeur de ces tubercules, principalement celle des fupérieurs, eft beaucoup plus confidérable dans le cheval que dans l'homme; la confiftance des uns & des autres eft auffi plus ferme & plus folide; elle égale celle du corps calleux; ils font blancs au dehors & cendrés au-dedans; la forme des inférieurs eft arrondie, celle des fupérieurs, qui ont un plus grand volume, eft légérement allongée.

22°. *L'aquéduc de Sylvius*, ou *le canal mitoyen de Winflow* : c'eft un petit conduit que l'on trouve poftérieurement, & immédiatement derrière l'union des tubercules d'un côté, avec les tubercules de l'autre. Il communique, d'une part, avec le troifieme ventricule, & de l'autre, avec le quatrieme ventricule dépendant du cervelet. La communication avec le troifieme a lieu par le moyen de l'ouverture commune fupérieure, tandis que l'ouverture commune inférieure répond à une foffette affez profonde.

23°. *L'entonnoir*, qui n'eft autre chofe que cette foffette, dont le méat évafé fe rétrécit imperceptiblement, & fe termine en fe refferrant, en une cavité qui, après avoir percé la dure-mere, aboutit à un corps confidérable & glanduleux logé dans la foffe du fphénoïde. Au bord inférieur de ce méat, fe trouve un cordon médullaire qui fe plonge dans les couches des nerfs olfactifs, & qui établit la communication de ces nerfs ; on diroit que c'eft même de-là qu'ils prennent leur origine.

24°. *La glande pituitaire*, qui eft le corps confidérable & glanduleux dont je viens de parler. Elle eft orbiculaire dans l'animal, & de la groffeur d'une petite châtaigne : eu égard à celle de cette glande dans l'homme, & à la petiteffe comparée du *cerveau* du cheval, ce volume eft étonnant. Sa fubftance n'a rien de différent de celle des autres glandes ; elle eft dans les replis fphénoïdaux de la dure-mere, & recouverte encore de la piemere ; elle eft dans le centre des arteres carotides & des finus caverneux, ainfi quantité de vaiffeaux l'entourent. On a prétendu qu'elle reçoit l'humeur pituiteufe du *cerveau* que l'entonnoir lui apporte après qu'elle a été recueillie dans ce conduit ; que cette humeur abforbée par la glande eft, fans doute, repompée par les petits vaiffeaux qui y abordent, & qu'elle rentre ainfi dans le torrent de la circulation ; mais cette idée femble peu jufte, parce que la fonction des glandes eft plutôt de féparer que d'abforber, parce que vraifemblablement la nature qui agit toujours par les voies les plus fimples, fe feroit contentée de prépofer & d'employer un fimple canal à cet ufage, parce qu'enfin la confiftance de cette glande eft trop ferme & trop folide pour qu'elle puiffe y être propre. Peut-être qu'elle filtre donc & qu'elle fépare une liqueur qui eft envoyée, dans des vues que nous ignorons, par l'entonnoir au *cerveau* & à la moëlle de l'épine ; ce qu'il y a de certain, c'eft que fi l'on coupe tranfverfalement la moëlle épiniere près de fon origine, on apperçoit une quantité confidérable d'une eau limpide.

25°. *Le rets admirable*, confidéré par *Willis*, dans le chien, dans le mouton, dans le veau, &c. qui eft formé par un nombre infini de ramifications que laiffent échapper les arteres carotides internes à leur fortie des finus caverneux, & par quantité de filamens nerveux qui proviennent du tronc de la cinquieme paire. Ce plexus rétiforme fe porte de chaque côté aux parties latérales de la foffe du fphénoïde ; il garnit principalement la bafe du crâne & la partie fupérieure de l'entonnoir.

Du Cervelet.

385. Le *cervelet* eft, ainfi que la moëlle allongée, fitué fous l'occiput. Il faut en confidérer :

1°. *La forme*, qui eft irréguliérement arrondie.

2°. *La furface*, qui eft marquée par des inégalités tranfverfales, & dans la profondeur defquelles s'infinue la lame de la pie-mere qui les recouvre, & qui y foutient les ramifications des vaiffeaux vértébraux. Il eft dans le cheval de ces inégalités légeres comme des lignes, qui garniffent l'intérieur des autres.

3°. *Le volume*, qui eft exactement proportionné à celui du cerveau.

4°. *La confiftance*, qui eft un peu plus ferme que la portion moëlleufe dont il eft féparé par la cloifon tranfverfale.

5°. *La fubftance*, qui eft la même, à cette différence près, que la fubftance cendrée s'infere, s'entremêle & forme intérieurement des efpeces de ramifications auxquelles répondent de femblables ramifications de la fubftance blanche ou médullaire, qui aboutiffent à deux troncs dont nous parlerons.

6°. *Les quatre lobes principaux*, dont le plus confidérable eft l'intérieur : il forme une forte d'appendice vermiculaire, qui pénetre & fe replie en haut dans le quatrieme ventricule. Des trois autres, l'un eft fupérieur, les deux autres latéraux : leur forme eft très-irréguliere ; on pourroit les divifer, ainfi que l'inférieur, en une multitude de petits lobes qui préfentent eux-mêmes une infinité de fillons. Au furplus, à la partie poftérieure de la circonférence des deux lobes latéraux, on voit un entrelacement confidérable de vaiffeaux, au milieu defquels on apperçoit quelques corpufcules qui paroiffent être des follicules glanduleux.

7°. *Le quatrieme ventricule*, dont les bras de la moëlle allongée forment les côtés ou les faces latérales, & dont la face poftérieure appartient à cette moëlle, tandis que fa face antérieure appartient au *cervelet.* Il eft beaucoup plus vafte dans le cheval que dans l'homme ; il fe termine de même, en arriere, en forme de pointe ; dès lors il a la figure d'un bec de plume à écrire ; auffi la pointe ou la fin de cette cavité a-t-elle été nommée *calamus fcriptorius.*

8°. *La valvule de Vieuffens*, qui eft une membrane tranfparente & moëlleufe, formant le quatrieme ventricule ; elle eft molle & lâche ; on la fouleve & elle flotte, lorfqu'après avoir introduit un petit tuyau dans l'aqueduc de *Sylvius*, on fouffle dans le ventricule.

De

De la Moëlle Allongée.

386. *La moëlle allongée*, eſt la réunion de toutes les fibres qui compoſent la ſubſtance du cerveau & du cervelet. Il faut en conſidérer :

1°. *Les quatre troncs*, qu'on a appellé *les péduncules*, & par où ces fibres y aboutiſſent.

2°. *Les cuiſſes*, formées par deux de ces troncs qui dépendent du cerveau.

3°. *Les bras*, formés par les deux autres troncs, & qui dépendent du cervelet. On les voit encore à ſa face antérieure ſe réunir en maniere d'Y : on découvre, au moyen d'une ſection verticale, dans leur intérieur, les branches & les rameaux que dans l'homme on a appellé *l'arbre de vie*.

4°. *Les protubérances mammillaires*, qui ſont deux petits mammelons blancs, que l'on voit à cette même face.

5°. *Le pont de Varole*, qui eſt une protubérance, ou un anneau médullaire, formant une eſpece d'arche, ſous laquelle paſſent les bras ; toutes ces parties, au ſurplus, étant infiniment moins diſtinctes dans le cheval.

6°. *La queue*, ou ce rétréciſſement qui, comme dans l'homme, ſe portant en arriere, & diminuant juſques au bord du grand trou de l'occipital, s'y termine par la moëlle épiniere. On y remarque

Tome II. V

deux fillons, l'un à fa face fupérieure, l'autre à l'inférieure, qui font formés par le cours d'une artere & d'une veine qui compofent les vaiffeaux fpinaux ; mais on n'obferve point les corps pyramidaux ou les corps olivaires qui, dans l'hómmé, fe trouvent fur cette même queue.

De la Moëlle Épiniere.

387. *La moëlle épiniere*, eft la production médullaire qui eft reçue dans le canal des vertebres. Elle n'eft proprement que la moëlle allongée, qui, parvenue dans le propre canal que termine la dure-mere, & fortemeht collée, au commencement de l'encolure, à l'entonnoir ligamenteux des vertebres, change fimplement de nom. Il faut en confidérer :

1°. *La fubftance*, qui eft la même que celle du cerveau & du cervelet ; elle eft extérieurement medullaire, & intérieurement cendrée.

2°. *Les enveloppes*, qui, comme je l'ai dit, font formées par la dure & la pié-mere ; la dure-mere étant féparée du canal vertébral par une matiere onctueufe, & la lame externe de la pie-mere étant ici évidemment fenfible.

3°. *La confiftance*, qui eft plus ferme & plus folide que celle de toutes les autres portions pulpeufes.

4°. *Le volume*, qui ne fuit pas toujours une proportion exacte dans fa décroiffance , qui augmente dans les vertebres inférieures du col , aprè avoir diminué dans les dorfales , & qui accroît dans celles des lombes , & même dans l'os facrum où cette moëlle fe divife en une multitude de fibrilles qui fe propagent jufques dans les os de la queue.

Des Vaiffeaux du Cerveau.

388. Il nous refte à dire un mot des diftributions principales & fenfibles des tuyaux qui portent & qui charrient le fang dans la maffe cérébrale.

Les carotides & les arteres vertébrales font les vaiffeaux qui en font chargés.

La carotide interne fe portant dans la boîte offeufe ; y pénétrant par les fentes déchirées en faifant quelques inflexions ; fe plongeant dans le finus caverneux, où elle baigne affez long-temps dans le fang ; communiquant avec celle du côté oppofé ; fourniffant un rameau qui s'anaftomofe avec la vertébrale , ce qui eft proprement la premiere anaftomofe des carotides ; fe dégageant du finus dans lequel elle s'eft plongée ; laiffant échapper, auffi-tôt après, deux branches dont l'une s'anaftomofe avec celle du côté oppofé & avec l'oculaire qui émane de la carotide externe , tandis que l'autre répondant aux vertébrales , forme la feconde anaftomofe des vaiffeaux dont il s'agit ; ces deux branches fe divifent & fe fubdivifent enfuite en une multitude de ramifications irrégulieres , dont les unes parcourent toute la fubftance de la maffe moëlleufe , tandis que les autres cheminent & rampent dans les anfractuofités , & s'y trouvent foutenues par la pie-mere , &c. &c.

La carotide externe fourniffant l'occipitale, dont un rameau s'infinue affez fouvent dans le canal fpinal & fe porte dans le crâne où il s'anaftomofe quelquefois avec celui du côté oppofé, d'autrefois avec les vertébrales qu'il fupplée dans la circonftance où elles ne s'introduifent pas dans cette cavité ; cette même carotide donnant auffi maintes ramifications légeres qui accompagnent les nerfs dans la boîte.

Les vertébrales pénétrant dans le crâne par le trou vertébral ; s'anaftomofant, formant par leur réunion le tronc vertébral qui communique avec les occipitales , fe féparant enfuite pour fe réunir de nouveau , & fe fubdivifant bientôt après en une infinité de ramifications qui fe difperfent dans la fubftance du cervelet , & dont quelques-unes communiquent avec des rameaux de la carotide interne ; quelquefois une feule de ces arteres pénétrant dans le crâne , & s'affociant avec l'occipitale ; quelquefois ni l'une ni l'autre ne s'y introduifant , & les occipitales en faifant les fonctions.

Du refte, l'extrémité de toutes les petites arteres aboutiffant à des veines qui, après avoir fuivi le trajet des tuyaux artériels, dont elles font une continuation, vont fe dégorger dans les finus ; celles qui fe trouvent à la partie antérieure, dans le finus longitudinal ; celles qui viennent de la partie moyenne fe rendent, par un feul tronc régnant dans le canal de communication des quatre ventricules, à l'endroit de l'union des finus latéraux , & ainfi des autres veines.

L'artere fpinale , au furplus (qui eft le plus communément une production des vertébrales, & quelquefois auffi des occipitales , & qui, dans le cas de l'abfence des premieres, eft chargée avec celles-ci de leurs fonctions), venant du tronc vertébral fe plonger dans le canal de l'épine en faveur de la moëlle épiniere , le long de la partie antérieure de laquelle elle chemine , en lui fourniffant dans fon trajet, ainfi qu'à fes enveloppes, quantité de petites artérioles.

En ce qui concerne les veines principales , les vertébrales communiquent avec les occipitales dans le *cerveau* , & avec les fpinales par tous les trous vertébraux. La feconde branche de la jugulaire pouvant être comparée à la jugulaire interne humaine, accompagne la carotide interne, &c. &c.

Des Ufages de la maffe moëlleufe.

389. La voie de la diffection nous fait découvrir dans le corps pulpeux que nous venons d'examiner des parties diverfement configurées , des cavités , des éminences , deux fubftances diftinctes , de petites inégalités , des lignes prefqu'imperceptibles , des fibrilles médullaires que l'on a regardées jufques ici comme autant de portions différentes auxquelles on a cru devoir donner des noms particuliers & bizarres ; mais où eft le nœud du prodige ? En connoît-on mieux tous les refforts , & toutes les operations de cet organe ?

Malgré l'impoffibilité de faifir les fonctions particulieres des parties fur la forme defquelles à peine a - t - on quelques notions , il eft néanmoins des hommes qui ont cru pouvoir les développer ; mais il ne feroit pas moins dangereux d'en croire à cet égard les anatomiftes , que des philofophes ,dont l'efprit accoutumé à s'élever au-deffus des êtres fenfibles , & non à juger conféquemment à des objets & à des faits palpables & réels , fe perdent avec complaifance dans des idées purement métaphyfiques auxquelles on ne doit ni fe livrer , ni ajouter foi , quand on veut établir la pratique de l'art de guérir fur les fondemens folides d'une faine théorie.

Rien n'eſt moins douteux que l'empire abſolu qu'exerce la maſſe dont il s'agit ſur toutes les parties du corps de l'animal ; les expériences & les maladies même lui aſſurant le premier rang parmi les forces mouvantes, & prouvant, par des faits conſtans & répétés, que la liqueur infiniment active, pure & déliée, que nous nommons *eſprit animal*, *lymphe nervale*, en émane ; qu'elle eſt filtrée, ſéparée & préparée dans les filieres merveilleuſes du cortex ; qu'elle coule au travers des replis tortueux de la ſubſtance médullaire dans la moëlle allongée, dans la moëlle de l'épine, d'où elle eſt tranſmiſe & portée dans les canaux nerveux : ainſi le cerveau deſtiné à la ſécrétion & à la confection d'un ſuc auſſi néceſſaire, eſt l'organe principal, la vraie cauſe du mouvement & du ſentiment.

L'exiſtence de ce ſuc eſt, au ſurplus, confirmée par les ligatures & les compreſſions, mais la nature en eſt inconnue. On pourroit dire néanmoins qu'il émane du ſang, qu'il en eſt la portion la plus ſpiritueuſe, qu'enfin, ſéparé, filtré & circulant dans des tuyaux dont la fineſſe eſt encore au-delà de ce à quoi l'imagination peut ſe prêter, ſes parties ſont, de tous les ſucs & de toutes les humeurs du corps de l'animal, les plus mobiles & les plus déliées.

Des Yeux.

390. Les détails anatomiques auxquels nous nous sommes livrés en examinant l'organe dont il s'agit (*art.* 16 *jufques à* 21) dans notre ouvrage *fur la connoiffance extérieure du cheval*, fuppléeront à tout ce que nous aurions à dire ici fur la ftructure des yeux & fur les ufages propres de chacune de leurs parties.

En ce qui concerne leurs mufcles , on peut voir ci-devant (123 *à* 126.)

Nous nous contenterons donc de jeter un coup-d'œil rapide :

1°. *Sur leurs vaiffeaux fanguins.* L'artere temporale émanant de la carotide externe , fourniffant un rameau qui, après avoir franchi le pont jugal, fe diftribue aux parties qui environnent le globe ; cette même artere carotide externe donnant, avant fa fortie du trou ptérygoïdien , un rameau connu fous le nom d'*artere oculaire*, qui fe divife en deux branches , dont une partie de la premiere laiffe échapper quantité de ramifications qui fe difperfent dans les mufcles & dans toutes les portions internes de l'organe ; la feconde branche y départiffant encore quelques ramifications avant fon introduc-rion dans le crâne par le trou orbitaire interne : l'artere maxillaire antérieure qui eft encore une division de cette même carotide, laiffant échapper un rameau qui chemine le long de la partie inférieure de l'orbite, fe diftribue dans les mufcles, à la conjonctive, & s'anaftomofe avec l'angulaire : enfin, la carotide interne, après avoir traverfé le finus caverneux, s'anaftomofant avec l'*oculaire* par une de fes branches, en fourniffant une qui, fortant du crâne, fe porte dans le globe, accompagne le nerf optique, & pénetre dans la cornée.

Les veines fuivant les arteres du même nom, & venant fe rendre dans la maxillaire interne, quelques-unes dans la temporale, &c. &c.

2°. *Sur les vaiffeaux nerveux. Les nerfs optiques* ou *de la feconde paire*, confiftant en deux cordons confidérables, qui partent des éminences du cerveau, dites *les couches des nerfs optiques ;* ces cordons, évidemment pulpeux ou médullaires, fe fléchiffant dès leur origine, chacun en dehors; fe recourbant enfuite en dedans, en fe portant jufques fur la foffe pituitaire ; s'uniffant très-étroitement l'un & l'autre au bas de la glande logée dans cette foffe; s'écartant & fe féparant auffi-tôt latéralement, conformément à leur premiere progreffion ; paffant dans les trous optiques de l'os fphénoïde, & fe plongeant enfin, l'un dans la cavité orbitaire droite, l'autre dans la cavité orbitaire gauche, & leur implantation, répondant à l'obliquité de leur marche, ayant lieu plus près de l'angle interne que du petit angle, & par conséquent, à côté de l'axe de l'espece de bulbe dont ils sont, en quelque maniere, la queue ou le pédicule.

Les nerfs moteurs ou *de la troisieme paire*, naissant de la partie postérieure de la moëlle allongée à l'endroit qui répond à la selle turchique ; accompagnant le cordon antérieur de la cinquieme paire ; sortant par le trou maxillaire antérieur ; pénétrant dans l'orbite, s'y divisant en trois branches ; deux d'entre elles se perdant dans la substance des muscles droits, abaisseurs & adducteurs de l'œil, & la troisieme s'évanouissant dans le muscle petit-oblique.

Les nerfs obliques ou *de la quatrieme paire*, se portant obliquement vers l'apophyse pierreuse pour joindre le cordon antérieur de la cinquieme paire ; passant par le trou maxillaire antérieur ; marchant obliquement, lorsqu'ils sont parvenus dans l'orbite, au muscle grand-oblique, dans la substance duquel ils se ramifient & se dispersent.

Les nerfs ophtalmiques, naissant du cordon antérieur de la cinquieme paire, avant sa sortie du crâne par le trou maxillaire antérieur, & se divisant dès son entrée dans l'orbite en quatre rameaux ; l'un deux sort par le trou sourcilier, s'épanouit sur le front & se distribue au muscle releveur de la paupiere, au muscle orbiculaire, &c. ;

le fecond , appellé *le nerf lachrymal* , fe porte en grande partie à la glande lachrymale & à la paupiere fupérieure ; le troifieme , au grand angle de l'œil , au fac lachrymal , à la caroncule lachry-male , à la membrane clignotante , &c. ; le qua-trieme enfin , fe ramifie dans la paupiere inférieure.

La fixieme paire , paffant avec la cinquieme par le trou maxillaire antérieur ; pénétrant dans l'or-bite , fe ramifiant dans la fubftance du mufcle ad-ducteur de cet organe , & dans l'orbiculaire par-ticulier aux quadrupedes.

3°. *Sur la maniere dont la vifion eft opérée.* Tout point lumineux eft un centre d'où partent des lignes droites dirigées vers tous les points placés au-dehors, ces lignes traverfant les corps tranf-parens, & heurtant les corps opaques qu'elles ren-contrent. Les rayons , d'où réfulte un cône , dont bafe fera la cornée , & le point lumineux la pointe , tomberont néceffairement fur tous les points de la furface de cette tunique , s'il n'eft , entre elle & le point rayonnant , quelqu'empêche-ment & quelqu'obftacle. Ces rayons frappent-ils des corps denfes , ils fe plient plus ou moins ; en conféquence , ils fe féparent , de là leur reflexion ? Paffent-ils d'un milieu dans un autre , ils fe plient en tombant fur le dernier , & fe propagent tou-jours ainfi pliés dans ce milieu , de-là leur ré-

fraction ? Ceux qui, du point rayonnant ou réfléchiffant, font pouffés à la cornée lucide, en
éprouvent une qui les approche de la perpendiculaire ; ils continuent & pourfuivent ainfi leur
trajet au travers de l'humeur aqueufe, & font déterminés à aller, par la voie que leur offre le
trou de la pupille, frapper la furface du cryftallin. Il en eft qui, entrant obliquement, tombent
fur l'iris ; mais ils fe réfléchiffent, ils s'échappent,
& font renvoyés hors de l'œil. Il en eft d'autres
qui tombent obliquement entre la partie inférieure
de l'uvée & le corps vitré, ou fur la furface de ce
corps ; ceux là font fur-le-champ éteints & ab-
forbés dans la peinture noire qui s'y trouve, &
que nous y avons vue. Ceux qui, ayant enfilé
l'ouverture de la pupille parviennent au **cryftallin**,
fubiffent une nouvelle réfraction qui les rend con-
vergens ; ils fe propagent au travers de l'humeur
vitrée, jufques à la rétine, fur laquelle ils pei-
gnent autant de points qu'il en eft de fenfibles
dans l'objet dont ils impriment fur cette tunique
une petite image. Si le cryftallin eft trop convexe, l'union des rayons a lieu trop près de cette
lentille ; fi la figure en eft trop plane, fi le tiffu en
eft trop lâche, le foyer de l'enfemble des rayons
en eft trop éloigné. Du refte, on a vu que la pupille fe contracte felon que l'objet eft plus ou moins

lumineux ou radieux & plus ou moins voifin ou
proche ; elle reçoit donc alors moins de rayons ;
elle fe dilate felon le plus ou moins d'éclat & de
diftance des objets ; les rayons qu'elle admet alors
font, par conféquent, en plus grand nombre ; or
tel eft le moyen que la nature a mis en ufage
pour affurer la confervation de l'organe immédiat de la vue qui, attendu fa délicateffe extrême
& fa grande fenfibilité, auroit été inévitablement
bleffé, s'il eût été indifféremment expofé aux
traits d'une lumiere trop vive. Nous voyons, de
plus, que dans le cheval la pupille peut confidérablement s'élargir, & c'eft vraifemblablement la
raifon pour laquelle il y voit beaucoup mieux que
l'homme dans la nuit, mais il pouvoit réfulter de
la dilatation qui lui a été permife, des inconvéniens très-grands, confiftant dans une véritable
difficulté de fauver en lui la rétine de la funefte
impreffion d'un jour importun : or, la nature y
a encore paré par les fungus, ou les prolongemens
de l'uvée, qui fe montrent alors dans la chambre
antérieure à la partie fupérieure & inférieure de
la fente tranfverfalement elliptique de la pupille ;
ils clofent cette fente en partie, & d'un autre
côté, ils abforbent les rayons lumineux, vu leur
couleur noire.

Des Oreilles.

591. On divise communément *l'oreille* en *oreille externe* & en *oreille interne.*

On peut l'envisager d'une maniere encore plus précise en admettant trois parties dans cet organe; l'une *externe*, l'autre *moyenne*, & l'autre *interne.*

La partie externe comprend d'abord tout ce que nous connoissons à l'extérieur sous la dénomination générale d'*oreille*, & nous en bornons l'étendue au tympan. Il faut y considérer:

1°. *Le cartilage principal*, qui en forme la plus grande portion; ce cartilage, qu'on nomme la *conque*, présentant un cône large & ouvert, plus ou moins ample, & plus ou moins long dans certains chevaux que dans d'autres.

2°. *La face externe* ou *convexe*, de ce même cartilage, qui est recouverte des poils & de la peau.

3°. *La face interne* ou *concave*, qui est revêtue de même, mais la peau y étant plus fine, n'y étant point accompagnée d'autant de tissu cellulaire, & les poils n'y étant ni aussi longs, ni aussi fournis que sur les bords.

4°. *Les sillons transverfaux*, formés par la peau dans cette même face, depuis la pointe ou l'extrémité supérieure du cône, jusques auprès de sa partie inférieure.

5°. *Les éminences longitudinales*, d'ou réfultent, dans cette même face concave, des cavités qui defcendent depuis environ un pouce (trois centimètres) de cette même extrémité fupérieure jufques à la bafe, ces éminences n'étant que des rugofités du tégument.

6°. *La grande foſſe*, partagée en petites foſſettes, que ce même cartilage donne par fa largeur à fa partie inférieure ou à fa bafe.

7°. *La demi-volute*, qu'il forme par fon prolongement dans fa partie poftérieure & au-delà de cette même foffe ; *demi-volute* par laquelle il rentre en-dedans de la concavité, & s'approche de l'autre bord.

8°. *Les deux légeres appendices*, qui fixent le cartilage principal à l'apophyfe pierreufe du temporal, & par lefquelles cette demi-volute fe termine inférieurement.

9°. *Le petit cartilage mobile*, étant à l'extrémité de l'autre & formant un demi-canal égal à la demi-volute dans laquelle il eft en partie logé ; ce fecond cartilage étant fixé, d'une part, à la partie éminente du conduit auditif offeux qui s'infere dans fa cavité, & de l'autre, par de légeres fibres ligamenteufes, en bas & au-dedans de la demi-volute du cartilage principal ; cette derniere attache étant affez lâche & permettant un mouvement entre ces deux

cartilages, le principal pouvant s'avancer fur celui-
ci ou s'en éloigner, felon qu'il eft mû en avant
ou en arriere.

10°. *Un troifieme cartilage ,* ayant environ trois
doigts (cinq centimètres) de longueur, fur un
pouce (trois centimètres) de largeur ; fa forme
étant irréguliérement triangulaire, tenant par fa
portion la plus élargie au bas du grand cartilage
par des fibres ligamenteufes & mufculeufes, &
s'épanouiffant de-là fur le pariétal où il eft également fixé par quelques fibres ligamenteufes,
de maniere qu'il peut gliffer fur cet os dans les
divers mouvemens de *l'oreille.*

11°. *Les mufcles ,* par lefquels s'operent ces mouvemens, & qui fervent d'attache à cette partie
qui ne peut fe prêter à toutes les impreffions des
rayons fonores & les recevoir de quelque part
qu'ils abordent, qu'autant qu'elle eft libre de fe
porter en avant, en arriere, en dehors, & de fe
maintenir dans une fituation droite & fixe. (*Voyez*
108 *à* 114).

12°. *Le méat ou le conduit auditif,* en partie cartilagineux & en partie offeux : la partie cartilagineufe étant la plus courte : la portion offeufe étant
la plus longue, & la nature ayant d'ailleurs fup-
pléé à fon peu de profondeur & à fon peu d'étendue par l'obliquité, les tortuofités & les finuofités

qui,

qui, dans ce même conduit, augmentant les surfaces, multiplient les lieux de réflexions.

13°. *La membrane*, qui tapisse ce méat & qui est
une continuation de la peau dont le principal cartilage est revêtu, à l'exception qu'ici elle est infiniment plus tenue.

14°. *Les cryptes* oblongs, rampant sur la surface convexe de cette même membrane, & fournissant une matiere cérumineuse qui differe dans
le cheval par sa couleur, de celle que l'on observe
dans l'oreille de l'homme; cette espece de cire étant
ici plutôt blanchâtre que jaune ; & son usage étant
plutôt de préserver de desséchement la membrane
qui revêt ce conduit sonorifere, d'éteindre, d'ab-
sorber les rayons sonores, & d'arrêter la vivacité
de leur impression , à-peu-près comme la matiere
noirâtre qui, dans l'œil, enduit la choroïde, éteint &
absorbe les rayons lumineux, que de se charger des
ordures qui pourroient être introduites dans ce même
conduit, & d'en défendre l'entrée aux insectes.

15°. *Enfin les usages de l'oreille externe*, dont la
situation est telle qu'il est peu de rayons sonores
qui puissent lui échapper; cette partie étant destinée,
conséquemment à la dureté qui résulte de la substance du cône cartilagineux, aux sillons transver-
saux, aux éminences longitudinales, à la fosse &
aux fossettes dont nous avons parlé, à empêcher

la diffipation de ces mêmes rayons , à les recueillir, & à leur imprimer une circulation douce & un tournoiement mefuré , par le moyen duquel ils pénetrent & parviennent dans l'intérieur de cet organe.

392. *La partie moyenne* comprend le tympan , la caiffe , & tout ce qui eft renfermé dans cette cavité, jufques à celle que l'on nomme le labyrinthe.

Il faut y confidérer :

1°. *Le tympan* , c'eft-à-dire, la membrane qui clôt le méat auditif, & qui en fait le fond; cette membrane mince, féche & diaphane, étant tendue fur un cercle offeux qui tient à une rainure circulaire dans le lieu où elle fait de ce même méat auditif, une efpèce de fac borgne.

2°. *Sa pofition oblique :* cette membrane s'inclinant vers le haut de ce conduit , & préfentant , dèslors, plus de furface que fi elle eût été placée perpendiculairement ; elle éprouve, par conféquent, l'abord d'une plus grande quantité de rayons fonores.

3°. *Son centre* , fur lequel ces rayons font fpécialement leur impreffion. Il eft cave du côté du conduit , & conique du côté de la caiffe , ce qui peut donner lieu , dans la pointe du cône, à de nouvelles réflexions.

4°. *Sa fubftance :* elle eft compofée de trois feuillets : le plus externe étant une production ou une

fuite de l'épiderme qui revêt le canal cartilagineux;
le moyen étant vafculeux, & le troifieme, une continuation du périofte de la caiffe.

5°. *Ses ufages* : cette membrane empêchant l'air
d'entrer du conduit auditif dans *l'oreille interne*, &
de parvenir fans milieu jufques aux offelets. C'eft
par elle, & au moyen des trémouffemens & de
l'agitation qu'elle éprouve, que la communication
des vibrations de l'air externe avec l'air interne a
lieu. Elle eft auffi fufceptible de divers dégrés de
tenfion; or, les fons fe communiquant plus facilement à travers un corps tendu, & fe perdant en
partie dans une matiere lâche, fes différens états
doivent diminuer ceux qui font aigus, & augmenter ceux qui font petits. C'eft ainfi, qu'expofée
à différentes percuffions, elle fe met vraifemblablement à l'uniffon des vibrations qu'elle doit
tranfmettre, & devient harmoniquement conforme
aux diverfes idées des corps réfonnans.

6°. *Le tambour*, autrement dit *la caiffe*, attendu
la forte de reffemblance de cette cavité, dans fa
partie fupérieure, avec une caiffe militaire; cette
cavité étant d'ailleurs irréguliere, difforme, en
quelque façon elliptique, & comprenant tout l'efpace qui eft entre le tympan & les parties qui conftituent le labyrinthe.

7°. *Les offelets*, renfermés dans cette caiffe, &

femblables par leur nombre, par leur figure & à-peu-près par leur volume, à ceux dont la caiffe humaine eft garnie. Ces *offelets*, dont le non-accroiffement, lorfqu'ils font parvenus à une certaine confiftance, eft réel, puifque le volume en eft égal dans le plus jeune poulain comme dans le cheval le plus vieux, étant le *marteau*, l'*étrier*, l'*enclume* & l'*orbiculaire*.

8o. *Le marteau*, dans lequel on diftingue une tête, un col, un manche & deux apophyfes; la tête en étant la portion la plus confidérable, mifphérique d'un côté, inégale de l'autre, & répondant par fes éminences & par fes cavités imperceptibles à celles du corps de l'enclume, avec la bafe de laquelle elle s'articule par charniere; le col en étant la partie la plus étroite, & en foutenant la tête; le manche en étant la portion la plus longue, formant une efpece de queue, & fe terminant en pointe; l'apophyfe du col étant la plus notable; la feconde étant fituée à la partie fupérieure du manche, qui s'étend jufques au milieu du tympan auquel il eft étroitement appliqué.

9o. *L'enclume*, dont la figure eft à-peu-près celle d'une dent molaire, & dans laquelle on obferve un corps & deux jambes; le corps étant cette maffe dans la face de laquelle font des inégalités qui favorifent fon articulation avec le marteau; celle de

ces jambes ou de ces racines qui porte fur les cellules maftoïdes , & qui la tient fufpendue , étant
infiniment plus forte & plus courte que la racine
qui eft liée au petit os orbiculaire , articulé avec la
tête ou la pointe creufe de l'étrier, celle-ci étant
grêle , légérement courbe & longuette.

10º. *L'étrier*, reffemblant par fa forme à un véritable étrier; fa bafe plate, dont le contour eft ovalaire, & qui eft unie avec fes branches, n'étant
point percée, & bouchant exactement la fenêtre
ovale dans laquelle elle eft comme enchaffée, fa
tête, ou fa pointe légérement cave, fe joignant à
l'orbiculaire; fes branches, dont l'une eft courbe
& plus longue que l'autre qui eft droite, étant intérieurement marquées par un fillon qui affujétit &
affermit une membrane vafculeufe, garniffant &
rempliffant toute fa cavité.

11º. *L'orbiculaire*, étant un lobule offeux placé
entre l'extrémité de la jambe longue de l'enclume
& la tête de l'étrier. On ne le difcerne qu'autant
qu'il demeure attaché à l'une ou à l'autre de ces
pieces. Quelques anatomiftes ne l'ont envifagé,
dans l'homme, que comme une épiphyfe apparte-
nante à l'une d'elle.

12º. *Le ligament court & affez fort*, qui tient
l'enclume attachée près de l'ouverture des cellules
maftoïdes.

X 3

13°. *Les trois muscles*, qui s'inserent au marteau. (*Voyez ci-devant* 115, 116, 117.)

14°. *Le muscle de l'étrier*, étant assez considérable. (*Voyez* 118.)

15°. *Les usages de ces différentes parties :* toute cette méchanique prouvant que les trémoussemens sonores, harmoniques & proportionnés que reçoit le tympan, doivent être propagés au-delà ; ainsi cette premiere membrane agitant le marteau, le marteau communique le mouvement qui lui est imprimé à l'enclume, l'enclume à l'étrier, auquel elle est articulée par l'orbiculaire ; l'étrier sollicite les mêmes vibrations dans la membrane qui clôt le trou ovale : ces vibrations se propagent à la cavité du labyrinthe fermé par cette derniere membrane ; enfin toutes les ondulations de l'air externe excitent, jusques dans l'organe immédiat, un ébranlement d'où résulte la sensation de l'ouie (1).

16°. *La corde du tambour*, étant un filet de nerf, & s'étendant, au surplus, derriere le tympan dans

___

(1) Les éleves qui voudront de plus grands détails sur cet organe, ainsi que sur les autres qui servent aux sensations, pourront consulter avec fruit l'excellent ouvrage de LE CAT, que nous avons déjà cité plusieurs fois. *Traité des sensations & des passions en général, & des sens en particulier. Paris,* 1767, *3 vol. in-8°.* Il se trouve dans la même Librairie que celui-ci.

une direction légérement oblique : ce filet émane
& se détache de la portion dure de la septieme
paire, avant que cette portion sorte par le trou
styloïdien; il est admis dans un petit conduit osseux qui chemine en remontant vers la caïsse, &
s'ouvre dans cette cavité près de la rainure circulaire, & derriere le lieu de son interruption; il y
pénetre en suivant ce trajet, & à sa sortie de la
cavité, il s'unit avec quelques filets provenans du
nerf maxillaire postérieur, ce qui établit la corres-
pondance entre la septieme & la cinquieme paire.

17°. *L'ouverture située à la partie antérieure de
cette cavité*, & qui est l'orifice d'un conduit long,
appellé dans l'homme *la trompe d'Eustache;* ce
conduit étant en partie osseux, en partie cartilagineux, & en partie membraneux : la portion osseuse, qui en est le principe, étant creusée dans
l'os pétreux : la portion cartilagineuse se portant
obliquement dans la partie supérieure de l'arriere-
bouche, près des arriere-narines, & s'y terminant
après s'être sensiblement élargie par une ouverture ovalaire & évasée, très-visible dans l'animal,
& que l'on nomme *le pavillon de la trompe :* la
portion membraneuse, enfin, différant totalement
ici de celle que présente la trompe humaine, &
formant, de chaque côté, une poche située entre
les deux branches de l'os hyoïde, l'angle de la

mâchoire poftérieure, la premiere vertebre cer-
vicale & le pharynx ; ces poches ovalaires, clofes
de toutes parts, adhérentes au corps de la premiere vertebre, à toutes les parties voifines, &
dont le volume peut être comparé à celui de la
veffie urinaire du mouton, étant adoffées l'une à
l'autre, laiffant enfuite de leur adoffement un intervalle qui loge les mufcles fléchiffeurs de la tête ;
occupant d'ailleurs chacune celui qui eft entre les
trompes & répondant auffi, chacune en particulier, au pavillon, de maniere qu'elles fe gonflent
& fe rempliffent, fi après avoir percé le tympan,
on introduit de l'air dans la caiffe à l'aide d'un
chalumeau, comme fi l'on en infinue dans la
trompe même par fon extrémité évafée; ce même
air s'échappant enfuite, & la poche revenant à
fon état naturel : l'injection qui y eft lancée la diftend pareillement dans toute fon étendue, &
n'enfile aucune autre partie. Du refte, ces poches
fe trouvent affez fouvent dans les chevaux morveux, pleines de la même humeur que celle qui
flue par leurs nafeaux (1). Il paroît, au furplus,

---

(1) Cette defcription des *poches* qui accompagnent la
trompe d'Eufiache, qui remonte à 1769, & l'opération de
l'hyo-vertébrotomie deftinée à les vider dans le cas où elles
fervent de dépôt à une matiere morbifique quelconque, opération pratiquée depuis long-temps dans les écoles vétéri-

que par le moyen de la trompe, l'air principalement attiré par les naseaux, parvient dans la caisse, après avoir reçu, sur-tout dans les fosses nasales, les modifications ou le dégré de chaleur que demandent les parties internes qu'il doit frapper : il y contre-balance les efforts de l'air externe qui agite & pousse dans la cavité du tambour, la membrane qui sépare cette cavité du méat auditif ; il y remplit le vide qu'y laisse cette membrane, lorsqu'au contraire elle est poussée au-dehors & vers ce même méat, & à mesure que les ondulations de l'air extérieur impriment au tympan un mouvement de vibration, celui-ci participe de ce mouvement continuel & redoublé. S'il eût été enfermé de maniere à ne pouvoir sortir, ce mouvement auroit opéré sur lui une compression trop forte, & il ne céderoit point aux trémoussemens externes : il a donc fallu qu'il pût y entrer, y demeurer, s'en échapper & se renouveller, & ce conduit favorise conséquemment un flux & un reflux d'air, alternatif & non-interrompu, qui est une

naires, & dont le manuel a été publié dans le *Journal d'agriculture* d'Avril 1779, prouvent combien peu est fondée la prétention du C. *Lafosse*, qui, dans un mémoire lu en 1789, en présence de plusieurs vétérinaires, à Paris, établissoit l'existence de ces *poches* comme une découverte nouvelle dont il étoit l'auteur. (*Note de l'éditeur*).

(330)

forte d'expiration & d'infpiration, tel que celui qui,
dans les poumons, conftitue la refpiration. Quant
aux poches ou à la portion membraneufe, elle eft
vraifemblablement une forte de réfervoir dans lequel, au moment de l'effort violent & fupérieur
de l'air externe fur la membrane du tambour, celui
qui eft contenu dans la caiffe, ne pouvant, d'une
part, trouver dans fon propre reffort de quoi ba-
lancer ou vaincre la tenfion du tympan, & de
l'autre, fortir & s'échapper en entier & fur-le-
champ par le tube qui l'avoit reçu, eft en partie
chaffé & pouffé; il ne paroît pas douteux auffi
que l'air, qui des foffes nafales enfile la trompe,
ne puiffe s'y loger encore, quand il arrive dans ce
conduit en une trop grande quantité, les différens
mouvemens de la tête du cheval pouvant d'ailleurs l'expulfer de ces mêmes poches, par le lieu
où elles répondent au tube.

18°. *La fenêtre ovale*, qui eft une autre ouverture, fupérieurement fituée, vis-à-vis & à l'oppofite
du tympan : la membrane qui la clôt, & dont j'ai
parlé, recevant divers dégrés de tenfion, fuivant
que la partie antérieure de la bafe de l'étrier eft
élevée. On y voit de plus un bord fin & délié,
une efpece de feuillure fur laquelle porte la bafe
de ce même offelet.

19°. *La fenêtre ronde*, qui eft une ouverture in-

férieure à celle-ci , & qui eft fermée par une membrane auffi folide que celle du tambour ; l'une &
l'autre de ces ouvertures clofes étant , par leur pofition , le point de réunion des rayons fonores dans
la caiffe ; elles font les feules qui répondent à l'antre qui fuit cette cavité ; auffi font-elles fentir inconteftablement dans cet antre les vibrations qu'é-
prouve leur portion membraneufe; les ondulations
communiquées par la derniere dont la tenfion eft
toujours uniforme, ne pouvant être , felon les apparences, auffi diftinctes que celles qui font pro-
pagées par la membrane de la fenêtre ovale , d'ailleurs mue par le tympan & par le jeu combiné
des offelets.

20°. *La portion de canal* , terminée irréguliérement, qui conduit dans la cavité offeufe, qui
marche fur la trompe, & dans laquelle eft logée
une partie du troifieme mufcle du marteau ; cette
portion de canal étant au-deffus de la tubérofité
percée fupérieurement par la fenêtre ovale.

21°. *L'orifice d'une autre cavité* , qui contient le
mufcle de l'étrier ; cet orifice étant près de cette
même tubérofité, & des deux fenêtres , & placé
fur une petite élévation en forme de pyramide.
Il donne paffage au tendon de ce mufcle.

22°. *Les embouchures des cavernes*, creufées dans
le corps de l'apophyfe maftoïde , s'ouvrant encore

dans cette cavité : ces cavernes ou ces cellules aux-quelles quelques-uns ont attribué les usages que nous avons assignés aux poches membraneuses qui répondent aux trompes, étant partagées par des lames dures & remarquables, & tapissées par une membrane qui, évidemment vasculeuse, filtre & fournit l'humeur qui humecte sans cesse le tambour.

393. *La partie interne de l'oreille*, comprend tout ce qui est au-delà de la caisse, c'est-à-dire, toute la portion que l'on nomme, en général, le *labyrinhte*, vu les contours divers des parties qu'elle renferme.

Il faut y considérer :

1°. *Le vestibule*, ainsi nommé, attendu qu'il est le commencement de cette cavité, creusée dans l'os pétreux au-delà de la caisse, la forme de ce vestibule étant sphérique.

2°. *Les cinq ouvertures*, qui, outre celles de la fenêtre ovale & de la fenêtre ronde, sont dans ce même vestibule, & donnent entrée dans trois canaux osseux & sémi circulaires. L'arrangement & la disposition de ces cinq ouvertures ou portes, étant tels, qu'il en est deux au haut du vestibule, deux au bas, & une au milieu. Elles ne sont point closes par des membranes, comme les deux fenêtres.

3°. *Les canaux osseux & sémi-circulaires*, ainsi appellés à raison de leur forme, étant au nombre de trois, les uns & les autres larges à leur em-

bouchure, & leur section étant quelquefois elliptique, & quelquefois circulaire. Le premier embraffant la partie fupérieure de la voûte, & s'u-
niffant à celui qui en entoure la partie inférieure ;
le mitoyen ayant fes deux orifices féparés, d'où
il eft clair que les fix extrémités de ces trois canaux ne doivent former que cinq portes, attendu
la communication du canal fupérieur & du canal
inférieur, qui n'ont enfemble, à leur fin réunie,
qu'une feule ouverture.

4°. *Le limaçon*, ou la *coquille fpirale*, à double
conduit, qui eft dans ce veftibule, du côté oppofé
aux trois canaux, & dans la partie antérieure de la
roche; ce canal, dans toute fon étendue, faifant deux
tours & demi depuis fa bafe jufques à fa pointe, &
étant divifé en deux portions égales, par une lame
ou une cloifon, attachée, d'une part, au noyau,
& de l'autre, à une tunique ténue, qui fe joint à
la furface de ce canal ; ces deux portions égales
formant ce qu'on appelle les deux rampes, dont
la fupérieure s'ouvre dans le veftibule, par un large
orifice ovale, & c'eft la huitieme ouverture qu'on
y rencontre, tandis que l'inférieure aboutit, par
un petit orifice orbiculaire, à la fenêtre ronde.

5°. *Les nerfs acouftiques,* ou *de la feptieme paire,*
naiffant immédiatement des parties fupérieures &
latérales de la moëlle allongée, & étant compofés

de deux fubftances ; le rameau fupérieur formant la portion molle, qui eft pulpeufe & moëlleufe, à-peu-près comme les nerfs olfactifs ; la branche inférieure formant la portion dure, qui, avant fa fortie par le trou ftyloïdien, par lequel elle fe fait jour, donne un rameau qui conftitue, ainfi que je l'ai dit, la corde du tambour ; elle reçoit une branche de la huitieme paire, qui s'unit à fon tronc ; elle fournit quelques cordons aux mufcles du marteau & de l'étrier ; elle s'anaftomofe avec quelques filets de la cinquieme paire, & fe répand dans les parties externes de l'*oreille* & de la tête.

La portion molle, arrivée au fond du trou auditif interne, enfile les porofités offeufes, qui font au fond du canal auditif, & pénetre, par ces porofités, dans l'*oreille* interne où elle fe diftribue d'abord dans le limaçon, dans les canaux fémicirculaires, & dans le veftibule, non par des filets diftincts & féparés, mais fous la forme d'une fubftance moëileufe qui tapiffe les parois de ces petites cavités, d'ailleurs revêtues par-tout d'un périofte très-fin, qui ferme les deux fenêtres communes de la caiffe & du labyrinthe.

6°. *Les vaiffeaux fanguins* : un rameau émanant du tronc vertébral, accompagnant le nerf acouftique ou auditif, & fe divifant en une infinité de ramifications qui fe répandent dans toutes lés parties internes de *l'oreille;* le fang qu'elles charrient, revenant enfuite fe dégorger dans les finus occipitaux latéraux qui répondent aux veines vertébrales. La carotide externe fourniffant l'*artere auriculaire,* qui, ainfi que quelques ramifications de la temporale, tranfmet aux portions antérieures le fluide qui y circule, & qui eft rapporté par la veine du même nom, & par des rameaux de la veine temporale. L'occipitale fourniffant encore un rameau qui fe porte dans la poche membraneufe de la trompe, & un autre rameau qui fe perd dans la roche, après s'être anaftomofé avec l'artere méningere.

7°. *Les ufages :* les *oreilles* étant, dans les animaux, comme dans l'homme, l'inftrument de l'ouïe, & le nerf qui fe répand dans le labyrinthe en étant l'organe immédiat (1).

Des Nafeaux.

394. Les *fuffes,* ou les *cavités nafales,* forment & conftituent l'organe de l'odorat.

---

(1) Le célebre *Cotugno* (médecin à Naples), découvrit le premier que le labyrinthe contenoit de l'eau au lieu d'air, comme on l'avoit anciennement penfé. *Caldani* (profeffeur de médecine à Pavie), fit voir, dans la fuite, de quelle maniere on pouvoit s'affurer de la préfence de cette eau. (*Note de M. Odoardi*).

Il faut en envifager d'abord les parties dures, & enfuite les parties molles , & en confidérer :

1°. *Les bornes & l'étendue en général* : ces *foffes* étant contenues dans l'efpace , qui fupérieurement eft limité par l'os frontal, l'os éthmoïde & l'os fphénoïde ; antérieurement par les os du nez & les angulaires : poftérieurement par les os du palais & la portion palatine des maxillaires ; latéralement par ces mêmes maxillaires , & par les os zygomatiques.

2°. *La divifion en grandes & en petites foffes.* Les *grandes foffes* conftituant le double canal qui s'étend en remontant depuis les orifices extérieurs, nommés proprement les *nafeaux*, jufqu'aux os ethmoïde , fphénoïde & frontal , & jufqu'aux deux ouvertures internes & fupérieures , qui, placées immédiatement au-deffus de la voûte du palais, répondent dans l'arriere-bouche , & font nommées *arriere-narines.*

3°. *La cloifon,* partageant les *grandes foffes* en deux cavités égales, cette cloifon étant fupérieurement offeufe , & inférieurement cartilagineufe.

4°. *La cloifon offeufe,* formée par l'os plat & obliquement quarré, que nous appellons le vomer, dont la bafe s'unit avec l'épine du fphénoïde, & qui fe joint avec la lame moyenne de l'éthmoïde ; cette piece offeufe, depuis ces connexions,

defcendant

descendant enchâssée dans deux rainures , résultant , l'une de la conjonction des os du nez , l'autre
de celle·des os maxillaires & du palais , jusques
sur le cartilage qui acheve la séparation.

5°. *La cloison cartilagineuse*, composée d'un cartilage très-considérable , attaché supérieurement
au vomer , antérieurement aux os du nez , postérieurement aux os maxillaires , & se propageant
perpendiculairement jusques à l'orifice externe des
cavités où il s'épanouit transversalement par deux
prolongemens qui , s'écartant l'un de l'autre , & présentant un demi-croissant de chaque côté , achevent
de former l'ouverture extérieure de ces fosses (1).

6°. *Les petites fosses* , creusées dans les parois
même des grandes , & connues sous les noms de
sinus frontaux , de sinus sphénoïdaux , de cellules
ethmoïdales , de sinus zygomatiques , & de sinus
maxillaires.

7°. *Les sinus frontaux* , ne présentant quelquefois qu'une seule fosse , d'autres fois quatre , & le

---

(1) Dans le bœuf & dans le mouton , elle est véritablement
la même, à cette différence près, qu'elle ne forme pas, comme
dans le cheval , le cartilage transversal & sémi-lunaire ; ce
cartilage, dans l'un & dans l'autre des animaux que
nous lui comparons , étant dû à l'extrémité inférieure &
cartilagineuse du cornet antérieur, & étant simplement fixé en
eux par une espece de ligament qui l'unit à la cloison.

Tome II.   Y

plus communément deux , résultant de l'écartement des deux tables du frontal & des cellules du
diploé, qui laissent un vide entre ces deux tables,
dont l'antérieure a plus d'épaisseur que la poste-
rieure ; le sinus gauche le plus souvent inégalement
distingué du droit par une cloison osseuse ; mais
l'un & l'autre à-peu-près semblables , eu égard
à leurs anfractuosités ; ces sinus , au surplus , n'existant point dans le fœtus , & ne devenant sensibles
& étendus dans le poulain qu'à mesure de l'accroissement de l'animal (1).

8°. *Les sinus sphénoïdaux* , dont la cavité n'est pas
toujours double, & qui se trouvent dans l'épaisseur
de la partie moyenne du corps de l'os sphénoïde
ou multiforme ; il est impossible d'en déterminer ,
d'une maniere positive , la figure & l'étendue.

9°. *Les cellules ethmoïdales* , résultant des inter-

____

(1) Ils sont au nombre de quatre, dans le bœuf & dans
le mouton, & séparés, dans ce dernier, par de petites cloisons. Ils communiquent, au surplus, dans le bœuf, avec les
pariétaux, ceux-ci avec les occipitaux, & ces derniers avec
les sinus des cornes, de maniere qu'ils répondent tous les
uns dans les autres, quoique la plupart soient divisés par
des cloisons osseuses, les unes plus hautes, les autres plus
basses, & toutes également tapissées de la membrane muqueuse ; du reste, ils répondent aussi à la partie supérieure
des cornets.

valles que laiffent entre elles plufieurs petites lames qui fe montrent comme des volutes, ou de petits cornets ; lames qui dérivent de ce les qui laiffent de la premiere lame horifontale de l'os ethmoïde, ou cribleux (1).

10°. *Les finus zygomatiques* & *maxillaires*, dont on ne voit qu'un leger & petit rudiment dans le fœtus, qui fe manifeftent dans le poulain nouveau-né, & qui deviennent très-amples dans le cheval formé ; ces finus répondant aux antres confiderables, qui, dans l'homme, confervent encore le nom d'*antres d'Hyghmore;* les zygomatiques étant fitués au-deffous de l'orbite, & au-deffus des finus maxillaires, antérieurement aux dernieres dents molaires qui les terminent par leurs racines ; les maxillaires étant pareillement antérieurs à quelques autres des dents machelieres, dont la racine répond auffi dans leurs cavités ; les limites de ces finus n'étant jamais conftantes ; quelquefois les maxillaires anticipant fur les zygomatiques, d'autres fois les zygomatiques anticipant fur les maxillaires ; les uns & les autres étant communément féparés par une lame offeufe, fouvent par deux,

---

(1) Ces cellules font beaucoup plus allongées dans le bœuf; dans le mouton, elles font, proportion gardée, à-peu-près comme dans le cheval.

rarement par trois ; quelquefois auſſi ces deux
ſinus n'en formant qu'un ; les lames anfractueuſes
qui rampent dans leur capacité , étant , du reſte ,
très-irrégulieres ; les zygomatiques , enfin , étant
fermés par les cornets antérieurs , & les maxillaires par les cornets poſtérieurs (1).

***

(1) Dans le bœuf & dans le mouton, ces ſinus forment,
pour ainſi dire, un antre unique, beaucoup plus vaſte dans
le bœuf que dans le cheval ; l'intervalle que cet antre occupe dans le premier de ces deux derniers animaux , eſt
celui qui s'étend depuis l'éminence ſupérieure des os maxillaires juſques à la hauteur de la premiere dent molaire,
& de l'extrémité du trou maxillaire antérieur ; ces trous
livrent paſſage au cordon antérieur de la cinquieme paire,
qui ſe diſtribue aux levres & aux naſeaux. Ces mêmes
ſinus ſe trouvant bornés en partie, du côté des cornets du
nez, par une lame oſſeuſe & aſſez forte de l'os maxillaire,
forment une cloiſon qui regne depuis le deſſous de l'orbite
le long de la partie antérieure du conduit maxillaire antérieur, l'eſpace de deux pouces (ſix centimètres), en ſe perdant & s'évanouiſſant inſenſiblement ſur ce même conduit :
trois cloiſons oſſeuſes, aſſez conſidérables & à-peu-près
égales en hauteur & en épaiſſeur , & ſéparées à des diſ-
tances preſques ſemblables , diviſent encore ces ſinus , du
côté de la racine des dents molaires.

Nous ne pouvons nous diſpenſer, au ſurplus, d'obſerver
que la partie ſupérieure de l'os maxillaire eſt infiniment
plus foible dans le bœuf & dans le mouton, que dans le
cheval ; elle eſt, en quelque façon, dans ces deux animaux,

11°. *Les cornets*, qui, lorsqu'on a enlevé les os du palais, & détruit le vomer, ainsi que la cloison cartilagineuse, se montrent le long des parties latérales de chacune des grandes fosses, sous la forme de deux éminences qui s'étendent en longueur de la partie supérieure à l'inférieure, l'espace de six à sept travers de doigt (dix à onze centimètres); ces éminences évasées & légèrement épaisses dès leur principe, diminuant & s'angustiant insensiblement en descendant vers l'orifice des naseaux, & étant composées d'un plan de fibres osseuses, si minces, que la substance en est simplement papiracée ou cartacée. Un intervalle, d'environ un doigt (un centimètre & demi), les sépare l'une de l'autre dans toute leur longueur, & c'est à leurs volutes & à leurs enroulemens, qu'elles doivent le nom qu'on leur a donné.

12°. *Le cornet antérieur*, tenant aux os du nez, & aux environs de la partie interne du zygoma,

---

bornée à la simple épaisseur d'une feuille de parchemin, & nous ajouterons que, dans le mouton, la cloison qui avoisine les cornets ne résulte, pour ainsi dire, que du conduit maxillaire antérieur, & que du côté de la racine des dents molaires, on n'apperçoit que deux petites élévations, audessous desquelles sont logées les deux premières dents. Dans cet animal, les sinus, toujours proportion gardée, occupent le même espace que dans le bœuf.

offrant deux parties, dont la fupérieure êft la plus large, & fait la paroi du finus zygomatique qu'elle ferme inférieurement ; l'inférieure préfentant une efpece de veffie offeufe, clofe par-tout, & divifée par quelques petites cloifons, qui, quoique très molles & très deliées, font cependant friables; cette veffie pouvant être nommée le *finus du cornet antérieur* (1).

13°. *Le cornet poftérieur*, avoifinant davantage les dents molaires, & tenant à l'os maxillaire, de

______

(1) C'eft ici que l'extrémité de ce même cornet dans le bœuf & dans le mouton, fe recourbe de haut en bas & de derriere en devant, pour former le cartilage tranfverfal, qui atteint la cloifon cartilagineufe à l'extrémité inférieure de laquelle, ainfi que nous l'avons dit, il adhere par un ligament, tandis que, par fa partie poftérieure, il eft fixé par un fort tiffu cellulaire au cartilage triangulaire. Je remarque encore que l'angle interne ou fupérieur de celui-ci, répond au cartilage tranfverfal d'une part, & de l'autre, au cartilage inférieur du cornet antérieur; il eft fixé à l'un & à l'autre par le tiffu cellulaire; les deux autres angles fe recourbent en devant un peu plus que le premier.

Ces deux cartilages qui, dans ces animaux, tiennent lieu de cartilage fémi - lunaire & tranfverfal du cheval, éloignent du centre de l'ouverture extérieure des nafeaux, les parties molles qui les environnent, & facilitent, par ce moyen, la liberté de l'entrée & de la fortie de l'air, dans les cavités qu'il doit parcourir.

maniere qu'il bouche une partie de l'ouverture du
finus de ce nom. Ce cornet eft également divifé en
deux parties, la premiere excédant la feconde par
fa longueur & par fa largeur, & fe trouvant ap-
pliquée à l'embouchure même du finus ; c'eft le
bord poftérieur de cette portion qui fe replie du
côté de ce finus en maniere de cornet. La feconde
plus arrondie, & faifant une volute d'environ un
tour & demi, eft comme diftinĉte & féparée
de la premiere par des cloifons offeufes ; elle
forme auffi une cavité confidérable, fermée de
toutes parts, cavité qui, partagée elle-même par
quelques cloifons offeufes & membraneufes d'où
réfultent de petites cellules, pourroit être appellée
le *finus du cornet poftérieur* (1).

14°. *Le réfeau*, réfultant d'un nombre innombrable de trous dont les cornets, dépouilés des
membranes qui les tapiffent, paroiffent criblés &
percés ; ces trous faifant une efpece de dentelle
plus belle à l'extrémité inférieure, où les mailles
irréguhieres font infiniment plus multipliées qu'à
la fupérieure, où elles font plus larges ; ce réfeau
ayant été, fans doute, pratiqué par la nature,

---

(1) Au furplus, nous obferverons ici, que les *cornets
antérieur* & *poftérieur* font plus longs dans le bœuf que dans
le cheval.

dans la vue de diminuer le poids & la maſſe des cornets.

395. En ce qui concerne les parties molles qui ont un uſage relatif à l'organe dont il s'agit ;

Il faut conſidérer :

1º. *La peau*, qui s'étend extérieurement, non-ſeulement ſur la ſurface des os où elle eſt dépourvue de graiſſe, mais ſur le cartilage qui acheve de former l'orifice externe des grandes foſſes. Elle ſert donc latéralement de paroi à la cavité échancrée que les os maxillaires laiſſent entre eux & l'épine des os du nez, & elle compoſe de plus une portion de l'entrée des naſeaux. Elle décrit en effet aux côtés externes de leur orifice une eſpece de croiſſant, par un bourlet formé de l'un de ſes replis. Supérieurement à ce bourlet, & à la plaque cartilagineuſe qui ſaillit ſur le côté oppoſé au croiſſant cutané, cette même peau, toujours réfléchie, pourſuivant intérieurement ſon trajet, s'enfonce & ſe plonge en montant juſques au principe de l'épine des os du nez, où, d'une part, elle eſt une ſorte de cloiſon qui diviſe les uns & les autres de ces os, tandis que, de l'autre, elle forme une poche ou une cavité d'environ cinq ou ſix pouces (quatorze à ſeize centimètres) de longueur, en maniere de cul-de-ſac. Cette cavité, totalement diſtincte & indépendante des grandes foffes , eft ce que l'on doit appeller *fauffes narines* (1).

2°. *Les mufcles* relevant la peau des nafeaux , & en dilatant les orifices , ces mufcles étant au nombre de fept. (*Voyez* 135.)

3°. *La membrane pituitaire* ou *muqueufe*, qui , outre le périofte qui revêt les portions offeufes & le périchondre qui revêt les portions cartilagineufes , tapiffe exactement les grande foffes , les parois de la cloifon , les anfractuofités cellulaires & les volutes de l'ethmoïde , les cornets, les finus frontaux , fphénoïdaux , zygomatiques & maxillaires , ainfi que les conduits lachrymaux qui fe déchargent dans les narines (2) ; la confiftance

---

(1) Il n'en exifte point dans le bœuf ni dans le mouton ; l'intervalle ou l'échancrure qui réfulte de la pointe des os du nez & de la partie antérieure des os maxillaires , fert à loger , dans ces deux animaux, l'extrémité inférieure & cartilagineufe du cornet antérieur , qui fe joint au cartilage tranfverfal de l'entrée des nafeaux.

(2) Dans le bœuf, les conduits lachrymaux pénetrent dans la *membrane pituitaire* , à environ la partie moyenne du cornet poftérieur ; ils cheminent de-là dans l'épaiffeur de cette membrane , & du côté interne , jufques à environ un travers de doigt (un centimètre & demi) de l'orifice externe des nafeaux ; ainfi , ils ne s'ouvrent pas dans le même endroit que dans le cheval , mais à trois lignes (fix millimétres) au-deffus de l'angle interne du cartilage triangulaire.

de cette membrane n'étant pas égale par-tout ; cette même membrane n'étant à l'orifice des grandes foffes qu'un tiffu dégénéré de la peau, s'épaiffiffant & devenant plus pulpeufe, plus mollé & plus fpongieufe, en remontant jufques à leurs ouvertures internes le long de la cloifon, & fur les cornets, defcendant, après avoir recouvert le cornet poftérieur, en forme de cordon, & fe joignant, fous cette même forme, à l'endroit où fe terminent les fauffes narines, tandis que la portion qui a tapiffé la conque antérieure, parvenue au bas de la veffie offeufe, fe prolonge de même, & fous la figure d'un cordon d'un diamètre non moins confidérable, fe termine aux parties latérales de la plaque cartilagineufe qui eft à l'entrée des nafeaux. Dans les finus ; elle eft fi mince & fi déliée, qu'elle mériteroit le nom d'*arachnoïde*. Du refte, fa ftructure n'a pas été encore bien développée, le tiffu en paroît extrêmement lâche, & elle eft infiniment plus fpongieufe dans l'animal que dans l'homme.

Dans le mouton, le lieu où ils atteignent la membrane, eft le même que dans le cheval, & celui de leur ouverture, le même que dans le bœuf. C'eft à une ligne (deux millimètres) de diftance de la membrane, & à l'extrémité inférieure & antérieure de l'échancrure de l'os maxillaire qu'ils s'ouvrent dans le cheval, à peu de chofe près, ils tombent fur la direction des crochets.

4°. *Les glandes muqueuses* , affez fenfibles à la face interne de cette même membrane du côté qui regarde les os. Dans prefque toutes les brutes , on a diftinctement obfervé près des arriere-narines, outre les petits vaiffeaux artériels & les petits vaif-feaux féreux dont elle eft parfemée , des canaux qui femblent être les émiffaires excréteurs de ces glandes. L'exilité de cette tunique dans les finus ne permet d'appercevoir aucun corps de cette efpece , fon tiffu y étant principalement formé par des vaiffeaux du dernier genre ; ceux - ci ne livrent un paffage qu'à des parties infiniment fub-tiles , telles que celles de l'humeur limpide qui fuintant & diftillant par leurs embouchures, hu-mecte & abreuve fans ceffe la tunique à laquelle ils aboutiffent.

5°. *Les vaiffeaux* , qui portent dans cet organe le fluide néceffaire à la nourriture & à l'entretien de ces parties.

L'artere maxillaire interne émanant de la caro-tide externe , fourniffant les *nafales externes.* L'ar-tere oculaire laiffant échapper quelques ramifica-tions qui fuivent les nerfs olfactifs dans le nez. L'artere palatine donnant un rameau qui s'intro-duit dans les foffes par le trou nafal , qui fe ré-pand dans la membrane pituitaire , & qui forme la *nafale interne ;* quelques-unes des ramifications

que cette même artere palatine envoie aux gencives , pénétrant par les fentes incifives , & fe perdant dans les mêmes foffes.

Toutes les veines accompagnant les arteres &
fe dégorgeant dans la veine maxillaire interne , tenant lieu de jugulaire externe , & vidant enfuite
le fluide dans le tronc de la jugulaire; ces tuyaux
étant extrêmement nombreux dans les grandes
cavités , & principalement fur les cornets , où on
les voit parallelement rangés felon leur longueur.
Ils laiffent des traces ou des fillons empreints &
gravés fur la furface de ces os.

6°. *Les vaiffeaux nerveux ;* la tunique muqueufe
étant parfemée de tous les filets de la premiere
paire des nerfs de la moëile allongée & de quelques-uns de ceux de la cinquieme paire. Une
multitude de petits filets qui partent de la fubftance grifâtre qui fort de la partie inférieure du
proceffus au-deffus de l'os ethmoïde , fe diftribuant dans toute l'étendue des nafeaux , enforte
que leur expanfion y eft très-vafte. La feptieme
paire de nerfs fourniffant auffi par fa communication avec la cinquieme , quelques filets aux na-
zines externes.

7°. *Les ufages :* les nerfs mous , prefqu'entiérement nuds & à découvert , répandus dans cette
partie , d'ailleurs encore plus effentielle à la ref-

piration dans le cheval que dans l'homme, y fixant le fiége de l'odorat.

Le cartilage tranfverfal qui eft à l'orifice externe des nafeaux, les garantiffant de l'abord trop impétueux de l'air & de la trop vive impulfion des corps odoriferes, qui, pénétrant immédiatement & en trop grande quantité dans les grandes foffes, en auroient inconteftablement trop ébranlé les nerfs.

Les fauffes narines retenant une portion de ce même air & des corpufcules exhalés, & s'oppofant à l'irritation trop forte qu'ils auroient produite fur les parties fenfibles, s'ils y étoient parvenus en trop grande abondance.

Les finus, les cornets, les cellules augmentant l'étendue de la membrane pituitaire, enforte que les particules odoriférantes fe portant, fe raffemblant dans un plus grand efpace, s'y multipliant & exerçant leur action en plufieurs endroits, l'odorat en eft plus fubtil & plus délicat.

Tous les détours réfultant de ces finus, de ces cornets & de ces cellules, arrêtant ces mêmes particules dans l'organe même, & les empêchant de pénétrer immédiatement avec l'air infpiré dans la poitrine.

Enfin, la lymphe mucilagineufe dont toute la membrane muqueufe eft enduite, contribuant auffi au même effet, & s'oppofant au defféchement de la membrane & des nerfs qui s'y rencontrent.

De la Bouche.

396. On appelle, en général, du nom de *bouche*, l'efpace entier que laiſſent entre elles les deux mâchoires ; cet eſpace ſe trouvant terminé & limité
antérieurement par la voûte palatine ; poſtérieurement par la mâchoire poſtérieure & les muſcles
de la langue qui rempliſſent le canal extérieurement nommé l'auge ; ſupérieurement par la baſe
du crâne ; latéralement par les portions des deux
mâchoires dans leſquelles ſont creuſées les alvéoles,
par les dents mâchelieres, & par les muſcles
molaires ; inférieurement enfin par les levres &
par les dents de pince, les mitoyennes & les coins.
Ce même eſpace étant, de plus, diviſé par le voile
du palais en deux cavités qui néanmoins communiquent entre elles ; celle qui, depuis les levres,
s'étend juſqu'à cette cloiſon étant nommée proprement la *bouche*, & l'autre ou la plus interne
étant appellée l'*arriere-bouche*.

Les *levres*, les *gencives*, les *barres*, le *palais*,
le *voile palatin*, la *langue*, les différentes embouchures placées dans l'arriere-bouche, & qui
répondent aux naſeaux, aux oreilles, au ventricule & aux poumons, tous les corps glanduleux
qui filtrent & qui ſéparent la ſalive, ſont autant
de points que nous nous propoſons d'enviſager.

* *Des Levres.*

397. Des deux *levres* , l'une est antérieure & l'autre postérieure. Il faut en confidérer :

1°. *La ftructure* : elles font formées par un mufcle que nous nommons orbiculaire , à raifon de fes fibres qui s'étendent circulairement autour de la bouche pour compofer ces parties ; ce mufcle prenant, dès leurs angles ou leurs commiffures, la forme d'un bourlet confidérable qui fe replie intérieurement.

2°. *L'enveloppe extérieure & intérieure* : la peau qui couvre la circonférence extérieure du bourlet différant effentiellement du tiffu de la peau voifine , en ce qu'elle eft plus déliée & fi adhérente au mufcle, qu'elle n'en eft féparée par aucun tiffu cellulaire ni adipeux , dégénérant toujours à mefure qu'elle fe prolonge & qu'elle s'avance vers l'entrée de la bouche , & devenant très-mince , liffe , polie , & totalement dénuée de poils , lorfqu'elle eft parvenue à la furface interne des *levres* qu'elle revêt (1).

------

(1) Dans le bœuf, la furface externe des *levres* eft dénuée de poils l'efpace de trois ou quatre lignes (un centimètre), principalement à la *levre* poftérieure. Les bords de ces mêmes *levres* font, en lui, femés de petites glandes, couvertes par des mammelons, qui augmentent de volume en approchant

3°. *La couleur de cette membrane*, étant d'un rouge pâle, quelquefois blanchâtre dans les chevaux dont la robe eſt claire, marbrée ou tachetée de noir dans ceux dont le poil eſt obſcur, quelquefois noire entiérement dans les gencives, près des barres, & dans certaines parties de la *levre* antérieure & poſtérieure ; enſemble, ou de l'une ou de l'autre ſeulement.

4°. *Les glandes* dites *labiales*, réſultant de quantité de petits tubercules qui ſont autant de grains glanduleux diſperſés entre le muſcle orbiculaire intérieurement, & la membrane qui le recouvre, ces grains fourniſſant ſans ceſſe une humeur à laquelle ſe mêle ſouvent celle qui eſt filtrée dans les autres portions de la cavité dont il s'agit.

5°. *Les muſcles*, au nombre de dix-ſept, dont huit pairs & un impair, ces muſcles opérant tous les mouvemens poſſibles à ces parties. (*Voyez* 126 à 134.)

6°. *Les vaiſſeaux ſanguins* nommés *arteres* &

---

des commiſſures, où ils ſont très-longs & très-multipliés. Ils ſe propagent dans toute l'étendue de la membrane interne de la bouche, en diminuant de nombre & de groſſeur juſques au-deſſus des dernieres dents molaires.

Dans le mouton, les bords & la ſurface externe des *levres* ne ſont pas privés de poils, ils en ſont garnis juſques aux mammelons, qui bordent l'une & l'autre.

veines

veines labiales : les arteres étant des divisions de la feconde branche de la maxillaire interne qui fe répand fur toute la partie extérieure & inférieure de la tête, les veines fuivant la même route, & naiffant de la veine maxillaire interne qui eft une diftribution de la jugulaire.

7°. *Les rameaux nerveux*, émanant du cordon antérieur & poftérieur de la cinquieme paire, & de la portion dure de la feptieme ; tous ces nerfs, au furplus, leurs divifions & leurs fubdivifions fe terminant par des mammelons en forme de houpes extrêmement tenues, auxquelles la grande fenfibilité de ces parties, dans leur furface interne, eft infailliblement due.

Des Gencives, des Barres & du Palais.

398. On nomme *gencives*, le tiffu compaĉt & ferré qui couvre les deux faces du bord alvéolaire des deux mâchoires. Il faut en confidérer :

1°. *Le trajet* : ce tiffu s'infinuant dans l'entre-deux des dents, environnant le collet de chacune d'elles, y adhérant étroitement, les affermiffant dans leur fituation, & garniffant exaĉtement encore l'efpace que, dans la mâchoire poftérieure, nous nommons proprement les *barres*, c'eft-à-dire, cette portion unie & dépourvue de dents & d'alvéoles qui fépare les mâchelieres & les crochets , ainſi que celui qui diviſe les crochets & les coins (1).

(1) Dans le bœuf & dans le mouton, ce tiſſu garnit l'eſpace qui exiſte entre les dents molaires & les pinces de la mâchoire poſtérieure; ces animaux n'ayant point de crochets, tandis qu'il recouvre dans la mâchoire antérieure la voûte palatine, & les bords avéolaires dans les lieux des dents mâchelieres, & les *gencives* dans la partie antérieure de la bouche, laquelle eſt dénuée de dents, il s'étend juſques ſur les levres.

A la partie interne & inférieure de cette mâchoire, cette membrane offre la trace ou la figure d'un Y; cette trace eſt plus ſenſible dans le bœuf que dans le mouton; la queue de cet Y eſt tournée du côté de la levre; à la partie ſupérieure de ſes deux branches eſt une ouverture qui, dans le bœuf, communique de l'intérieur de la bouche dans l'intérieur des naſeaux, par un conduit d'environ deux pouces (ſix centimètres); & dont la longueur eſt bien moindre dans le mouton; ce conduit pénetre dans l'intervalle des fentes inciſives, fentes bouchées, dans le cheval, par deux portions cartilagineuſes qui, dans les deux animaux que nous lui comparons, préſentent un conduit ou une ſorte de gouttiere; de plus, dans l'intérieur des grandes foſſes naſales, il en eſt une qui réſulte de la réunion des os maxillaires, du palais & du vomer, par laquelle l'humeur ou la ſéroſité muqueuſe la plus limpide, eſt dirigée vers le principe de l'entonnoir de ce même conduit, pour être dépoſée dans la bouche.

J'obſerve encore, dans ce même conduit, pluſieurs cryptes & pluſieurs orifices très-ſenſibles.

2°. *L'union*, avec les os maxillaires, qui eft moindre qu'avec leur périofte.

3°. *La couleur*, qui eft d'un rouge blanchâtre aux endroits où la membrane dont il eft couvert ne conferve pas la couleur de la robe de l'animal ; ce rouge-blanchâtre ne provenant que de celui qui lui eft communiqué par les prolongemens des ramifications diftribuées dans les levres, & par quelques divifions de la maxillaire externe.

4°. *La confiflance*, à l'extrémité poftérieure du bord alvéolaire interne de la mâchoire poftérieure, où il diminue notablement de volume, & fe confond avec la membrane intérieure de la bouche, en fe terminant de chaque côté par un repli ou une couture que l'on remarque dans le canal & fous la langue ; c'eft de ce repli que partent les excroiffances que l'on nomme *barbes* ou *barbillons* (1) ; l'épaiffeur de ce même tiffu augmentant

---

(1) Et c'eft au-deffous de ces mêmes replis, quelquefois même à l'extrémité de ces excroiffances, que l'on apperçoit les orifices des canaux fécrétoires des glandes maxillaires.

Dans le bœuf, ces canaux s'y terminent par une ouverture très-fenfible, mais beaucoup plus près des dents de pince que dans le cheval, & le repli eft garni, du côté externe, de plufieurs petits mammelons, imitant affez bien la figure d'une crête de coq. Dans le mouton, ils ne préfentent qu'un mammelon de chaque côté, au-deffous defquels on apperçoit les orifices des canaux dont il s'agit.

Z 2

confidérablement à mefure qu'il parvient à la voûte palatine qu'il tapiffe intérieurement, y étant muni d'éminences remplies de fillons évidemment tranfverfes, qui s'étendent d'un bord de la mâchoire à l'autre, & qui font communément au nombre de dix huit ou vingt (1).

5°. *Les faces & la confiftance en tant que membrane du palais :* la face qui regarde la bouche & les gencives étant liffe & polie, même dans les rugofités, & dans celle qui répond à la voûte offeufe, ce tiffu étant moins ferré & prefque fpongieux, ce qui facilite fon union avec les os. Il eft plus menu dans fes bords que dans fon milieu ; il s'étend fupérieurement, & toujours dans la même confiftance, jufqu'à la terminaifon de la voûte offeufe, & s'attache fortement au bord fupérieur & cintré des os du palais. Au - delà de cette connexion, il ne paroît être qu'une tunique fimple, fortifiée par la membrane aponévrotique des mufcles de cette partie, & par une glande qui en tapiffe toute la face fupérieure.

6°. *Le voile* ou *la cloifon du palais*, divifant la cavité de la bouche en deux portions, formé par

---

(1) Tant dans le mouton que dans le cheval, & feulement au nombre de quatorze bien marqués dans le bœuf, chacun d'eux étant garni de petits mammelons, qui ont la figure de pointons de dentelle.

une toile musculeuse & aponévrotique, couverte
inférieurement par la membrane palatine, & supérieurement par la tunique muqueuse.

7°. *Les connexions de ce voile*, aux os du palais
& à la mâchoire, particulierement par deux prolongemens de chaque côté, résultant de la saillie
de quelques fibres musculeuses contenues dans la
duplicature des deux tuniques, ce voile étant mobile & flottant.

8°. *Les piliers du voile*, au nombre de deux; ces
piliers, dont l'un est antérieur & l'autre postérieur,
résultant des fibres musculeuses dont je viens de
parler, & se portant latéralement depuis le bord
de la cloison, le premier à la base de la langue,
le second dans le pharynx, dans lequel il se perd
& se confond.

9°. *Les différences*, que ce voile, comparé à la
cloison du palais dans l'homme, peut présenter ici :
ces différences consistant, 1°. dans l'absence de la
production cylindrique, connue sous le nom de
luette dans la bouche humaine; 2°. dans le rapprochement de ce ceintre flottant sur la base de la
langue de l'animal, précisément au-devant de l'é-
piglotte, rapprochement qui est tel, qu'à peine
apperçoit-on dans l'état naturel l'intervalle qui est
entre ces parties; l'épiglotte étant levée, couvrant
presqu'entiérement l'ouverture que la cloison laisse,

d'où l'on doit inférer que les matières apportées par l'œsophage, ou par la trachée-artere, ne pourroient point entrer dans la bouche, & trouveroient une issue beaucoup plus libre par les naseaux, en passant au-dessus de ce voile, qui intercepte tout passage de dedans en dehors, & qui s'ouvre seulement comme une espece de valvule de dehors en dedans.

10°. *Les muscles de la cloison*, au nombre de cinq, dont les deux pairs ont aussi des usages relatifs à la trompe d'Eustache. (*Voyez* 154, 155.)

11°. *Les glandes*, une de chaque côté, de la longueur d'un pouce & demi (quatre centimètres), situées entre les deux piliers du voile, & pouvant être comparées aux glandes amygdales de l'homme. Elles en different néanmoins par la figure, & en ce qu'elles versent & dégorgent par quantité de petits orifices, dans la bouche proprement dite, l'humeur qu'elles ont reçue (1).

12°. *La glande considérable*, qui se trouve entre les membranes du voile, qui en occupe toute l'étendue, & dont les canaux excréteurs s'ouvrent

____

(1) Elles sont de la grosseur d'un marron, dans le bœuf, leurs canaux excréteurs s'ouvrent les uns dans les autres, en grande partie, & leurs orifices admettent des tuyaux du diamètre d'une grosse plume à écrire. Leurs ouvertures ont lieu au même endroit que dans le cheval.

pareillement dans la bouche, en perçant la membrane palatine.

13°. *Les vaiſſeaux ſanguins & les vaiſſeaux nerveux*, émanant des arteres, des veines & des nerfs qui avoiſinent ces parties.

De la Langue.

399. *La Langue* eſt un corps charnu, que l'on peut diviſer en ſix parties. L'inférieure en conſtitue la pointe ; la ſupérieure , la baſe ; l'antérieure & la poſtérieure, les faces ; les latérales, les bords ; ſa face antérieure ne préſentant, d'ailleurs , dans ſon milieu, aucune trace linéaire. Il faut en conſidérer :

1°. *La membrane externe* , qui eſt épidermoïde & garnie d'un nombre infini de petites éminences. Elle eſt une continuation de celle qui revêt les levres, les gencives & toutes les parties de la bouche.

2°. *La membrane moyenne ,* appellée *membrane réticulaire ,* parce qu'elle eſt percée d'une quantité conſidérable de petits trous. La ſubſtance en eſt molle & glutineuſe.

3°. *La membrane mammelonée* ou *papillaire* , ſituée au - deſſous de celle - ci, formée par l'aſſemblage des extrémités des nerfs, & ſemée d'une multitude prodigieuſe de mammelons, paſſant par les trous de la membrane réticulaire deſtinée à leur ſervir de baſe , & ſe terminant à la face antérieure de la *langue,* dans la racine des petites éminences qu'on voit à la furface de la membrane épidermoïde (1).

4°. *Les mammelons du premier genre*, étant à la portion fupérieure de la *langue*, y tenant par leurs péduncules, & laiffant fuinter une humeur mucilagineufe. On pourroit penfer que ces houpes, dont il eft deux paquets très-apparens & très-près les uns des autres, font autant de petites glandes (2); du refte, on ne trouve point ici & au milieu de ces corpufcules apparens, le trou borgne que l'on voit poftérieurement, & au milieu de la *langue* humaine.

5°. *Les mammelons du fecond genre*, occupant les portions antérieure, inférieure & latérale de la *langue*, n'ayant point autant de convexité, & étant percés comme les premiers. Plufieurs les ont envifagés, dans l'homme, comme des efpèces de gaînes trouées, dans lefquelles font nichées les papilles nerveufes qui font l'organe immédiat du gout, & qui fervent comme de rempart à ces mêmes papilles (3).

---

(1) Ces mammelons font plus multipliés, dans le bœuf, & dans le mouton, que dans le cheval.

(2) Il en eft, dans le bœuf, de fitués latéralement aux mammelons du fecond genre & à la partie inférieure de la *langue*; ils occupent une étendue d'environ cinq ou fix pouces (treize à feize centimètres); ils font auffi femés çà & là dans l'intervalle des mammelons du troifieme genre, & très-rapprochés le long des bords de la *langue*.

(3) Dans le bœuf & dans le mouton, ils occupent à-

6°. *Les mammelons du troisieme genre*, étant in-distinctement situés dans les intervalles des autres, veloutés dans la *langue* humaine, & se montrant dans le cheval, où ils sont moins sensible que dans le bœuf, comme de petits cônes (1). On ne sait si ce sont des poils exhalans, des poils excréteurs dans le cheval, ou s'ils sont préposés pour avertir les animaux de la qualité des alimens ; ou enfin, s'ils ne servent, dans les bœufs, qu'à rendre leur *langue* dure, inégale, raboteuse, & à la mettre, en la hérissant, plus à portée de retenir le fourrage, & de nétoyer facilement, par un seul mouvement, le palais, de tout ce qui pourroit s'y être attaché.

7°. *La substance* : cette partie étant comme un véritable muscle, tissue de fibres charnues, nées de l'expansion des fibres musculaires qui s'y distribuent, & qui la forment au moyen de leurs entrelacemens variés & divers.

8°. *Les fibres intrinseques*, dont le trajet est borné dans l'étendue seule de la *langue*, & qui en consti-

---

peu-près la moitié de la *langue* dans sa partie antérieure ; l'arrangement en est assez régulier, les uns sont obtus, les autres faits en pointe, & ils dégénerent de volume en approchant des bords de la *langue*.

(1) Dans ce dernier animal, ils sont plus forts & plus rudes à la partie inférieure de la *langue*, & dégénerent à mesure qu'ils parviennent à sa partie moyenne.

tuent effentiellement le corps; ces fibres difpofées en tous fens ; quelques-unes fe portant perpendiculairement & en ligne directe de la bafe à la pointe, elles rapprochent, lors de leur contraction, la pointe de la bafe; d'autres n'en garniffant la furface que latéralement ; elles tirent, en fe racourciffant, cette même pointe vers le côté gauche; ces fibres longitudinales étant encore coupées à angles droits par des fibres tranfverfales qui s'entrelacent avec elles, & qui allongent & arrondiffent cette partie ; les fibres obliques coupant les longitudinales & les tranfverfales, & leur action opérant le racourciffement du mufcle vers fa bafe, tandis que celles qui marchent horizontalement & felon fon épaiffeur, qu'elles diminuent, l'allongent & l'élargiffent.

9°. *Les fibres extrinfeques*, s'écartant du corps de la *langue*, & s'en féparant pour s'attacher, fous la forme de plufieurs petits mufcles, aux parties qui l'avoifinent.

10°. *Les mufcles*, au nombre de fix, & agiffant conjointement avec les fibres dont ils font l'origine & le principe. (*Voyez* 149).

11°. *Les connexions*, 1°. par une efpece de ligament membraneux, réfultant de la continuation & de la duplicature lâche de la membrane qui revêt la mâchoire poftérieure, & qui fe replie fous la

langue, près de l'infertion des mufcles géniogloffes;
2°. par les mucles qui la fixent , foit à cette même
mâchoire poftérieure, foit à l'os hyoïde, qui en affermit la bafe & qui fixe les attaches de divers mufcles ; 3°. foit encore par d'affez fortes adhérences ·
qu'elle contraête en rapprochant de ce même os.

12°. *Les vaiffeaux fanguins* : les plus notables
étant les *arteres ranines* & *palatines;* les premieres,
une de chaque côté , étant la feconde ramification
de la maxillaire interne , & fe plongeànt entiérement dans la fubftance de la *langue* , dans laquelle
elles pénetrent par fa face poftérieure à l'endroit de
fa bafe, d'où elles fe répandent & fe diftribuent
jufques à la pointe , & les *palatines* émanant du
fecond rameau de la troifieme branche de cette
même maxillaire.

Les veines accompagnant & fuivant les arteres,
elles fe rendent dans la maxillaire interne , & de-là
dans les jugulaires.

13°. *Les vaiffeaux nerveux*, naiffant du cordon
antérieur & poftérieur de la cinquieme paire, qui
fournit un rameau qui paffe dans le canal palatin
& qui fe répand dans le palais, tandis qu'un de
ceux du cordon, ou du maxillaire poftérieur, qui fort
le plus près de la fente déchirée , fe porte à la
langue & dans fes mufcles , fous le nom de *petit
nerf lingual* , celui-ci communiquant avec le *grand*

nerf lingual, ou de la neuvieme paire, dont l'origine eſt à l'extrémité de la moëlle allongée , & qui ſort du crâne par les trous condyloïdiens de l'occipital, ſous la forme de pluſieurs petits filamens ; ils ſe plongent, par la baſe de la *langue*, dans toute ſa ſubſtance, & s'y perdent.

De l'Arriere-Bouche.

400.   *L'arriere-bouche*, eſt comme un veſtibule , dans lequel aboutiſſent pluſieurs ouvertures. Ces ouvertures ſont, ſupérieurement les embouchures des trompes d'Euſtache dont j'ai parlé (154 & 392, 1º.), & celles des foſſes naſales dont il a auſſi été parlé (394, 2º.) ; poſtérieurement, les orifices de l'œſophage & de la trachée-artere ; celles-ci ſont diſtinguées par les noms de *larynx* & de *pharynx.*

Le *larynx* n'eſt autre choſe que cette eſpece de tête cartilagineuſe que préſente l'extrémité ſupérieure du conduit par lequel l'air qui a paſſé par les naſeaux, peut ſans ceſſe s'inſinuer dans les vaiſſeaux aériens du poumon , & en ſortir avec la même liberté. (*Voyez-en la deſcription* 373.)

Du Pharynx.

401.   Le *pharynx* eſt un grand ſac muſculeux & membraneux, dans lequel il faut conſidérer :

1º. *Les adhérences*, antérieurement à la face poſtérieure du larynx, poſtérieurement à la face de l'apophyſe cunéiforme, & au pavillon des trompes d'Euſtache, ce ſac étant latéralement affermi par les grandes branches de l'os hyoïde, & ſes connexions étant encore, par le tiſſu cellulaire, aux glandes, aux muſcles & aux vaiſſeaux qui l'entourent.

2°. *Les membranes* : ce même tiſſu cellulaire le revêtiſſant extérieurement, & une membrane, qui eſt la continuation de celle des foſſes naſales & du palais, le tapiſſant intérieurement ; cette même membrane ayant plus de conſiſtance dans ce ſac, en acquérant d'avantage dans le canal alimentaire, adhérant étroitement à la membrane cellulaire, & pouvant être aiſément ſéparée des fibres charnues : elle l'eſt même, en quelque façon, dans l'œſophage où elle forme une ſorte de canal membraneux très-diſtinct. C'eſt par elle que le *pharynx* eſt uni au larynx, ſes fibres charnues s'étendant ſur les faces latérales du cartilage thyroïde, à la face poſtérieure du cricoïde, à l'os hyoïde & au ſphénoïde.

3°. *Les muſcles*, au nombre de quinze, dont ſept pairs & un impair. Leurs noms ſont relatifs à leurs attaches, & leur action ſe rapportant à leur direction, & à leur ſituation, opere l'élévation, la dilatation & le reſſerrement de cette partie. (*Voyez* 150, 151.)

Des Glandes de la Bouche (1).

402. *Les glandes de la bouche* font office, d'une part, de cryptes ou de follicules glanduleux parfemés dans toutes fes parties , & de l'autre, de véritables glandes conglomérées.

Eu égard aux premieres , femblables la plupart les unes aux autres, par leur volume , par leur fubftance & par leur office , il faut en confidérer :

1°. *La fituation* , fur la plus grande partie de la furface de la membrane qui tapiffe la bouche, cette fituation déterminant le nom qu'on leur a donné.

2°. *Les labiales* , dites ainfi, parce qu'elles font placées entre le mufc'e orbiculaire des levres, & la membrane qui revêt ces mêmes levres.

3°. *Les molaires* , fituées entre le mufcle molaire & cette membrane.

4°. *Les linguales* , fituées à la partie antérieure de la langue.

5°. *Les palatines* , fituées à la voûte du palais.

6°. *Les épiglottiques, les arythénoïdiennes*, placées dans le larynx.

7°. *Les pharyngiennes*, placées dans le pharynx.

8°. *Les tonfiles*, ou celles qui , dans l'animal,

---

(1) Voyez ce qui en a déjà été dit dans le *précis Adéno-logique*. (306 , 7°. & fuivans).

en tiennent lieu, & dont j'ai déjà parlé & expliqué la position en parlant des gencives, des barres & du palais (398 , 11°.). .

9°. *Les usages*, qui sont de fournir un liniment gras, transparent, quoique visqueux, & de plus insipide, liniment qui abonde dans presque toutes les parties du corps, qui émousse les âcretés, qui en défend les nerfs, qui s'oppose aux suites fâcheuses des frottemens, qui prévient celles qui naîtroient d'un long desséchement, qui est le vernis des premieres voies, & qui facilite, dans la bouche, le passage des alimens, en les humectant ainsi que la salive, & en maintenant toujours les membranes glissantes.

403. *Les glandes conglomérées*, y filtrent & y fournissent la liqueur connue sous le nom de *salive*, liqueur qui assimile les alimens à la nature du corps qu'ils doivent nourrir, & qui est le premier véhicule des sels, car c'est principalement par elle qu'ils s'appliquent à l'organe du goût ; de-là elles ont été appellées *glandes salivaires*.

Il faut en examiner :

1°. *Le nombre*, que l'on peut porter jusqu'à celui de sept, en y comprenant celle dont nous avons marqué la situation ci-devant, en parlant des gencives, des barres & du palais (398 , 12°.).

2°. *La situation* des six autres, trois de chaque

côté, placées à l'intérieur de la bouche, ou près de l'articulation de la mâchoire, ou près des muscles, qui, mùs pendant la mastication, les pressent, les compriment, & excitent un flux plus copieux d'humeur salivaire. De ces six glandes, les unes étant appellées *avives* ou *parotides*, les autres *maxillaires*, & les autres *sublinguales*.

3°. *Les parotides*, situées au-dessous de l'oreille, entre la tubérosité de la mâchoire postérieure & l'encolure, recouvrant une portion de la carotide & de la jugulaire, ayant environ quatre ou cinq pouces (onze à treize centimètres) de longueur, deux pouces (six centimètres) de largeur, & un pouce (trois centimètres) d'épaisseur ; la couleur en étant jaunâtre, leur surface inégale & bosselée, présentant les intervalles des grains glanduleux dont elles sont formées. De ce milieu, & de la partie inférieure de cette glande, part un canal membraneux, blanchâtre, dont le diamètre est égal à celui d'un gros tuyau de plume. Il descend derriere la tubérosité de la mâchoire, sur laquelle il monte le long du bord inférieur du muscle masseter, accompagné d'un rameau d'arteres & de veines venant des arteres & des veines maxillaires. Il s'avance de-là, sur le muscle molaire, qu'il perce, environ dans son milieu, pour se rendre dans la bouche, où il dégorge

la

la salive qu'il charrie, entre les deux premieres dents molaires (1).

4°. *Les maxillaires*, moins volumineuses que les parotides, placées dans l'auge près de l'extrémité supérieure de la mâchoire, entre cette partie & le larynx; leur longueur, suppléant au défaut de leur volume, étant d'environ un demi-pied (seize centimètres), & leur forme étant presque

---

(1) D'après les usages & la position de ces glandes, on conçoit combien est absurde & même dangereuse la pratique de ceux qui, les regardant comme le siége de la maladie qu'ils appellent *étranguillon* ou *avives*, les compriment fortement avec des tricoises, les meurtrissent & les contusent avec un bâton, ou avec le brochoir, à l'effet, disent-ils, de les ramollir & de faire cesser les douleurs violentes dont ils les soupçonnent bien gratuitement d'être la cause; ce qu'ils appellent *battre* ou *broyer les avives*. Les accidens qui suivent le plus ordinairement cette pratique sont la tuméfaction, l'inflammation & la suppuration de ces parties, auxquelles succedent souvent des ulceres fistuleux qui laissent continuellement échapper la salive, qui épuisent bientôt l'animal, sont très-longs & quelquefois très-difficiles à guérir, & d'où résulte le plus ordinairement la destruction de l'organe.

Cette pratique, au surplus, aussi inutile que barbare, a été recommandée par des auteurs dont la réputation est encore aujourd'hui très-répandue, & entre autres par *Solleysel*. Voyez *le parfait Marefchal. Paris,* 1744, 1ᵉʳᵉ. partie, chapitre XXXVIII, pag. 100. (*Note de l'éditeur*).

Tome II. A a

arrondie. Elles s'étendent depuis la bafe de l'os hyoïde , jufques à la partie fupérieure & latérale de la trachée-artere ; l'efpace que le larynx occupe entre elles , les féparant l'une de l'autre. Leurs canaux excréteurs , découverts par *Warton*, paffent au-deffous des mufcles mylo-hyoïdiens, fe propagent le long des mufcles hyogloffes & de la face interne de la glande fublinguale, à laquelle ils adherent fortement ; percent la membrane interne de la bouche, & s'ouvrent à la partie inférieure du canal de cette partie, à l'endroit où le prolongement accidentel de cette membrane forme ce que nous nommons les *barbillons*, & à très-peu de diftance des crochets.

Du refte, ces glandes ne font jamais affectées dans les chevaux atteints de la morve. Celles qui paroiffent tuméfiées , & que l'on comprime dans l'auge , pour s'affurer de l'exiftence de cette maladie, n'étant que des glandes lymphatiques dont j'ai parlé (306 , 9°.).

5°. *Les fublinguales*, fituées dans l'auge, plus inférieurement, & étant plus voifines & plus rapprochées que ne le font les autres entre elles. Leur forme eft étroite, allongée; elles fe dégorgent dans la bouche, le long des parties latérales & inférieures du canal, par plufieurs petits conduits excréteurs, que *Rivinus* a démontrés dans le veau.

6°. Enfin, *la septieme*, ou la *glande vélo-palatine*, occupant toute l'étendue du voile du palais, située entre la membrane aponévrotique & la membrane palatine; le nombre confidérable de fes canaux excréteurs perçant cette derniere tunique, & verfant dans la bouche la falive que cette glande a féparée.

Des principaux Ufages de la Bouche en général.

404. C'eft dans cette cavité premiere, que fe fait une atténuation des alimens par la maftication, par la falive qui s'y décharge, & par la liqueur qui y eft exprimée. Un mouvement général de la mâchoire poftérieure, compofé de tous ceux dont elle eft douée, en opere le broiement. C'eft à raifon de ce mouvement, que le fourrage eft ferré & preffé à diverfes reprifes, entre les dents mâchelieres, & d'autant mieux divifé, qu'il change à tout moment de place, & qu'il eft fans ceffe retourné & repouffé entre ces dents, foit par l'action des mufcles molaires, foit par celle de la langue qui le porte de côté & d'autre, & qui s'en charge quand il a été fuffifamment mâché, mêlé, humecté, lubréfié & pétri. Alors, cette même mâchoire fe rapproche de l'antérieure, & les alimens contenus fur la face antérieure de la langue, font comprimés entre cette partie & le

palais dont les fillons les maintiennent fur cette même face, & empêchent qu'ils ne retombent à mesure qu'ils remontent vers le gofier, & qu'ils y abordent. En même temps, la langue, fe repliant dans fa longueur, devient cave dans fon milieu, & forme comme une efpece de canal dans lequel le fourrage, deja préparé, s'arrange & fe moule de maniere à paffer en forme de pelotte ovale, non en travers, mais par une des pointes ou des extrémités de cette pelotte dans la feconde cavité, c'eft-à-dire, dans l'arriere-bouche. Le fourrage, ainfi pétri, étant preffé contre la voûte palatine, par l'application de la langue, fuivant toute fa longueur, en commençant par fa pointe, & en finiffant par fa bafe, fes replis fur elle-même, conféquemment au jeu des fibres charnues qui lui font propres, & à la contraction des bafiogloffes, aidés des hyogloffes agiffant enfemble ; telles font les actions qui déterminent les alimens à cheminer en haut. Parvenus au voile, ils l'élevent de concert avec le vélo-palatin & les périftaphylins, tandis que la langue, fe portant en arriere dans le petit abaiffement qui la fépare de l'épiglotte, pouffe ce cartilage & le couche fur la glotte qu'il recouvre entierement. Or, la bouche, les arriere-narines & le larynx étant fermés par ce moyen, le fourrage eft reçu dans le pharynx ouvert qui,

élevé & dilaté par les ptérygo-palato-pharyngiens
& les kérato-pharyngiens, vient préfenter aux matieres le haut de fon large entonnoir, comme pour
les inviter à y defcendre. Elles en font plus fortement follicitées encore par la cloifon, qui, dans
l'inftant de leur paffage, fait fonction de valvule à
l'égard des nafeaux, mais qui, revenant auffi-tôt
après dans fa fituation naturelle, les preffe du
côté du pharynx, fur-tout au moyen du mufcle
œfophagien & des autres mufcles, dont l'ufage
eft de refferrer cette partie.

Il eft donc facile de voir, par cette très-foible
ébauche, de ce qu'il en coûte à la nature dans l'action de la maftication & de la déglutition ; que
la langue, parmi les organes différens qui y font
employés, & les mouvemens divers qui doivent y
concourir, doit être envifagée comme un agent
effentiel & des plus néceffaires. Elle eft encore
l'organe unique & immédiat du goût ; elle fert
auffi, dans les bêtes à cornes & à laine, privées
de dents à la mâchoire antérieure, de moyen méchanique pour raffembler l'herbe en faifceau,
l'appliquer contre les gencives, & la faire plus
facilement couper par les dents incifives de la mâchoire poftérieure dans l'action de paître, &c. &c.

A a 3

RECHERCHES

SUR

LES CAUSES DE L'IMPOSSIBILITÉ

DANS LAQUELLE

LES CHEVAUX SONT DE VOMIR (1).

*L*E *cheval ne vomit point.* Toutes les ſubſtances
capables de ſolliciter dans l'homme, dans le chien,
dans le chat, dans le cochon, & dans d'autres

---

(1) Le mardi 4 Juin 1771, les éleves de l'école vétérinaire
d'Alfort furent entendus dans une ſéance publique, préſidée
par M. Berin, alors miniſtre & ſecrétaire d'état.

L'objet de cette ſéance fut la *démonſtration anatomique de
l'eſtomac du cheval & de ceux des ruminans.*

L'examen de pluſieurs points de phyſiologie, ſuivit cette
démonſtration.

*Quelles ſont les cauſes qui conſtituent le cheval dans l'im-
poſſibilité de vomir ?*

*Quels peuvent avoir été les motifs de la nature dans la pro-
création des animaux ruminans ?*

*La rumination eſt-elle un acte ſpontané, ou eſt-elle un acte
volontaire ?*

*Quels ſont les moyens méchaniques par leſquels cet acte eſt
opéré ?*

Telles furent les queſtions intéreſſantes & difficiles qui

animaux, cette forte contraction & ce mouvement convulfif, au moyen defquels on parvient à dégager en eux les premieres voies par le haut, n'operent rien dans celui-ci, fi elles ne font adminiftrées en dofes énormes, encore ne produifent-elles quelquefois que les effets d'un purgatif léger, & le plus communément que ceux des diurétiques énergiques. La médecine vétérinaire fe trouve donc privée, à fon égard, comme à celui des animaux ruminans, d'une reffource précieufe dans une infinité de circonftances maladives, & principalement dans celle de ces fléaux funeftes & contagieux que des remedes vomitifs pourroient prévenir, ou dont ils pourroient arrêter les progrès dès le principe (1).

La raifon de la différence des réfultats de ces

---

furent agitées, & qui engagerent naturellement les éleves dans la difcuffion des différens fyftèmes auxquels elles ont donné lieu.

L'affemblée, compofée de plufieurs membres de l'académie des fciences, de celle de chirurgie & de la faculté de médecine de Paris, parut en général très-fatisfaite.

Elle adjugea le prix à MM. *Tribout*, *Lombard*, *Vaugien*, *Bravi* & *Aubert*.

L'acceffit fut adjugé à MM. *Gervi*, *Bafin* & *Huzard*. (*Extrait des feuilles du temps*).

(1) Voyez *Matiere Médicale raifonnée*, *à l'ufage des éleves des Écoles vétérinaires*, *troifieme édition*, page 63 & fuiv.

médicamens, & de la faculté qu'ils ont de pro-
voquer, dans le cheval, une ample & très-copieufe
fécrétion d'urine, ne fera jamais l'objet des recherches d'un efprit fain qui, fe renfermant fagement
dans les bornes tracées par la nature, fait s'arrêter
à l'obfervation, en connoître le prix, & fe conten-
ter de l'ufage utile & raifonné qu'il peut en faire.

Il n'en eft pas de même de la découverte des
caufes méchaniques fenfibles, qui s'oppofent au
retour, dans la bouche de cet animal, des matieres contenues dans le ventricule, auffi a-t-elle
été tentée plufieurs fois; & nous expoferons ici, en
peu de mots, les idées qu'on s'en eft formé, en
examinant fi elles font juftes, & fi elles s'allient
à la conformation des parties.

Il feroit fuperflu de parler de l'opinion de ceux
qui ont attribué l'impoffibilité du vomiffement à
la longueur de l'œfophage, & à la diftance qu'il
y a du ventricule au fond de la bouche, puifque
cette diftance qui eft, à peu de chofe près, égale
dans le bœuf, n'eft point en lui un obftacle au
rappel des alimens qu'il doit remâcher, & que
néanmoins cet acte dans lequel confifte ce que
nous nommons rumination, n'eft pas, comme le
vomiffement, l'effet d'un mouvement forcé, convulfif, clonique en un mot, ou opéré par fecouffe.

Le fentiment de ceux qui accufent de cette

impoſſibilité la force de l'os hyoïde , & la compreſſion qu'on a ſuppoſé qu'il faiſoit ſur le pharynx , n'a rien de plus attrayant ; cette compreſſion
imaginaire s'oppoſeroit , en effet, à la déglutition
du fourrage , comme à ſon rejet du dedans au-
dehors , & d'ailleurs les alimens avalés & parvenus
dans le ventricule , pouvant alors remonter & refluer depuis l'orifice ſupérieur de l'eſtomac , ou depuis le fond même de ce ſac membraneux , juſques
à cet obſtacle , on ne voit pas quel eût été le but
de la nature , en permettant ce reflux , ces nau-
ſées , ce demi-vomiſſement , s'il nous eſt permis
de nous exprimer ainſi , & des efforts qui n'auroient été ſuivis d'aucune évacuation.

Le ſyſtême qu'il importe le plus d'approfondir ,
eſt celui de M. *Lamorier* , chirurgien, de la ſociété
royale des Sciences de Montpellier. Il eſt conſigné
dans les *mémoires de l'académie royale des Sciences
de Paris.* (1), & ſans doute il n'en a impoſé à
pluſieurs hommes illuſtres , tels, par exemple ,
que le celebre *van Swieten* , que parce qu'il a été
recueilli dans ce dépôt précieux , digne , à tous
égards , de la confiance des ſavans.

M. *Lamorier* prétend , 1°. que le diaphragme eſt
très-foible dans les chevaux ; il l'a trouvé lacéré

______

(1) *Mémoire où l'on donne les raiſons pourquoi les chevaux
ne vomiſſent point.* Année 1733. page 511 & ſuivantes.

dans un petit cheval qui avoit été forcé, & il penfe que cet événement eft fréquent.

2°. Il a obfervé, avec raifon, ainfi que nous, que l'eftomac de cet animal eft fort enfoncé, diftant d'environ un pied (trente-deux centimètres) des mufcles abdominaux, & recouvert par une portion de la maffe énorme de l'inteftin colon.

3°. Il a cru voir une valvule à l'orifice fupérieur de ce vifcere, fe portant de devant en arriere & couvrant près des deux tiers du diamètre de cet orifice; il lui a paru, dans plufieurs eftomacs fecs & qu'il avoit foufflés, qu'elle a la forme d'un croiffant, il la compare à un des panneaux de la valvule du colon dans l'homme, & il a même jugé à propos d'en joindre la figure à fon mémoire.

4°. Enfin, il s'eft livré à quelques expériences, il a tiré l'eftomac hors de l'abdomen avec le duodenum & une partie de l'œfophage: il a verfé de l'eau dans ce fac par le dernier de ces canaux, & l'ayant comprimé fur un plan horizontal, l'eau eft fortie en moins grande quantité par l'œfophage, que par le pylore; il a enfuite relevé le fond de l'eftomac, laiffant les deux orifices abaiffés, & alors la compreffion a chaffé l'eau en plus grande abondance par l'orifice antérieur, que par l'orifice poftérieur.

M. *Lamorier* conclut de toutes ces obfervations, que c'eft principalement à l'enfoncement de l'eftomac fous l'inteftin colon qu'eft due l'impuiffance dans laquelle les chevaux font de vomir. L'eftomac de ces animaux, dit-il, n'étant pas foumis immédiatement à l'action du diaphragme & des mufcles abdominaux, & le diaphragme étant très-foible, il s'enfuit que le vomiffement n'eft point opéré & ne peut être opéré en eux; il ajoute enfin, que la valvule placée à l'orifice fupérieur s'y oppofe auffi, quoiqu'il foit perfuadé qu'elle ne forme qu'un obftacle médiocre & léger, & qu'elle ne contrarie qu'en partie la fortie des matieres contenues dans le ventricule.

Nous nous propofons d'abord de fuivre pas à pas l'obfervateur.

En ce qui concerne la foibleffe alléguée du diaphragme, s'enfuit-il que parce que M. *Lamorier* l'a vu lacéré dans un petit cheval qui avoit été forcé, cet événement foit fréquent ? Il nous paroît qu'un accident dont on a été témoin une feule fois, n'autorife pas à croire qu'il n'eft pas rare. Si des efforts, plus ou moins terribles, occafionnent quelquefois des ruptures, elles ont lieu toujours plutôt dans le péritoine que dans cette cloifon : d'une autre part, nous voyons bien que le petit mufcle qui entre dans la compofition de cette même cloifon, & que l'on remarque à la partie fupérieure du mufcle plus grand, dont les fibres fe terminent

en une aponévrofe d'où réfulte le centre tendineux
ou nerveux, a une confiftance beaucoup plus
épaiffe que ce dernier, mais on ne peut en conclure
que, par une erreur impardonnable à la nature,
elle l'ait laiffé dénué de la force qui lui étoit néceffaire dans un animal capable de courfes longues
& véhémentes, auxquelles il ne fourniroit certainement pas fi cette partie, qui eft, fans contef-
tation, un des agens de la refpiration, avoit la
foibleffe qu'on lui fuppofe.

Nous convenons, en fecond lieu, que M. *Lamo-*
rier a parfaitement faifi la pofition de l'eftomac, &
l'on doit fe rappeller que nous l'avons fixée près
des vertebres lombaires dans la partie moyenne &
latérale gauche de l'abdomen, & que nous avons
dit que fa portion droite eft recouverte par le
foie, fa portion gauche par la rate, fa face inférieure étant cachée par le colon fur lequel il ap-
puie (1). Il faut donc examiner fi, parce qu'il n'eft
pas immédiatement expofé à l'action des mufcles
du bas ventre & du diaphragme, nous devons
regarder fon éloignement de ces mêmes mufcles
comme une caufe du phénomene qui nous occupe.

On ne fauroit nier que le vomiffement peut être

----

(1) Voyez ci-devant (322) la defcription de l'eftomac,
tome II, page 26 & fuivantes.

l'unique effet de la contraction des feules fibres du ventricule, enfuite d'une certaine irritation; tel eft le vomiffement qui n'eft accompagné d'aucun effort, celui des femmes dans un état de groffeffe, celui des malheureux hypochondriaques, &c. ; ainfi ce vifcere trouve alors dans fes propres forces, celle qui lui fuffit pour fe débarraffer des matieres qui l'importunent. Cette irritation eft-elle portée à un certain point, conféquemment à une caufe quelconque plus forte, ou à des émétiques donnés ? La fenfation premiere du vifcere, vu la correfpondance des parties, fe propage bientôt jufques au diaphragme & aux mufcles abdominaux, principalement au mufcle tranfverfe ; & comme ils font mis dès-lors & auffi tôt en mouvement & en action, ils accompliffent l'œuvre, de concert avec le ventricule, qu'ils fecouent & qu'ils compriment ; nous voyons donc ici la réunion des forces des organes de la refpiration & des fibres de l'eftomac ; cependant, on ne peut pas raifonnablement dire que ces organes font la caufe du vomiffement ; il eft inconteftable que cette caufe eft dans la fenfation qu'éprouve le vifcere, autrement le vomiffement dépendant d'une maniere abfolue des mufcles du bas-ventre & du diaphragme, pourroit être un acte réellement volontaire, ce que l'on ne fauroit admettre & penfer. Si donc ces mêmes mufcles ne font pas la caufe du vomiffement, l'éloignement ou le vifcere fe trouve d'eux, dans le cheval, la foibleffe fuppofée du diaphragme, la maffe inteftinale qui le recouvre & qui le derobe à la compreffion réitérée qu'il effuyeroit, fa pofition étant telle qu'elle eft dans l'homme & dans le plus grand nombre des animaux, ne fauroit être celle de l'impoffibilité dans laquelle il eft de vomir.

La valvule que M. *Lamorier* nous a dépeint, n'exifte nullement, & c'eft ainfi qu'on erre quand on écrit d'après l'infpection de préparations féches, qui ne peuvent que nous éloigner du vrai. Ce que M. *Lamorier* a pris pour une valvule dans les eftomacs defféchés, n'eft autre chofe, vraifemblablement, que les fibres que nous avons dit partir du plan externe de la tunique charnue de l'œfophage, & fe propager l'efpace d'environ cinq à fix travers de doigt (huit à neuf centimètres) fur le vifcere & à la circonférence de l'orifice antérieur (1) : en effet, les membranes defféchées, paroiffent avoir plus d'épaiffeur dans toute cette étendue ; mais dans le fait, il n'y a, ni dans le fec, ni dans le frais, aucun reftige d'une tunique faifant l'office de foupape. Nous ajouterons que s'il eût confidéré la valvule du colon dans le corps de l'homme, non deffé-

____

(1) Voyez la defcription ci-devant citée, page 29.

chée , il fe feroit convaincu qu'elle n'a , à proprement parler , point de panneaux ; c'eft une efpece de fphinfter formé par les fibres orbiculaires de l'iléon , qui fert à fermer l'extrémité de cet inteftin & à empêcher , quand il eft clos , les matieres de paffer du cæcum & du colon dans l'iléon. On peut confulter , à cet égard , la defcription qu'on en trouve dans l'expofition anatomique du célebre *Winflow*. Nous ne fommes pas , au furplus , les feuls auxquels il a été impoffible de voir la valvule fuppofée dans le ventricule du cheval ; M. *Bertin* , anatomifte , de l'académie des fciences , M. *Verdier*, ainfi que M. *Sue* , chirurgiens , très-verfés l'un & l'autre , dans la connoiffance de la conformation des corps animés , l'ont cherchée vainement : ils n'ont pas été plus heureux que nous.

En ce qui concerne les expériences de M. *Lamorier* , nous lui oppoferons celles qui ont été faites à l'école vétérinaire de Lyon , & dont *Haller* a parlé dans fa grande phyfiologie , ainfi que celles que nous avons répétées à l'école vétérinaire d'Alfort.

Détachez l'eftomac du corps , en confervant une partie de l'inteftin duodenum & une certaine étendue de l'œfophage ; introduifez le tuyau d'un foufflet dans l'inteftin ; foufflez , même avec force , le vifcere fe gonflera , & fera rempli d'air , fans que l'air , foufflé & introduit , puiffe , en aucune maniere, s'échapper par l'orifice antérieur qui, cependant, est demeuré fans ligature & dans fon état naturel.

Liez, en fecond lieu, l'inteftin fortement plus ou moins près du pylore ; verfez de l'eau par l'œfophage jufques à ce que le ventricule foit plus ou moins rempli ; comprimez ce vifcere avec une preffe, ou par le poids du corps d'un homme ou deux, après l'avoir étendu à terre, & l'avoir recouvert d'une planche fur laquelle ces hommes monteront, jamais la compreffion ne déterminera l'eau à fortir par l'orifice antérieur que vous aurez néanmoins laiffé libre, & elle occafionnera plutôt la rupture du vifcere près de fa partie poftérieure : mais le fait rapporté par M. *Lamorier*, dira-t-on, contredit & dément ceux-ci ; l'eau eft fortie, felon lui, en plus petite quantité par l'orifice fupérieur que par le pylore ; or, comment ajouter foi à deux expériences fi contraires ? Il eft bon de prévenir que l'expérience qui contrarie les nôtres, a pu être faite fur l'eftomac d'un cheval mort depuis un certain efpace de temps, & alors, en effet, toutes les fibres font dans le plus grand affaiffement & toutes tentatives ne concluent rien ; mais fi elle eût eu lieu fur le ventricule d'un animal mort depuis peu, certainement elle eût donné les réfultats que nous venons de rapporter, & nous

avons

avons réitéré trop de fois nos épreuves, pour que la feule & unique qui ait été faite par M. *Lamorier*, puiffe les rendre douteufes; or, la conféquence que nous devons en tirer eft que c'eft dans le vifcere feul que réfide l'obftacle au vomiffement.

Nous avons vu que la membrane interne de l'œfophage eft très-ample; qu'elle n'eft douée d'aucune élafticité, & que cédant fans ceffe à la contraction des fibres de la tunique mufculeufe, elle préfente le long du canal une quantité de rides ou de plis, qui fe prolongent, comme elle, dans le ventricule, dont elle garnit l'orifice antérieur, & tapiffe toute la groffe extrémité, cette membrane faifant une portion de la quatrieme tunique de ce vifcere, puifque celle - ci en eft une continuation, & ces plis qui apparoiffent auffi en long à cet orifice, & qui le garniffent entiérement, étant entaffés & confondus les uns dans les autres, dès leur entrée dans l'eftomac, de maniere qu'il eft très-difficile d'en démêler le cahos, lorfqu'enfuite d'une fection faite au vifcere, on tente, ainfi que nous l'avons dit (1), d'introduire du ventricule dans l'œfophage le doigt, ou même un ftilet. Ce même orifice demeure donc entiérement fermé, & la tunique interne de l'œ-

____

(1) Voyez la defcription citée, page 32.

Tome II. B b

sophage, toujours ridée ou plissée dans toute son étendue, jusqu'à ce que le fourrage, ouvrant & forçant le diamètre du canal, dans la déglutition, opere la dilatation des fibres de la tunique charnue, & alors les plis de celle-ci diminuent ou s'effacent plus ou moins, selon le volume des alimens qui parviennent de la bouche dans l'estomac; mais ces mêmes fibres charnues étant rappellées aussi-tôt, & naturellement sur elles-mêmes, la compression qui résulte, pour la tunique interne, de leur contraction subite, occasionne sur-le-champ une nouvelle formation de ces rides, dont la diminution ou l'évanouissement ne peut jamais être qu'instantané.

Nous avons encore considéré dans l'examen que nous avons fait de la tunique seconde ou charnue du ventricule (1); 1°. un paquet de fibres très-fortes ceignant ce même orifice antérieur, ou faisant comme une sorte de cravatte autour de lui, & qui sont toujours plus déliées à mesure qu'elles tendent vers le pylore; 2°. des fibres assez épaisses dont nous avons parlé à l'occasion de la valvule de M. *Lamorier*, qui se propagent longitudinalement de l'œsophage sur l'esto-mac, & toujours aux environs de l'orifice, en

____

(1) Voyez *ibid.* page 29 & suivantes.

croifant indifféremment toutes les fibres des plans
entre lefquels elles cheminent ; ces mêmes fibres
détachées de l'œfophage pouvant déterminer cet
orifice fur un même plan que celui de la cavité
du vifcere ; 3°. les plans de fibres très-confidérables qui circonfcrivent le cul-de-fac, & qui perdent évidemment beaucoup de leurs forces en approchant de l'orifice poftérieur ; 4°. nous avons
obfervé que la feconde portion de la quatrieme
membrane du ventricule, portion qui eft véritablement mammelonnée & qui avoifine le pylore,
eft très-lâche & très-humeftée, & dès-lors les
fibres qu'elle tapiffe doivent être moins difpofées
à la contraction & plus faciles à céder aux premiers efforts qui folliciteroient en elles un mouvement contraire ; 5°. enfin, nous nous fommes
convaincus que quoique l'orifice poftérieur du
ventricule paroiffe extérieurement épais au toucher, on ne peut faire, quant à fa force, aucune
comparaifon de fes fibres avec celles qui refſer-
rent étroitement l'orifice oppofé. Or, c'en eſt affez
de ces différentes obfervations pour être certain
que la caufe de l'impuiffance de vomir ne doit
être cherchée que dans la ftructure de l'eftomac
même. En effet, les fibres du cul-de-fac & celles
qui ceignent l'orifice antérieur fe contracteront-
elles ? Il eft clair que les alimens feront pouffés

& chaffés du côté du pylore , & que les fibres
de l'œfophage qui s'entrelacent avec ces mêmes
fibres , fe contractant auffi , tendront à refferrer
de plus en plus ce même orifice , qui , ainfi que
nous l'avons remarqué , fera dirigé fur le même
plan que la cavité du ventricule; fuppoferons nous,
au contraire , une contraction dans les fibres les
plus voifines du pylore , les matieres reflueront
dans le cul-de-fac , ces fibres naturellement plus
débiles que celles de ce même cul-de-fac , ne
pourront jamais comprimer & chaffer les matieres à évacuer avec un empire fupérieur à l'obftacle à vaincre , & que préfentent les plis entaffés de la tunique interne de l'œfophage à l'orifice
antérieur , leurs efforts fuffent-ils fecondés de
ceux des agens auxiliaires qui, dans l'homme &
dans les animaux vomiffans, fe mettent alors en jeu,
puifque la compreffion artificielle la plus forte ne
peut l'emporter fur ce même obftacle , & qu'elle
follicite plutôt dans le voifinage du pylore , où
les fibres font plus foibles & moins épaiffes que
par-tout ailleurs, la dilacération ou la rupture
du vifcere.

Dès que la conformation du ventricule, la direction , la diftribution, l'entrelacement de fes fibres
charnues & de celles de l'œfophage répugnoient
aux contractions qui peuvent effectuer le vomif-

fement, & dès que, fur-tout, la tunique interne propagée du canal dans ce même ventricule, devoit refufer toute iffue au retour des matieres qu'on tenteroit d'évacuer forcément par cette voie, peut-être eût-il été dangereux de donner à l'eftomac une autre pofition que celle qui lui a été affignée par la nature, & peut-être a-t-il été très-utile d'expofer plutôt le colon que ce vifcere à l'effet des mouvemens des mufcles abdominaux ; c'eft ce que nous aurons occafion d'examiner en nous occupant des phénomenes de la digeftion. Nous nous contenterons, dans celle-ci, de dire qu'il ne faut pas avancer & foutenir que le défaut de vomiffement, dans le cheval, naît de la foibleffe du diaphragme, & de fon éloignement de l'action des mufcles du bas-ventre, mais qu'on doit penfer, au contraire, que cet éloignement de leur jeu n'a été tel que parce que *le cheval ne devoit pas vomir.*

RECHERCHES
SUR
LE MÉCHANISME
DE LA RUMINATION.

PREMIERE PARTIE.

Exposition anatomique des Estomacs des Bœufs.

LES animaux ruminans, dont nous nous propo-
sons d'examiner les visceres préposés à la récep-
tion & à l'élaboration des alimens, sont le bœuf,
le mouton, le bouc & leurs femelles.

Leurs estomacs, au nombre de quatre, distingués par des noms différens, sont, proportion
gardée, les mêmes dans chacun d'eux.

Le premier, attendu son amplitude & son im-
mense capacité dans les adultes, a été nommé par
Aristote, grand ventre; Severin l'a appellé, par la
même raison, du nom latin *pera*, qui signifie *sac,
bissac, besace;* les anciens Latins l'ont distingué par
le nom de *rumen;* les Italiens l'appellent *trippa,*
& dans quelques endroits, *pentazzo, baldino, bal-*

done; les Anglois, *the cud;* & nous le nommons *la panfe,* *l'herbier* ou *la double.*

Le fecond, que nous appellons *le réfeau* ou *le bonnet,* parce que, dit *Perrault,* il reffemble au bonnet de lacis, dans lequel les femmes enfermoient autrefois leurs cheveux, a été nommé par les Latins, *reticulum;* par les Anglois, *the paunch;* par les Italiens, *fcuffia, feuffione, berretta,* &c.

Le troifieme a reçu, de la part des Latins, la dénomination d'*omafus;* des Italiens, celle de *centopelle;* des Anglois, celle de *the tripe;* & de nous, celle de *livre,* de *livret,* de *pfautier,* de *feuillet,* de *millet,* de *mille-feuillet,* &c.

Enfin le quatrieme, que *Gaza* a nommé *abomafus; Severin,* le *ventricule proprement dit; Æmylian,* l'*inteftinal;* les Anglois, *the honey tripe;* les Italiens, *il quaglio,* eft appellé par quelques-uns de nous, *franche-mule,* & plus généralement néanmoins du nom de *caillette,* parce que c'eft dans ce ventricule qu'on trouve toujours la préfure dont on fe fert pour faire cailler le lait, & le mot *il quaglio* des Italiens eft auffi un dérivé de *coagulo.*

Quoiqu'il en foit, ces dénominations multipliées, dont il eft important d'être inftruit pour entendre les divers auteurs qui ont fait mention de ces vifceres, font dues ou à leur volume, ou à leur forme, ou à certaines particularités qu'ils présentent intérieurement, ou à leur ressemblance vraie ou fausse avec certains objets connus, ou aux usages qu'on a cru pouvoir leur supposer & appercevoir en eux, &c.

Il seroit de toute impossibilité de donner une idée exacte de la structure & de la composition des uns & des autres, si on ne les envisageoit tantôt dans leur position naturelle, tantôt détachés du corps de l'animal, tantôt frais & desséchés, en même-temps qu'ils sont distendus & remplis d'air; & c'est aussi ces differentes voies que nous suivrons pour surmonter les difficultés d'une description très-difficile & très embarrassante.

De la Panse.

Ce premier estomac étant encore dans la cavité abdominale, on en considérera :

1°. *La position*. Il s'étend depuis le diaphragme jusques aux os des îles : il occupe les trois quarts environ de cette capacité, & il est en plus grande partie logé dans la portion gauche.

2°. *Les connexions* : elles sont au centre nerveux du diaphragme, au-dessous de la rate, ainsi qu'à la rate même.

3°. *La figure* : envisagée dans ce viscere desséchée & enflée, elle est très-irréguliere.

4°. *Le volume* : il varie dans les divers sujets ; la

longueur de la *panfe* que nous examinons , prife d'une extrémité à l'autre , étant d'environ trois pieds quatre pouces (un mètre fept centimètres), & fa largeur d'un bord à l'autre étant de deux pieds dix pouces (quatre-vingt-onze centimètres) ; elle a dix - huit pouces (quarante - huit centimètres) de hauteur, dans le lieu le plus élevé.

5°. *Le corps* : nous en appellons ainfi la partie moyenne.

6°. *Les faces* , l'une fupérieure, l'autre inférieure ; la premiere , préfentant une éminence , ou une forte de boffe , caufée par la bifurcation d'une fciffure qui bride le corps en cet endroit ; la feconde , en offrant deux pareillement arrondies & légeres , réfultant de la dépreffion que forment encore des fciffures.

7°. *Les bords* , convexes & arrondis irréguliérement.

8°. *Les extrémités* , l'une antérieure , l'autre poftérieure.

9°. *L'extrémité antérieure* , divifée en deux éminences , féparées par la fciffure que nous nommerons antérieure , & réunies l'une à l'autre par le péritoine.

10°. *L'extrémité poftérieure* , partagée pareillement , & offrant à nos regards deux éminences ovoïdes, beaucoup plus petites que celles dont nous venons de parler ; la droite étant plus confidérable que la gauche ; celles-ci n'étant point unies comme les premieres, mais tendant à fe toucher par leurs pointes. Leur longueur eft d'environ dix pouces (vingt-fept centimetres).

11°. *Les fciffures*, l'une antérieure & l'autre poftérieure.

12°. *La fciffure antérieure*, profonde d'environ un pied (trente-deux centimètres), remplie par le tiffu cellulaire, par quantité de graiffe, par des vaiffeaux de tous les genres, fe prolongeant & s'effaçant jufques à ne laiffer enfin que des traces applaties fur la face inférieure du corps du vifcere, jufques auprès de la partie poftérieure du bord gauche ; & fur la face fupérieure de ce ventricule, fe bifurquant & s'écartant, de plus en plus, jufques au milieu de ce même corps, où elle commence à fe rapprocher pour fe joindre à la fciffure poftérieure.

13°. *La fciffure poftérieure*, divifant les deux éminences qu'elle avoifine. Elle fuit trois principaux trajets ; l'un, au moyen duquel elle ceint toute l'éminence droite ; l'autre, par lequel elle ceint les trois quarts de l'éminence gauche, en laiffant le bord de ce même côté libre ; le troifieme, divifant le corps en deux parties inégales, & venant, dans le centre de ce même corps, s'unir à la fciffure antérieure. C'eft dans ce dernier trajet qu'elle donne lieu aux deux bosses que nous avons remarquées à la face inférieure près de la partie moyenne ; bosses, qui, avec les deux éminences postérieures, imitent, en quelque façon, assez bien les protubérances, au nombre de quatre, qu'on rencontre dans le cerveau, & auxquelles, d'après *Winslow*, nous avons donné le nom de *tubercules quadri-jumeaux*. On peut & l'on doit observer, au surplus, que la scissure du côté droit, parvenue jusques à environ la partie moyenne de l'éminence droite, se bifurque toujours dans cette même face inférieure, pour se prolonger d'environ cinq ou six travers de doigt (huit à neuf centimètres), sur le corps de la *panse*.

Nous ajouterons ici qu'il est des auteurs qui ont jugé à propos de donner à ce ventricule la figure de la terre ; ils ont comparé ces scissures différentes à des gorges, à des vallées ; les bosses à des monticules ; les éminences à des montagnes qui se terminent en pointes : mais le langage de l'anatomiste est, & doit être moins vague pour être instructif.

14°. *Le repli valvulaire*, que l'on découvre après que, pour se frayer un chemin dans l'intérieur, on a fait une ouverture dans le fond de l'éminence postérieure droite ; ce repli résultant de la scissure qui circonscrit en entier cette même éminence, & sa saillie étant en raison de la profondeur de cette même fciffure, cette faillie eft, par conféquent, plus confidérable du côté de l'éminence poftérieure gauche, à l'endroit où celle dont il s'agit l'avoifine ; il n'en refte que de légeres traces au côté diamétralement oppofé.

15°. *Le grand repli valvulaire*, qu'on peut voir par la même ouverture, ainfi que le fond de l'éminence antérieure droite, ce repli étant beaucoup plus confidérable que les autres, puifqu'il divife la capacité totale de ce ventricule en deux cavités, & étant proportionné, dans chaque point de fon trajet, à l'étendue & à la profondeur de la fciffure auquel il eft dû, & qui fépare les deux éminences antérieures. L'ouverture qu'il laiffe eft plus vafte que celles qui réfultent des autres replis, fa direction dans fa partie inférieure, jufques au milieu de fa marche, tendant à un point du bord gauche qui feroit éloigné de quatre à cinq pouces (onze à quatorze centimètres) de la fciffure marquant l'éminence poftérieure du même côté; & de ce même milieu de trajet, il fait un contour arrondi pour arriver au lieu où le repli de l'éminence gauche s'évanouit inférieurement. Sa direction, confidérée fupérieurement, eft telle encore que, du centre du repli, elle fe détourne rapidement & fuit directement le chemin tracé par la branche droite de la bifurcation de la fciffure antérieure dans fa face fupérieure ; la branche gauche de cette même fciffure qui, ainfi que nous l'avons dit, va s'unir à la fciffure poftérieure, ne laiffant qu'une légere trace, d'où naît, fur-tout dans fon principe, une faillie, mais fans aucun repli marqué.

16º. *Le troifieme repli valvulaire*, femblable au premier, mais qui a plus de faillie ; on l'apperçoit auffi - tôt qu'on a ouvert l'éminence poftérieure gauche à fon extrémité ; l'orifice qu'il forme eft moindre, attendu cette faillie plus grande & le moins de volume de cette extrémité.

17º. *Enfin, le quatrieme repli valvulaire*, fur lequel les yeux fe portent très-aifément, ainfi que fur tous ceux que nous venons de décrire, fi l'on pratique une ouverture à la partie moyenne du bord gauche de ce premier eftomac. Ce repli provient de la fciffure que l'on obferve à la partie moyenne inférieure de l'éminence antérieure gauche ; cette fciffure, dont nous parlerons en examinant le bonnet, formant l'union de ces deux eftomacs, & le repli en formant la diftinction ; fa plus grande faillie fe trouvant à l'oppofite de l'ouverture poftérieure de l'œfophage.

Ainfi, tous ces replis établiffent dans la capacité totale de la *panfe*, quatre cavités, dont deux confidérables & deux beaucoup plus petites.

18º. *Les tuniques*, au nombre de cinq, l'une

commune, la feconde mufculeufe, la troifieme
cellulaire, la quatrieme mammelonée, & la cinquieme épidermoïde.

19°. *La tunique externe*, étant commune à tous
les eftomacs, provenant du péritoine, embraffant les
uns & les autres de ces vifceres qu'elle tient uni ou
qu'elle rapproche, liffe & polie dans fa face externe, cotonneufe & cellulaire dans fa face interne,
fon tiffu s'infinuant & pénétrant dans l'intervalle des
fibres mufculaires, fuivant exactement ces mêmes
vifceres par-tout, & s'avançant dans toutes les pro-
fondeurs ou fciffures que nous avons remarquées.

20°. *La tunique mufculeufe*, préfentant deux
plans de fibres, l'un externe & l'autre interne.

Le premier plan intimement uni au fecond par
un tiffu cellulaire très-ferré, fur-tout aux environs
de l'orifice de l'œfophage au-delà duquel il s'é-
tend, étant toujours plus mince dans la partie
moyenne de chaque bord & dans les éminences
poftérieures, que dans les éminences antérieures
& dans le corps ; la direction de fes fibres, dans
ce même corps, tendant du milieu d'un des bords
au milieu de l'autre ; ces mêmes fibres étant à-
peu-près paralleles entre elles, & du refte, difpofées de maniere qu'en ceignant toutes les parties
du vifcere, elles croifent toutes les fciffures à-peu-
près à angles droits.

Ce même plan, dans le voisinage de ces mêmes scissures, semble se diviser & en fournir un autre qui traverse ces scissures par-dessus les amas de graisse, de glandes & de vaisseaux qui les remplissent. Ce nouveau plan détaché, étant plus considérable & plus marqué à l'endroit du corps du ventricule & de la scissure antérieure, est sans doute destiné, lors de sa contraction, à rapprocher du centre tous les bords.

Il en est encore un très-sensible & très-remarquable, provenant toujours de ce même plan externe ; qui s'étend de l'éminence antérieure gauche sur le bonnet, avec les fibres duquel il se confond en passant par-dessus la scissure qui distingue, comme nous l'avons observé, ce second ventricule du premier, depuis l'œsophage jusques au droit de la partie moyenne de cette scissure. Nous devons ajouter ici que les fibres de ce plan externe qui croisent toutes, à angles droits, les fibres du plan interne, adherent toujours à celui-ci plus étroitement & plus fortement dans le lieu de toutes les scissures que par tout ailleurs.

Il est de toute nécessité, pour déterminer la direction de celles de ce dernier plan, d'imaginer un point fixe d'où l'on puisse partir & les suivre ; & pour cet effet, il importe de faire une attention exacte aux faisceaux charnus formant, tant dans la face inférieure que dans la face supérieure du viscere, les scissures principales, c'est-à-dire, les scissures antérieure & postérieure.

Tâchons donc d'en saisir la marche par ce moyen.

Je pars d'abord de la scissure antérieure que j'envisage dans la premiere de ces faces, au droit de son fond, & je vois que les fibres de ce plan s'étendent sur l'éminence antérieure gauche, à compter de son principe jusques à sa portion moyenne, en s'éloignant de plus en plus de la direction de la scissure, & que, depuis la partie moyenne de cette même éminence, elles se rapprochent de plus en plus de cette même direction, jusques au droit de la scissure postérieure où elles s'unissent avec le paquet ou faisceau musculeux qui fait la branche gauche de la bifurcation de la scissure antérieure; cette même branche poursuivant sa route jusques au centre du corps du viscere dans sa face inférieure, & se bifurquant, elle-même, au droit de la* partie moyenne .de la scissure postérieure.

L'une des branches résultant de cette bifurcation, occupe, sur cette face, la scissure qui ceint les trois quarts de l'éminence postérieure gauche ; un faisceau de ses fibres s'écartant & venant s'unir au paquet musculeux dont nous avons parlé, & qui appartient à la scissure antérieure, tandis qu'un

autre

autre faisceau fournit les fibres qui recouvrent &
enveloppent toute l'éminence postérieure gauche;
celles de ces fibres qui sont le plus éloignées du
fond de cette éminence étant annulaires, & celles
qui sont le plus rapprochées de ce fond, formant
autant de spirales, de maniere qu'elles suivent, sur
la face supérieure du ventricule, la même route
que sur la face inférieure.

L'autre branche de la bifurcation dont il s'agit,
fournit, du côté gauche, les fibres qui recouvrent
l'éminence que nous avons observée de ce même
côté dans le corps de la *panse*; ces fibres décrivant des S, & marchant à contre-sens de celles
que nous venons de suivre sur l'éminence postérieure. Elles se terminent au centre de ce corps,
en se confondant avec le faisceau musculeux qui
occupe ou qui forme la scissure antérieure.

Partons à présent de la partie moyenne de la scissure postérieure, pour nous assurer de la direction
des fibres du plan dont il s'agit sur les éminences
droites du viscere, & commençons par sa face inférieure. Là, le faisceau musculeux que nous trouvons, se divise d'abord & fournit une branche
occupant la scissure qui ceint l'éminence postérieure de ce même côté, ses fibres, au voisinage
de cette scissure, & sur cette même éminence,
étant annulaires, fort irréguliérement espacées &

Tome II. C •

dirigées, & formant, sur son fond, des fibres spirales, telles que celles que nous avons examinées
dans le fond de l'éminencé postérieure gauche :
il se propage ensuite sur toute la portion droite
du viscere, par des fibres dont les moyennes suivent une direction droite jusques au fond de l'é-
mince antérieure, d'où elles viennent sur la face
supérieure passer dans la scissure postérieure sous
une forme d'anneaux en même nombre qu'elles ;
les autres fibres qui s'étendent du côté du centre
étant, de plus en plus, paralleles à la scissure, &
venant se perdre & se confondre dans divers
points du faisceau charnu qui occupe la scissure
antérieure, à mesure qu'elles remontent du côté
de la face supérieure où elles viennent occuper la
seconde branche de la bifurcation de cette même
scissure. Enfin, celles qui s'étendent du côté du
bord suivent la même direction que les moyennes,
sous une même forme annulaire ; elles deviennent de plus en plus paralleles à la scissure que
nous avons dit ceindre & circonscrire l'éminence
postérieure.

Quant aux fibres, qui dans cette face, recouvrent l'éminence résultant de la bifurcation de la
scissure antérieure, & qui occupent le corps de la
panse, elles paroissent partir de divers points de
la branche droite de cette bifurcation, & se rendre,

par un contour en S , à la branche oppofée avec laquelle elles fe confondent.

21°. *La tunique cellulaire*, unie par fa face externe à celle dont nous venons de parler, & par fa face interne à la tunique mammelonée.

22°. *La tunique mammelonée* : elle eft d'une nature aponévrotique, blanchâtre, liffe, polie dans la face par laquelle elle eft unie à la membrane cellulaire, & garnie, dans des portions confidérables de fa face interne , d'une multitude de mammelons dont la forme eft la même , mais dont le volume differe en plufieurs endroits. On en trouve fouvent dont la fubftance dégénere en corne, & dont la figure alors eft abfolument pareille à celle du feigle quand il eft ergoté.

23°. *Les mammelons*, dont nous venons de parler, femblables naturellement, à-peu-près, à une feuille de myrthe ; très grands & très multipliés dans les cavités des éminences poftérieures, à l'endroit où ces éminences s'avoifinent le plus ; dans la portion droite du corps de la *panfe*, la plus rapprochée de la fciffure, & dans la cavité de la boffe du corps de la *panfe* du côté gauche ; plus gros & plus longs encore dans la cavité de l'éminence antérieure gauche, à mefure qu'elle approche de l'orifice du bonnet & du centre de la *panfe* ; beaucoup moindres & prefqu'effacés dans les parois latérales externes des cavités des éminences postérieures, tout le long du bord droit du corps de la *panse*, dans les portions qui avoisinent la partie moyenne du bord gauche, &c. &c. Ces mêmes *mammelons* n'existant, en aucune maniere, dans tous les endroits des replis & des traces valvulaires, excepté dans celui qui sépare le bonnet d'avec la *panse*, & tout le long de la partie moyenne du bord gauche, à commencer depuis le repli valvulaire de l'éminence postérieure de ce même côté, jusques à l'orifice postérieur de l'œsophage.

Du reste, toutes ces particularités sont aussi sensibles sur l'estomac frais, que sur l'estomac sec & distendu.

24°. *La membrane épidermoïde*, tapissant toute la face interne de la membrane mammelonée, offrant & fournissant une enveloppe à chaque mammelon, & réfléchissant une couleur jaunâtre dans sa face interne & dans sa face externe.

Du Bonnet.

Le bonnet, ou le *second estomac*, répond précisément, d'une part, à la panse, dont on pourroit même présumer qu'il est une continuation, & de l'autre, au troisieme estomac ou au feuillet.

On en considérera :

1°. *La position*, du côté droit de l'abdomen,

à la partie **antérieure** de la panfe, en arriere du diaphragme, & fous le troifieme eftomac.

2°. *Sa connexion*, avec le foie, à l'endroit du principe de l'œfophage.

3°. *Sa forme;* elle imite affez bien celle de l'eftomac du cheval.

4°. *Ses faces,* l'une antérieure, l'autre poftérieure, & toutes les deux convexes.

5°. *Le corps*, qui en forme la partie moyenne.

6°. *Le cul-de-fac*, par lequel il repofe fur le feuillet.

7°. *Les bords*, l'un fupérieur, l'autre inférieur, s'étendant tous les deux d'un orifice à l'autre.

8°. *Le volume*, ce ventricule ayant environ deux pieds fix pouces (quatre-vingt centimètres) de contour d'un orifice à l'autre, & huit pouces (vingt-un centimètres) environ, de l'une à l'autre face.

9°. *Les orifices*, l'antérieur répondant à l'œfophage; le poftérieur, beaucoup plus étroit que le premier, répondant au feuillet.

10°. *La fciffure*, affez profonde, dont nous avons déjà parlé, & qui diftingue ce ventricule de l'éminence antérieure gauche du premier eftomac; elle s'étend également de l'un & de l'autre côté, fupérieurement & inférieurement, en circonfcrivant les deux tiers de la circonférence du *bonnet*, & elle se termine, d'une part, à la partie supérieure & latérale droite du principe de l'œso-phage, & de l'autre, à quatre travers de doigt (sept centimètres) de la partie inférieure & latérale gauche de ce même canal; ensorte qu'il est environ un tiers dela circonférence de ce second ventricule, dans lequel cette sciffure ne se rencontre point.

11º. *Les deux replis valvulaires*, qu'on peut appercevoir aussi-tôt qu'on a pratiqué une ouverture au bord supérieur de ce même estomac, distendu par l'air & desséché; ces deux replis, que nous examinerons bientôt dans le viscere frais, s'étendant depuis le principe de l'orifice posté-rieur de l'œsophage, jusques à l'orifice du troi-sieme ventricule, ou du feuillet, & ceignant presque les trois quarts de cette derniere ouver-ture, sous une forme de commissure; ils aug-mentent de saillie, depuis leur origine jusques à cette même commissure, où cette saillie est moindre. Il est, dans l'intervalle de ces deux re-plis, une gouttiere très-sensible; cette gouttiere, dont nous parlerons dans peu, s'étendant de même depuis le principe de l'orifice postérieur de l'œso-phage, jusques à celui du feuillet.

12º. *Les tuniques*, au nombre de cinq, comme celles de la panse.

13º. *La tunique externe*, fournie par le péritoine , & telle que celle qui revêt extérieurement ce dernier eſtomac.

14°. *La tunique muſculeuſe* , préſentant deux plans de fibres, l'un externe & l'autre interne : les fibres du plan externe croiſant celles du plan interne à angles droits , & leur direction ayant lieu d'un orifice à l'autre , paralellement au bord ſupérieur : l'adhérence du premier plan avec le ſecond étant beaucoup plus conſidérable que par-tout ailleurs à l'endroit qui répond à la gouttiere , & cette tunique étant, au ſurplus , fortifiée par la portion des fibres du plan externe de la tunique muſculeuſe de la panſe , qui ſe propagent, ainſi que nous l'avons dit , de l'éminence antérieure gauche de cette même panſe , ſur le ventricule que nous conſidérons , & qui ſe perdent & ſe confondent avec les fibres de celle-ci.

Les fibres du plan interne étant circulaires & paralleles entre elles, perpendiculairement à l'un '& à l'autre bord.

15°. *La troiſieme membrane cellulaire* , & ne dif-férant pas de la troiſieme tunique de la panſe.

16°. *La quatrieme mammelonée* , formant une quantité de cellules quadrangulaires , quinquan-gulaires , comparables , en quelque ſorte , aux al-véoles des ruches , & telles que celles que *Ruiſch* a cru voir , à l'aide du microſcope , dans l'eſtomac de l'homme ; ces cellules étant divifées chacune en cellules plus petites par des cloifons moins élevées.

17°. *La cinquieme épidermoïde*, comme celle de la panfe.

18°. *Les mammelons*, les uns terminant tous les bords des cloifons, tant hautes que baffes, & efpacées de maniere à imiter les pointons de dentelles ; les autres fitués en nombre infini fur la furface des cloifons, & implantés fur des lignes perpendiculaires, aboutiffant chacune aux *mammelons* des bords ; enfin, d'autres très - confidérables, femblables aux *mammelons* myrtiformes de la panfe, s'étendant à toute la circonférence du *bonnet*, jufques à la gouttiere, s'uniffant de plus en plus, & fe collant même avec leurs voifins, par leurs bords, à mefure qu'ils approchent des alvéoles qu'ils forment eux-mêmes & qui réfultent de leur coalition.

19°. *La gouttiere*, que nous avons déjà indiquée, & qu'on obferve intérieurement au bord inférieur de ce ventricule ; le fond de cette gouttiere étant formé par la membrane interne de ce vifcere, dans laquelle on remarque quelques rides longitudinales, & quelques mammelons d'une forme conoïde, diftribués fur ces mêmes rides ; les bords de cette même gouttiere réfultant des deux replis valvulaires que nous avons décrits, c'eft-à-dire, des faifceaux charnus, dus à la réunion de toutes les fibres du plan interne de la tunique mufculeufe, qui fe réfléchiffent, en tendant à l'orifice poftérieur de l'œfophage ; l'épaiffeur de ces deux faifceaux augmente à mefure qu'ils s'approchent de l'orifice du troifieme eftomac, dont ils circonfcrivent la partie poftérieure, comme quelques-unes de leurs fibres circonfcrivent, à l'orifice de l œfophage, la partie oppofée à la gouttiere, tandis que quelques autres s'étendent fur la longueur de ce canal.

Du Feuillet.

Le feuillet, ou le *troifieme eftomac,* forme un contour d'environ trois pieds (quatre-vingt-feize centimètres) d'un orifice à l'autre, & l'on compte dix pouces (vingt-fix centimètres) de l'une à l'autre face. On en confidérera :

1°. *La pofition,* en arriere du bonnet, du côté droit, légérement au-deffus de la panfe, & au-deffous du foie ; il touche les fauffes côtes.

2°. *La forme,* qui eft celle d'un fphéroïde applati.

3°. *Les faces,* l'une fupérieure, & l'autre inférieure, toutes les deux légérement convexes.

4°. *Les bords,* l'un externe, arrondi, s'étendant d'un orifice à l'autre ; l'autre interne, occupant l'efpace médiocre qui exifte entre les deux orifices.

5°. *Les deux orifices,* l'un répondant au bonnet, & l'autre à la caillette.

6°. *Les feuillets,* que nous contemplerons dans peu dans le sujet frais, & qu'on découvre intérieurement après avoir fait, à ce ventricule sec, une ouverture à trois doigts (cinq centimètres) de l'orifice qui répond au second estomac; ces *feuillets,* dont la quantité est considérable, s'étendant en autant de croissans, dont les pointes ou les cornes aboutissent aux orifices, à côté les uns des autres.

7°. *La gouttiere,* commençant à la commissure des replis valvulaires du second estomac, régnant le long de la face intérieure du bord interne du *feuillet* depuis son orifice antérieur, & se terminant à l'orifice de la caillette; elle résulte de la non continuité des feuillets, ainsi que d'un paquet de fibres qui se propage d'un orifice à l'autre, & qui est uni à la commissure des faisceaux ou replis formant les bords de la gouttiere du bonnet.

8°. *Le repli valvulaire,* circonscrivant en entier l'orifice de la caillette, & dont la saillie semble barrer, en quelque façon, la gouttiere.

9°. *Les tuniques,* au nombre de quatre seulement; le tissu cellulaire, à la vérité très-serré, qui unit la tunique musculaire à la mammelonée, ne pouvant être ici considéré comme une membrane.

10°. *La tunique externe,* fournie par le péritoine, comme nous l'avons dit, en parlant des autres eſtomacs.

11°. *La tunique muſculeuſe*, formée de deux plans de fibres, l'un externe & l'autre interne ; l'externe compoſé de fibres très-déliées, qui s'étendent parallelement aux bords, d'un orifice à l'autre ; il adhere fortement au plan interne qui eſt très-fort, & qu'il croiſe à angles droits ; enſorte que la direction des fibres de celui-ci eſt perpendiculaire à l'un & à l'autre bord. Il faut remarquer que de la face interne de ce même dernier plan, on voit partir autant de plans de fibres qui occupent la duplicature & les replis que forme la membrane qui ſuit.

12°. *La membrane mammelonée*, celle-ci étant très-ample, & ſa duplicature & ſes replis très-conſidérables, ce ſont ces mêmes replis qui compoſent les feuillets. On en compte environ quatre-vingt, plus ou moins ; les uns ſont grands, les autres moyens, les autres petits. Ils ſont diſpoſés de maniere qu'il en eſt un moyen entre chacun des grands, & un petit entre le grand & le moyen. Ils cheminent parallelement au bord externe, & diminuent en longueur & en largeur à meſure qu'abandonnant le milieu du viſcere, ils approchent des orifices auxquels ils doivent aboutir, l'intervalle de leurs lames étant rempli par les fibres détachées du plan interne dont je viens de parler.

13°. *Les mammelons*, dont cette membrane est parsemée, conoïdes les uns & les autres, pointus en approchant des orifices du ventricule, toujours plus obtus à mesure qu'ils s'en éloignent, & quelquefois ergotés accidentellement & par l'effet d'une dégénération, comme ceux de la panse.

14°. *La tunique épidermoïde*, tapissant & revêtissant toute la face interne de la mammelonée, offrant, comme dans les autres, autant de gaînes aux mammelons, &c.

De la Caillette.

La caillette, ou le dernier estomac, répond, d'une part, antérieurement au feuillet, & de l'autre, ou postérieurement, au duodenum.

Il faut en considérer :

1°. *La position*, ce ventricule étant placé au-dessous du précédent, toujours à droite de la panse, se portant un peu en arriere, & se recourbant supérieurement, en donnant naissance à l'intestin auquel il se termine.

2°. *La forme*, qui pourroit être comparée à celle d'une musette. (1)

____

(1) Ou plutôt qui est la même, car c'est la *caillette* du mouton qui est employée, pour faire cet instrument de musique ; & dans beaucoup d'endroits, on a donné, à ce quatrieme estomac, le nom de *musette*. (*Note de l'éditeur*).

3°. *Le volume*, qui eſt tel, que ſon plus grand diamètre, conſidéré dans l'eſtomac diſtendu & ſec, eſt d'environ dix pouces (vingt-ſix centimètres); il en a autant de longueur dans l'étendue de ſon col, & le double depuis ſon principe juſques à cette derniere partie.

4°. *Le corps*, qui en eſt la partie moyenne; il eſt arrondi dans toute ſon étendue.

5°. *Les extrémités*, l'une antérieure, formant ce qu'on peut en appeller le fond, ouverte latéralement pour communiquer au feuillet; l'autre poſtérieure, qui forme ce que j'en ai nommé le col.

6°. *Les feuillets*, très-ſenſibles dans l'intérieur du viſcere, après qu'il a été ouvert dans la direction de ſon grand axe; ces mêmes *feuillets*, tendant du centre du fond à la partie ſupérieure & poſtérieure du corps, les deux inférieurs laiſſant entre eux un intervalle beaucoup plus conſidérable à meſure qu'ils approchent du col.

7°. *Les replis divers*, qui, dans ce même col, ceignent, tout au plus, le tiers de ſa capacité.

8°. *L'orifice poſtérieur*, formant un ſphincter à l'embouchure duquel on rencontre toujours un paquet graiſſeux, deſtiné, ſans doute, à lubréfier le paſſage des alimens dans le duodenum.

9°. *Les tuniques*; la premiere, formée par le

(414)

péritoine ; la feconde , mufculaire ; on y obferve deux plans de fibres , celles du plan externe marchant longitudinalement , celles du plan interne étant annulaires & en fens croifé , les unes & les autres devenant beaucoup plus fortes & plus fenfibles en approchant du col ; la troifieme , cellulaire ; la quatrieme , veloutée , & à-peu-près de la nature de celle de la feconde portion de la tunique interne de l'eftomac du cheval ; les feuillets dont nous avons parlé , réfultant des replis qu'elle forme , &c. &c.

Des Vaiffeaux & des Glandes des Eftomacs.

Il nous refte à confidérer , dans ces vifceres :

1°. *Les vaiffeaux fanguins.* Les arteres préfentant d'abord un tronc confidérable & d'environ quatre pouces (onze centimètres) de longueur, depuis l'aorte poftérieure jufques à fa premiere divifion. Ce tronc fournit auffi tôt un rameau, qui fe porte à droite , & qui fe divife en deux branches ; l'une marchant au foie , & formant l'artere hépatique ; l'autre laiffant échapper plufieurs ramifications qui fe diftribuent au duodenum & aux inteftins grêles.

A un pouce (trois centimètres) de cette premiere divifion , ce même tronc donne trois branches notables.

La premiere, fe propage tout le long de la fciſſure profonde qui diviſe la face ſupérieure de la panſe en deux parties preſque égales, & de ſon principe naît l'artere que nous nommons ſplénique. Dans ſa marche, & le long de cette fciſſure, cette branche jette pluſieurs ramifications qui s'étendent de côté & d'autre ſur le corps de la panſe ; parvenue près des éminences poſtérieures, elle en fournit encore quantité qui ſe propagent ſur ces mêmes éminences, & dont les principales ſuivent exactement les fciſſures ; la plus remarquable d'entre elles parcourant celle qui ſépare du corps de la panſe, l'éminence poſtérieure droite. Du reſte, cette même branche s'enfonce dans la fciſſure poſtérieure, en fourniſſant toujours dans ſon trajet nombre de ramifications de l'un & de l'autre côté, & arrivée dans le fond de cette même fciſſure, elle ſe diviſe, & ſe termine par quatre rameaux, qui cheminent dans les fciſſures de la face inférieure du viſcere.

La ſeconde des branches partant directement du tronc, ſe diviſe en trois rameaux remarquables.

Le plus notable, marchant & s'enfonçant dans la fciſſure antérieure, laiſſant échapper des ramifications qui ſe portent de côté & d'autre ſur les éminences antérieures, pourſuivant ſa route dans cette même fciſſure le long de la partie moyenne du corps & de la face inférieure du viſcere, fourniſſant toujours, de l'une & de l'autre part, fur le corps de cet eſtomac, nombre de ramifications à-peu-près également eſpacées ; toutes ces arteres venant s'anaſtomoſer avec celles du côté oppoſé, les antérieures avec les poſtérieures, les fupérieures avec les inférieures, &c. &c.

Le fecond rameau fe propageant fur l'éminence antérieure gauche juſques à fon bord, en paſſant par-deſſus l'artere que nous avons nommée fplénique, &c.

Le troiſieme, fe portant du côté de l'œfophage, auquel il fournit un rameau, marchant fur cette même éminence antérieure, en donnant pluſieurs ramifications, & continuant fon trajet juſques fur le bonnet.

Enfin, la troiſieme & derniere branche, émanée du tronc à quelque diſtance de fon origine, fe partage en deux rameaux principaux.

Le premier de ces rameaux s'étendant & cheminant tout le long du bord externe du feuillet, en laiſſant échapper dans ce trajet une multitude de ramifications qui fe répandent fur les faces inférieures & fupérieures du viſcere, & venant fe perdre par quantité d'autres petites diviſions fur le corps & fur le col de la caillette ; l'une de ces

diviſions,

diviſions, plus remarquable que les autres, s'étendant tout le long du principe de l'inteſtin duodenum, & s'anaſtomoſant avec un des rameaux que fournit l'une des premieres branches partant du tronc principal.

Le ſecond ſe portant de deſſus en deſſous, du côté des orifices du bonnet & du feuillet; fourniſſant, en cet endroit, pluſieurs ramifications qui ſe propagent ſur l'un & l'autre de ces eſtomacs; marchant enſuite tout le long de la partie moyenne externe de la caillette juſques au duodenum, & s'anaſtomoſant dans ce lieu avec un des rameaux dus à la premiere des trois branches qui partent du tronc dont nous avons parlé. Du reſte, le rameau dont il s'agit ici, jettant quantité de ramifications qui ſe diſtribuent ſur toute l'étendue de la caillette & ſur ſon col, & s'anaſtomoſant avec celles du côté oppoſé.

Les veines accompagnent exactement, comme par-tout ailleurs, les arteres, & vont ſe rendre, les unes dans la veine porte, les autres, dans la veine cave. Leurs troncs principaux ſont garnis de valvules ſimples; il en eſt de doubles en certains endroits.

2°. *Les vaiſſeaux nerveux*, partant du plexus ſemi-lunaire, & s'étendant ſur tous les viſceres, dont ils ſuivent & embraſſent toutes les arteres,

3°. *Les vaisseaux lymphatiques* , qui parcourent ces mêmes visceres. Ils font très-fenfibles, principalement dans les fciffures, le long des vaiffeaux fánguins, & ils vont fe rendre dans les principaux troncs veineux.

4°. *Les glandes lymphatiques* , innombrables & très-volumineufes, qu'on remarque dans les fciffures & près des gros troncs des vaiffeaux.

5°. *Les tuyaux excréteurs* , qu'on obferve dans les mammelons myrtiformes ; mammelons qui foutiennent, en quelque façon, le fourrage parvenu dans la panfe , & fur lefquels il eft porté de maniere à être plus fufceptible de balotement & de broiement. Ils font percés d'une infinité de porofités fuintant une lymphe aqueufe & tenue , tandis que dans les intervalles qui les féparent, il eft quantité de cryptes ou de follicules fimples , qui laiffent échapper & qui déchargent , par des embouchures fenfibles , une matiere plus épaiffe , muqueufe & gélatineufe , rendue telle par fon féjour dans ces mêmes cryptes, & propre à lubréfier toute la membrane interne.

6°. *Les canaux* , du même genre , très-fenfibles à l'extrémité des mammelons dont la réunion forme les alvéoles du bonnet ; ces canaux étant beaucoup plus confidérables dans les bords & dans les furfaces de ces mêmes alvéoles, & du refte , les cryptes qu'on peut remarquer ici , étant semblables à ceux que l'on rencontre dans la panse.

7°. *Les tuyaux excréteurs* des mammelons conoïdes du feuillet , ainsi que les porosités sans nombre , qu'on observe dans l'espace que ces mammelons laissent entre eux , & qui ne sont autre chose que l'extrémité de tous les vaisseaux capillaires artériels fournissant une humeur qui prépare les alimens à recevoir le dégré d'élaboration qu'ils doivent subir dans la caillette.

8°. *L'extrémité* des tuyaux artériels & veineux , tant exhalans qu'absorbans, qui passent & se font jour au travers des petites gaînes membraneuses , formées par l'épithelion de *Ruisch* ; ces petites gaînes contenant aussi des papilles nerveuses , & ces tuyaux artériels, de la plus grande ténuité, versant & distillant un suc dissolvant & gastrique dans le quatrieme estomac, où s'acheve & se perfectionne l'œuvre de la digestion.

DEUXIEME PARTIE.
De la Rumination.

CET appareil singulier d'instrumens ou d'organes chargés en partie de l'accomplissement de cette œuvre dans les animaux ruminans qui nous occupent, a fait naître une infinité d'opinions, diverses.

Nous ne parlerons ici ni des insectes observés par *Malpighi* (1), *Swammerdam* (2), *Velsch* (3), *Harder* (4); ni des poissons dont *Muralt* a fait mention (5); ni des disputes de *Willoughbi*, de *Blasius*, de *Wepfer* sur les ventricules & sur la *rumination* des oiseaux; ni des exemples cités par *Fabrice d'Aquapendente*, par *Peyer*, par *Sennert*, par *Daniel Ludovic*, par *Linnée*, & par *Salmuth*, d'hommes qui ruminoient, exemples auxquels nous pourrions en ajouter un de nos jours, & qui existe encore actuellement (1771). Toutes ces discussions, quelque curieuses & quelque intéressantes qu'elles puissent être, nous conduiroient trop loin; & la seule que nous nous permettrons ici, est l'examen des différens points agités, relativement aux estomacs des quadrupedes utiles, dont la connoissance

---

(1) Les vers à soie.

(2) La sauterelle.

(3) La courtilliere.

(4) Le colimaçon.

(5) L'écrevisse de mer ou le homard.

intérieure importe essentiellement & nécessaire-
ment à l'art de guérir.

La *rumination* est un acte qu'il est aisé de définir,
mais dont il n'est pas aussi facile de pénétrer les
raisons, d'expliquer la nature, & de dévoiler le
méchanisme.

Cet acte consiste dans un mouvement antipéris-
taltique, au moyen duquel les alimens durs & solides,
broyés d'abord grossiérement sous les dents molaires,
& ensuite & bientôt avalés sont, après un certain
temps de séjour dans le ventricule où ils ont été dé-
posés, rappellés & ramenés dans la bouche par le
même canal ou par la même voie qu'ils avoient prise
en enfilant le pharynx; le tout pour être remâchés &
rapportés de nouveau dans les estomacs; ensorte que
si le terme de déglutition ne signifioit pas proprement
l'action d'avaler, on pourroit considérer ce mouvement comme une sorte de déglutition inverse.

Aristote, cet homme immortel, encore aujour-
d'hui l'un des oracles des naturalistes, a assigné
les caracteres particuliers & spécifiques des ruminans, en disant que les animaux qui ont des cornes n'ont des dents qu'à une seule mâchoire; que
ceux qui n'ont des dents qu'à la mâchoire inférieure, ceux qui ne mâchent pas les alimens, &
ceux qui se nourrissent de végétaux durs & ligneux,
ont plusieurs estomacs & ruminent. En partant

néanmoins de ces observations ou de ces signes dans l'établissement d'un système ou d'une méthode qui tendroient à fixer la distinction de ces animaux & de ceux qui ne ruminent pas, l'erreur ne seroit pas loin; en effet, le même *Fabrice d'Aquapendente*, que nous avons cité, a très-bien remarqué, 1°. que les chameaux. les biches, les brebis, & même certaines races de bélier, sont dépourvus de cornes (1), & n'ont cependant point de dents à la mâchoire supérieure. 2°. Que les dents dont cette mâchoire est dénuée, n'étant que des dents incisives, plutôt propres à attirer le fourrage qu'à le broyer, & que les dents destinées à moudre & à mâcher les alimens, subsistant dans la bouche de ceux-ci, comme dans la bouche des non-ruminans, ceux qui ruminent auroient pu en faire d'abord & après avoir saisi le fourrage, le même usage qu'ils en font ensuite, & qu'en font aussi-tôt ceux qui ne ruminent pas. 3°. Que l'hermine, ainsi que le scare ou poisson saxatile, ruminent évidemment, quoiqu'ils aient des dents à l'une & à l'autre mâchoire. 4°. Que le brochet, qui avale sans mâcher, n'a néanmoins qu'un seul & unique estomac. 5°. Enfin, que les chevaux, les ânes & les mulets, dont la nourriture

______

(1) Il y a aussi des bœufs sans cornes; & cette race, que nous avons tirée d'Angleterre, commence à se naturaliser en France. (*Note de l'éditeur*).

eſt à-peu-près la même que celle des bœufs, n'ont de même qu'un ſeul ventricule, & ne ſont point aſſujétis à faire repaſſer ſous les dents mâchelieres les fourrages une fois avalés.

Il faut convenir cependant, que les hommes les plus propres à ſaiſir & à démontrer les écarts des autres, n'en ſont pas eux-mêmes exempts, ſur-tout quand ils tentent de porter leurs regards juſques dans les abîmes de la nature, & qu'ils oſent ſcruter les motifs ſecrets par leſquels elle a pu ſe déterminer, lors de la création & de la conſtruction des différens êtres. Nous en avons une preuve bien ſenſible dans le contradicteur d'*Ariſtote;* ſi nous l'en croyons, la multiplicité des eſtomacs ne doit être attribuée qu'à la néceſſité des différentes opérations exigées & demandées par la variété des alimens; or, comment ne s'eſt-il pas rappellé l'objection dont il vient d'accabler le philoſophe? & ſi le cheval qui ſe repaît des mêmes fourrages que le bœuf n'a qu'un ventricule, ſur quoi peut porter la raiſon alléguée par *Fabrice?* D'ailleurs, l'homme qui eſt omnivore, ſarcophage, ichtyophage, qui vit de plantes, de lait, d'eau, de grains, de ſel, d'huile, d'œufs, d'aromats, de fruits, dont les alimens ſont tantôt crus ou naturels, tantôt cuits ou apprêtés, & déguiſés de mille manieres qui ne peuvent qu'en altérer la subſtance & en changer les qualités, a-t-il été doué de pluſieurs eſtomacs, & un ſeul ne lui ſuffit-il pas pour convertir en un chyle plus ou moins doux & plus ou moins capable de ſoutenir ſon exiſtence, cette énorme diverſité de mèts, dont l'excès ſeul eſt le plus ſouvent condamnable ?

D'autres ont penſé que la pluralité des ventricules n'a eu pour objet qu'une diſſolution plus entiere & une atténuation plus parfaite des fourrages. La fiente du cheval, ont-ils dit, eſt toujours plus ou moins ſemée de parcelles ligneuſes, qu'on n'apperçoit pas communément dans celle du bœuf; le lait de la jument eſt moins épais & moins nourri que celui de la vache; le ſang des animaux qui ne ruminent pas, a moins de conſiſtance, il eſt mêlé de plus de particules ſéreuſes que celui des bêtes à cornes, parce qu'un ſeul eſtomac ne ſauroit opérer ce qu'operent quatre viſceres, & porter les alimens au même dégré d'élaboration; enſorte que le chyle qui en eſt extrait, dans le bœuf & dans le mouton, eſt doué de toutes les propriétés néceſſaires pour les engraiſſer; que ſi le premier en eſt plus tardif & plus lourd, & l'autre plus froid & plus ſtupide, leur chair en eſt meilleure, plus ſucculente, plus ſalubre, tandis que celle des autres animaux n'eſt nullement convenable à la nourriture ordinaire de l'homme.

En admettant ces derniers faits , en voudra-t-on conclure que les ruminans n'ont été créés que pour mieux servir à notre subsistance ? Nous répondrons, d'une part, que le bouc, le cerf, le daim, le chamois, ainsi que tous les autres animaux pourvus de quatre ventricules, ne nous montrent ni la pesanteur du bœuf, ni la sorte d'insensibilité de la bête à laine; nous dirons, de l'autre, qu'ils ne fournissent point une chair aussi exquise, aussi agréable & aussi nourrissante ; & nous ajouterons que les premiers hommes n'ayant vécu que de ce que la terre leur offroit sans culture, il seroit infiniment absurde d'imaginer que tout être qui rumine n'a été, dans le dessein de la nature, que l'ouvrage d'une prévoyance & d'une prédilection marquées pour nous. C'est uniquement à la vanité de l'espece humaine que se rapporte cette persuasion , que tout lui est soumis, & que tout a été formé pour elle. Esclave elle-même des animaux que son industrie a appropriés à ses besoins, puisqu'elle est nécessitée de leur accorder les soins les plus vils, non-seulement elle ne peut les maîtriser & enchaîner leur liberté, sans s'imposer des obligations envers eux, mais les services qu'elle en retire lui sont absolument essentiels, tandis que ceux qu'elle leur rend, leur seroient évidemment inutiles dans tout autre état que celui de la domesticité dans laquelle elle a fu les mettre ; mais le cheval n'a qu'un eſtomac , & le bœuf en a quatre ; quelle en eſt la raiſon ? C'eſt ici un de ces myſteres à reſpeƈter , & qui ſont au-deſſus de la ſphere de notre eſprit. A peine avons - nous une idée des effets , comment aurions-nous la témérité d'entreprendre de dévoiler la cauſe ; le pourquoi des choſes eſt l'écueil contre lequel l'orgueil humain échouera toujours.

La nature de l'aƈtion qui conſtitue la *rumination* eſt encore enveloppée dans d'épaiſſes ténebres. Cette aƈtion eſt-elle volontaire , ou eſt-elle ſpontanée ? On ne peut entendre prononcer légérement ſur de pareilles queſtions , ſans une ſorte d'effroi & ſans un étonnement réel.

Nous rejeterons d'abord très-loin l'opinion de *Burgower* & de *Fabrice* , qui ont hardiment ſuppoſé dans la bouche & dans l'eſtomac des ruminans une attraƈtion réciproque, c'eſt-à-dire, une faculté, de la part de l'eſtomac, d'attirer les alimens contenus dans la bouche, & de la part de cette derniere partie, d'attirer les alimens contenus dans la premiere. Pourquoi donc recourir à un ſyſtême abſolument inintelligible & inexplicable , quand on a ſous les yeux la preuve de l'impulſion , au moyen de laquelle cet aƈte s'effeƈtue? Il feroit auſſi raiſonnable de ſoutenir que le ſang eſt attiré par les ar-

teres , & qu'il n'eſt nullement pouſſé par le cœur
dans ces canaux , que d'avancer que la *rumination*
n'a lieu que. parce que l'aliment ſubit l'effet de
l'attraction , & non celui qui doit réſulter du jeu
& de la contraction des fibres motrices.

Ariſtote , en rapportant cet acte à l'attrait du
plaiſir que procure à l'animal, qui rumine, le goût
des alimens dans une nouvelle maſtication , fait préſumer qu'il regardoit ce même acte comme volontaire. Vraiſemblablement , il a été conduit à
cette aſſertion par le rapport de quelques hommes
ruminans, qui trouvent , en effet, infiniment meilleurs les alimens qu'ils remâchent ; mais il n'a pas
prévu qu'on pourroit lui objecter que ſi c'eſt une
ſenſation plus agréable qui détermine les animaux
à ruminer , certainement leur volonté ſera portée à
ſoumettre de nouveau, ſous leurs dents molaires, des
fourrages tendres , verts & pleins de ſucs , plutôt
que des fourrages durs , ſecs & âpres : or, c'eſt préciſément , au contraire , la nourriture de cette derniere eſpece qui eſt l'objet de la *rumination*. Le
bœuf nourri dans l'étable d'herbes deſſéchés , rumine plus promptement, plus fréquemment & plus
fortement que le bœuf qu'on a laiſſé repaître
d'herbes tendres & délicates dans la prairie ; celui
auquel on aura donné des alimens cuits & pré-
parés , tels, par exemple , que des navets réduits

en une forte de bouillie, ne les ruminera point ; ce n'eft donc pas le plaifir qui invite à la *rumina- tion*, mais la fatigue que peut éprouver l'eftomac & les efforts que le premier & le fecond font fol- licités de faire pour fe débarraffer du fourrage qu'ils ne peuvent brifer fuffifamment, & conduire au dégré d'atténuation dans lequel il doit être pour paffer dans le feuillet, & fucceffivement dans la caillette.

Quoi qu'il en foit, on ne fauroit douter que les fibres charnues dont nous avons obfervé les différens plans, & fuivi les directions diverfes, ne conftituent la plus grande force de la fubftance de ces vifceres. Si ces mêmes fibres, qui doivent encore aux nerfs qui s'y diftribuent leur action & leur vigueur, n'en compofoient pas le principal tiffu, ils feroient dans une inertie totale, &, ni la digeftion, ni la *rumination*, ne pourroient avoir lieu ; les alimens refteroient infailliblement dans la panfe tels qu'ils y auroient été dépofés ; fans fubir aucun des changemens qu'operent le jeu des fibres & l'interpofition des fucs, & dans l'état où nous voyons quelquefois des matieres étrangeres à l'abri, par elles mêmes, du pouvoir de toutes les forces digeftives, & avalées par certains bœufs voraces, que les habitans des campagnes appellent *bœufs rongeans*, & qui font fi peu difficiles fur le choix, que nous en avons vu périr un de douleurs énormes, qui étoient dues à la préfence d'un vieux foulier dans le premier eftomac. Il y a plus ; je remarque que les animaux dans lefquels la *rumination* languit, font malades : cet acte, au contraire du vomiffement, auquel on ne fauroit d'ailleurs le comparer, eft donc uniquement réfervé à l'animal fain, du moins eft-il très-rare qu'il ne ceffe pas abfolument dans celui qui eft atteint de quelque maladie grave. Or, dès que le plus fouvent l'exécution en eft impoffible à la brute en qui la nature fouffre, y auroit-il de la fingularité à le regarder comme une de ces loix urgentes, c'eft-à-dire, comme un de ces mouvemens qui tendent fpontanément à la confervation de la machine, & fur lefquels la volonté n'a non plus d'empire que fur ceux qui operent la digeftion, la circulation, & une infinité d'autres effets naturels dus à l'action des organes particuliers chargés de les produire.

Prévenons ici les objections qu'on pourroit faire contre cette idée.

La premiere fera de dire, que l'état maladif pouvant intercepter ou fufpendre un mouvement volontaire, comme un mouvement involontaire, la ceffation de la *rumination*, dans un pareil état, ne conclut rien contre la liberté que l'animal peut avoir de rùminer quand il le veut.

On répondra vraifemblablement qu'il n'eft aucuns vifceres, dans l'homme & dans l'animal, à l'action defquels l'un & l'autre puiffent préfider à leur
gré. Chacun d'eux fabriqué pour telle & telle
opération, s'en acquitte forcément, réguliérement,
tant qu'il n'éprouve aucun trouble , & fans la
moindre fenfation, ou fans la perception la plus
légere de la part du corps animé , dans lequel la
nature semble s'être, en quelque façon , enfeve-
lie, pour y travailler fourdement & dans le plus
grand fecret. Les organes de la refpiration font
les feuls fur lefquels la volonté peut s'imprimer,
mais pendant un inftant très-court & très-rapide ;
auffi leur mouvement a-t-il été appellé du nom
de mouvement mixte ; fon pouvoir n'a donc lieu
vraifemblablement qu'en ce qui concerne certaines
actions extérieures , telles que le jeu des membres,
celui des paupieres , des levres , des mufcles , des
nafeaux, de la langue, de la mâchoire, &c. &c. Or,
nulle comparaifon de ces parties, ni des atteintes
qu'elles peuvent avoir reçues , avec celles qui peuvent avoir offenfé les parties intérieures dont les mouvemens ne lui furent point foumis , & dont l'intégrité eft une des conditions de la vie ou de fa durée.

On conteftera de nouveau , en ajoutant qu'on
ne doit pas pofer pour principe ce qui eft purement en queftion , & que l'acte dans lequel la

rumination confiſte , peut , par une exception particuliere , avoir été mis ſous la dépendance de l'animal.

La défenſe à oppoſer·ſera fondée ſur ce que la digeſtion eſt une œuvre à laquelle on eſt certainement d'accord que la volonté ne participe pas ; l'animal, en effet , n'a pas été plus privilégié que l'homme ; il ne commande point aux fibres des viſceres prépoſés pour l'accomplir. Les alimens étant une fois portés dans le fond de la gorge & reçus dans le pharynx, vainement voudroit-il les arrêter ; ils deſcendent malgré lui dans la panſe , parce qu'il ſont déterminés par des fibres qu'il ne maîtriſe point. Celles auxquelles ces mêmes alimens ſe trouvent expoſés dans ce ventricule ſont de même nature ; elles réagiſſent ſur eux en raiſon de leur action ſur elles, & du mouvement vermiculaire qu'elles entretiennent dans le viſcere , & la bête n'a pas plus de droit de mouvoir celles-ci que les premieres. Or , ſi l'aſcenſion du fourrage , ou ſon retour de la panſe dans l'œſophage , & de-là dans la bouche , où l'animal le mâchera de nouveau & à ſa volonté, eſt l'effet, comme nous l'avons dit , d'une impulſion réelle , uniquement & abſolument occaſionnée & provoquée par la contraction de ces mêmes fibres , qui, dans aucun cas , ne ſauroient plier sous le joug de l'arbitraire de l'animal , comment la *rumination* pourroit-elle être déclarée un acte volontaire ? Ceux qui ont été portés à le regarder comme tel , parce qu'ils ont observé que le ruminant , détourné à l'ouie de quelque bruit , ou à la vue de quelqu'objet subit qui peuvent le surprendre , cesse de mâcher & de broyer , pour appliquer toute son attention à cet objet ou à ce bruit , n'ont , sans doute , pas compris que la *rumination* ne consiste pas seulement dans la mastication , qui est véritablement au pouvoir de la volonté , mais dans le rappel des alimens descendus , & dans un second broiement de ces mêmes alimens revenus dans la bouche pour y être soumis de nouveau à l'action des dents mâchelieres , & l'interruption du travail de ces mêmes dents , dans une circonstance pareille , n'est pas une preuve meilleure & plus tranchante de la liberté que l'animal a de ruminer ou de ne pas ruminer , que celle que l'on voudroit tirer de cette même attention de la part de l'homme , dans des cas semblables , pour supposer en lui la liberté de digérer ou de ne pas digérer. Cette cessation soudaine du mouvement de la mâchoire inférieure n'a rien , au surplus , que de naturel. Elle est l'effet du desir spontané & purement machinal , formé sur-le-champ par la brute , de s'assurer des sons confus

dont

dont elle eſt frappée, & de les entendre d'une
maniere vraiment diſtincte; elle interrompt donc
toute maſtication, ſans ſavoir néanmoins que le
bruit qui en réſulte, attendu l'application répétée
des dents ſur le fourrage, au voiſinage de la trompe
d'Euſtache, ajoute à la confuſion de l'autre bruit
qui l'affecte, de même que l'air que cette trompe,
comprimée à diverſes repriſes, pouſſe toujours
dans la caiſſe du tambour; elle tient la bouche
ouverte, la tête haute & les naſeaux dilatés, quoiqu'elle ignore que cette ſituation hâte & favoriſe
l'arrivée des rayons ſonores à cette même trompe,
& que la bouche étant fermée, la mâchoire inférieure comprime légérement le conduit auditif;
elle retient ſon haleine, ſans ſe douter qu'elle
empêche, par ce moyen, un trop-fort courant
d'air de pénétrer avec trop de célérité & de bruit,
& de pouſſer par la trompe la membrane du tympan au-dehors, &c. &c. En un mot, nous ne
voyons rien ici que d'automatique, & qui ne puiſſe
être comparé à l'action du chien qui léche ſa plaie
& qui la guérit; du canard & de l'oie qui, man-
geant des grains durs, avalent en même temps de
petites pierres qui les broient & font l'office des
dents; des poules qui choiſiſſent celles qui ont le
plus d'aſpérités, tandis qu'elles rejettent celles qui
ſont polies, comme ſi elles ſavoient que la digeſ-

tion fera plus facile par le broiement plus parfait qu’opéreront les premieres ; du coq, enfin, qui, fe fentant malade, mange la chaux des murailles comme pour délivrer, par cet abforbant, fes premieres voies des acides, &c. &c.

Nous avons fait l’aveu de notre ignorance en ce qui concerne les motifs de la création des ruminans ; nous nous fommes efforcés d’appuyer fur des raifons folides l’idée dans laquelle nous fommes, que la *rumination* eft un aéte fpontané ; il nous refte à rechercher les moyens par lefquels cet aéte s’opère & s’effeéue.

Les auteurs qui fe font occupés de la matiere que nous traitons, femblent avoir été effrayés à l’afpeét des difficultés attachées à la découverte de ce méchanifme ; leurs écrits ne nous préfentent que quelques traits qui y ont quelques rapports, encore fort éloignés, & la rapidité du coup-d’œil, jeté fur l’objet, feroit préfumer qu’il a été pour eux abfolument inacceffible. Un femblable découragement, joint à la défiance dans laquelle nous fommes de nos propres forces, ne peut que nous infpirer une fage réferve ; auffi, bien loin de nous croire capables de percer une telle obfcurité, nous ne propoferons nos idées que comme des doutes, ou comme de fimples conjeétures.

C’eft principalement dans le vafte fac qui conf-

titue la panfe , que font dépofés les alimens pris
& avalés par l'animal, à peine contus & empreints d'une légere falive. Il eft effentiel de fe
rappeller ici , 1°. que ce fac ne préfente pas un
antre feul & unique, mais quatre cavités diftinguées par les replis valvulaires qui les limitent ;
2°. que ces cavités font hériffées de mammelons ,
très-confidérables dans de certaines parties, &
moins volumineux dans d'autres ; 3°. qu'il eft certains endroits de ces cavités où il n'en exifte point ;
4°. enfin , il ne faut perdre de vue ni la direction des replis valvulaires, ni la direction & les
points d'union & d'appui des fibres de la membrane mufculeufe , tant en ce qui concerne les
plans interne & externe , que le fecond plan produit par ce dernier , très - adhérent au premier,
fur-tout à l'endroit des points d'appui, c'eft-à-dire,
à l'endroit des fciffures qu'il traverfe , & plus
remarquable encore que par-tout ailleurs, fur le
corps du vifcere & fur la fciffure antérieure, ainfi
que dans le lieu de fon extenfion fur le fecond eftomac, avec les fibres duquel fes fibres fe confondent.

Tous ces faits étant bien préfens à l'efprit , on
peut fe repréfenter la marche des alimens dans
ce vifcere à leur fortie de l'orifice poftérieur de
l'œfophage. Je les vois furnager ceux qu'ils y
rencontrent & qui , plus humectés, plus broyés,

plus atténués, vu le féjour qu'ils y ont fait, ou même attendu que la plus grande partie en a déjà été rapportée, peut-être, plus d'une fois dans la bouche, doivent être infiniment plus pefans. Le travail des fibres qui agiffent fur eux, les conduit diagonalement le long de la paroi fupérieure de la grande cavité gauche dans laquelle ils font parvenus jufques à environ au centre du corps de la panfe, lieu où le repli valvulaire qui, coupe le fac en deux parties, ceffe de faillir. J'en juge, d'une part, par l'abfence des mammelons, qui auroient été pour eux un obftacle à vaincre, fi cette même paroi n'en eût été dépourvue, & de l'autre, par le même repli valvulaire dont la direction change, & la faillie s'efface en cet endroit, comme pour leur faciliter le chemin, tandis que l'une & l'autre paroiffent devoir le leur interdire, ou le leur rendre très-difficile dans tout le refte de fon étendue ; arrivés ainfi au centre dont nous venons de parler, ils fe trouvent vis-à-vis de celui de la grande cavité droite & plus près de fon extrémité antérieure que de la poftérieure. Ils cheminent donc auffi-tôt dans la premiere de ces extrémités ; & en effet, cette extrémité recele toujours les parties les plus groffieres & en même temps les moins humeétées des alimens ; de là, ils font déterminés, conféquemment à l'action de fes

fibres , dans l'extrémité poftérieure du même côté ,
c'eft-à-dire, dans la petite cavité qui réfulte, dans
l'intérieur, de l'une des deux éminences ovoïdes
que nous avons confidérées extérieurement , & leur
trajet , pour s'y rendre, femble fixé le long du
bord droit , fi l'on s'en rapporte encore à la ra-
reté & au peu de volume des mammelons qui font
à ce même bord , ainfi qu'au peu de faillie fur
cette route, du repli valvulaire qui fixe les limites de cette même cavité. Celle ci , dans laquelle
le fourrage paroît conftamment mouillé & un
peu plus divifé que dans l'extrémité antérieure,
ne peut , lorfqu'elle fe contracte, qu'expofer celui dont elle fe décharge à la rencontre des alimens qui lui arrivent , & c'eft ainfi que ce fourrage eft réfléchi & rentre dans la grande cavité
gauche , où il avoit été d'abord dépofé ; mais il
fe trouve dévoyé de même dans l'extrémité pof-
rieure de cette même grande cavité, c'eft-à-dire,
dans la cavité ovoïde qui avoifine la pareille que
nous venons de voir dans le côté droit, par les
alimens qui arrivent de l'extrémité antérieure
pour enfiler, ainfi que les premiers, la grande
cavité droite & qui lui font franchir le pont réfultant du repli valvulaire qui doit fa naiffance
à la grande fciffure poftérieure. Là , ce fourrage
broyé & humecté de nouveau, cède à fon tour à

E e

la contraction des parois de ce réduit, & les colonnes des alimens, si nous pouvons nous exprimer ainsi, subsistant & marchant, comme nous
l'avons dit, ceux dont ce même réduit se débar-
rasse, tendent au bonnet, ou au second estomac,
en suivant le long du bord gauche qui, dans toute
l'étendue de ce trajet, n'est pas moins dénué
de mammelons que la paroi supérieure, au moyen
de la contraction successive des fibres de la panse,
qui toutes ont leurs différens points d'appui aux
faisceaux musculeux qui forment les replis valvulaires & qui marquent les scissures ; il se fait
donc une circulation véritable, d'abord rapide,
& ensuite lente, des alimens dans le viscere, &
il est évident qu'ils n'auroient point été aussi
exactement, aussi fréquemment & aussi fortement comprimés, balottés, sassés & ressassés,
sans la précaution qu'a eu la nature de rapprocher les parois en ménageant dans le total de
l'espace quatre antres différens, de fortifier l'action des fibres charnues, en en abrégeant la longueur par la multiplicité des points auxquels elles
répondent, & de parsemer la tunique interne de
forts mammelons, qui, vu le mouvement & l'a-
gitation que doit solliciter en eux le jeu de ces
mêmes fibres, peuvent être encore passivement
des causes d'atténuation pour les alimens divisés

en petites molécules & qui préfentent plus de
furfaces Au refte, on a foupçonné pareillement
dans l'eftomac humain une circulation, en fixant
le commencement de la contraction du vifcere à
l'orifice gauche, & en fuppofant enfuite une
action dans les fibres de la partie droite, les unes
après les autres, & fucceffivement jufques au
pylore, qui, fe refferrant le dernier, n'a pas plutôt expulfé & chaffé les matieres, que tout recom-
mence & agit dans le même ordre, de maniere
qu'il ne feroit aucun inftant où les fibres mufculaires du ventricule puffent être dans l'inaction.

Quoi qu'il en foit de cette opinion, qui pourroit étayer la nôtre, les alimens qui tendoient
au bonnet, franchiffent le repli valvulaire qui
fépare cet eftomac de la panfe ; ils y parviennent,
les uns en furnageant toujours, & plus ou moins
détrempés & froiffés, felon qu'ils ont été plus
ou moins étroitement embraffés, comprimés &
retournés dans leurs différentes routes ; d'autres
plus moulus, felon ce qu'ils ont éprouvé de la
part des dents molaires, de la part des membranes, & de la part des mammelons dans les
différentes cavités ; d'autres enfin, bien plus atténués encore, & qui peuvent même avoir été
expofés déjà plufieurs fois aux effets de la maftication. Ceux-ci, plus diffous & plus fluides,

E e 4

font dirigés dans le troisieme estomac, au travers de la commissure ressemblante à celle des levres humaines, que nous avons observée à l'orifice par le moyen duquel ce viscere communique avec celui qui le précede ; une partie des seconds, qui ne sauroient y pénétrer, parce que cette même commissure dénie tout passage à ceux qui ont une certaine consistance, est interceptée & retenue dans les alvéoles du bonnet, où, froissée dans les parois rapprochées de ces mêmes alvéoles, & pénétrée plus intimément par les sucs qu'y versent abondamment les mammelons sans nombre que nous y avons remarqués, elle reçoit une nouvelle préparation qui peut la disposer à se faire jour dans le feuillet ; tandis qu'il est possible que son autre portion, plus ou moins considérable, se mêle & se confonde avec les alimens grossiers qui surnagent. On conçoit que les derniers alimens, dont il s'agit, en arrivant dans le second ventricule, ne sauro ent avoir la même séchereffe & la même dureté, qu'ils avoient avant leur plus ou moins long séjour dans la panse ; mais si la macération les a ramollis, d'une part, elle a dû, de l'autre, les gonfler d'humidité, & la raréfaction de l'air qu'ils contenoient, produite par la chaleur du viscere, accroît encore de beaucoup leur volume ; or, en passant, dans cet état, d'une cavité plus large dans une cavité plus étroite, ils font plus ou moins d'efforts contre fes parois ; les fibres de la tunique mufculeufe, toujours prêtes à réagir, font donc fur-le-champ invitées à une contraction plus forte ; cette contraction eft accompagnée, dans le même moment, de celle de l'éminence anté-rieure gauche de la panfe, dont les fibres doivent être néceffairement mifes auffi-tôt en jeu, vu la communication intime, naturelle & réciproque de cette éminence avec le bonnet, par l'entre-mife de la portion que nous avons vue fe déta-cher du plan externe de la tunique charnue du premer ventricule, pour fe propager fur celui-ci, en traverfant la fciffure qui les fépare ; il n'eft pas poffible, en effet, dès que les fibres de l'un fe confondent avec les fibres de l'autre, & en fortifient vifiblement le tiffu mufculeux, que la panfe ne participe pas de l'action du bonnet, & le bonnet de l'action de la panfe ; telle eft auffi la fuite de cette contraction fimultanée, qu'en fe rapprochant & s'attirant mutuellement, les ali-mens font comprimés par tous les deux enfemble contre l'orifice poftérieur de l'œfophage ; elle fufcite encore, dans l'animal, une forte de fenfa-tion incommode qu'on apperçoit ; car il l'annonce extérieurement par une trifteffe & une applica-tion très-marquée à ce qui fe paffe au-dedans de

lui ; alors , pour s'en délivrer , il appelle machinalement à fon fecours , les agens auxiliaires qui
peuvent lui être de quelque reffource ; une infpiration forte & quelquefois répétée déterminant
le diaphragme en arriere , ce mufcle aide à la
compreffion commencée , & les mufcles expira-
teurs agiffant bientôt , la pelote de fourrage enfile l'œfophage , & monte vifiblement dans la
bouche, où elle parvient d'autant plus aifément ,
qu'elle y eft follicitée par la contraction fucceffive des fibres charnues & fpirales du canal , &
que l'animal facilite fon retour , en étendant l'encolure , afin qu'elle rencontre moins de réfiftance dans ce trajet. Il mâche , remâche , broie
& retourne , avec une forte de plaifir apparent ,
cette même pelote ; l'air qui parvient du dehors
dans cette cavité , fe mêle avec les parcelles ali-
mentaires que la maftication détache & fépare , &
comme il eft froid & chaud tour-à-tour , les bulles
qu'il forme au-dedans de ces mêmes parcelles , fe
contractent & fe raréfient fucceffivement. Il eft
donc une efpece de diaftole & de fyftole conti-
nuelles dans ces bulles ; auffi eft-il certain que les
matieres foumifes & expofées au jeu de ces leviers
aériens, tombent, fe relevent, fe plient, s'étendent
en tous fens , & éprouvent un mouvement &
un combat perpétuels. C'eft enfuite de ces mou-

vemens, de ces broiemens pendant lefquels elles ont été imbues d'une grande quantité de falive, qu'elles reviennent encore fous la même forme dans le pharynx, pour retourner dans les ventricules par le canal qui les avoit rapportées. A leur fortie de fon orifice poftérieur, les plus groffieres & les moins divifées, forcent le faifceau mufculeux du repli valvulaire qui ceint en partie l'œfophage dans le côté oppofé au principe de la gouttiere, & defcendent auffi-tôt dans la panfe, tandis que les plus fluides, exprimées par la réaction que fubit la maffe totale, en furmontant l'obftacle, fe trouvent déterminées naturellement à enfiler la gouttiere pour fe rendre directement au troifieme eftomac, & de-là dans le quatrieme, où il paroît que la boiffon aboutit toujours en plus grande abondance. En effet, l'eau dont s'abreuve l'animal, n'eft pas capable de vaincre la réfiftance offerte par le faifceau mufculeux, qui cede à l'abord & aux efforts des alimens folides, à-peu-près comme les mufcles de la déglutition cedent aux alimens de cette efpece dans les paralyfies incompletes de l'œfophage humain ; elle ne coule donc que vu fa fluidité & en très-petite quantité dans les premiers eftomacs, & de même qu'on le voit dans le cas de certaines inflammations où l'homme ne fauroit avaler des folides,

& où les fluides feuls fe font peu-à-peu jour au travers des parties enflammées. La preuve que les liquides fuivent fur-le-champ la route de la gouttiere, & defcendent dans la caillette , en paffant rapidement dans le troifieme eftomac , eft le volume énorme de ce dernier ventricule dans le veau qui eft alaité , en comparaifon de celui de la panfe, du bonnet & du feuillet , qui font en lui de la plus petite capacité , fur-tout la panfe, tandis qu'elle eft monftrueufe dans l'animal adulte. Cette différence ne peut naître que de la préfence du lait copieux dont l'enfant fe nourrit, & du féjour conftant de ce même lait dans la caillette qn'il diftend, & où une partie fe caille & forme ce que nous appellons communément, *préfure*; ainfi il paroît qu'à l'âge du teton, les trois premiers eftomacs demeurent oififs, & que ce n'eft que lorfque l'animal eft fevré & mis au fourrage, qu'ils acquierent infenfiblement, par la diftenfion qu'ils en éprouvent, le diamètre & l'étendue que l'on obferve en eux.

On pourroit encore conclure de ce fait que les trois premiers eftomacs n'ont d'autres fonctions que celles de broyer, de triturer, d'atténuer, d'humecter & de divifer; les deux premiers agiffant, comme nous l'avons dit; le troifieme faifant l'office d'un preffoir , au moyen des feuillets fans

nombre ou des membranes féparées que la nature
-y a placées pour multiplier les points de contact,
pour exprimer plus parfaitement les fucs & pour
préparer ainfi au vifcere principal, c'eft-à-dire à
la caillette, une digeftion plus facile. Elle a néanmoins difpofé, d'une maniere abfolument diffemblables, les organes digeftifs des animaux qui fe
nourriffent d'une farine végétale enfermée dans
des grains à double écorce. On fait qu'au-deffus
du fternum, leur œfophage fe dilate en une forte
de finus qu'on appelle communément du nom de
jabot; on y trouve des cryptes nombreux de formes
& de groffeurs diverfes, arrofant ces grains d'une
liqueur abondante, propre à les amollir & à les
diffoudre; & c'eft dans ce premier ventricule que les
matieres deviennent friables, tandis qu'après avoir
fubi l'action des trois tuniques mufculeufes de ce
même jabot, elles font expofées enfuite, non à
celle d'un vifcere mou & membraneux, mais à la
contraction de deux paires de mufcles d'une figure
elliptique, laiffant entre eux une fente très-étroite,
garnis dans leur partie fupérieure de glandes vifiblement percées à leurs pointes dans la poule, &
pourvus intérieurement d'une membrane forte,
remplie de fillons tranfverfaux, raboteufe, dure,
prefque cartilagineufe, & capable de moudre les
corps les plus durs; ainfi les oifeaux, au contraire

(446)

de l'homme, du cheval & des ruminans, diffolvent d'abord dans un ventricule avant de broyer
dans l'autre, & peut-être par la raifon, qu'avant
d'élaborer les alimens pour eux-mêmes, ils doivent
d'abord préparer dans le premier la nourriture indifpenfablement néceffaire à leurs petits ; peut-
être auffi (car la nature fe voilant aux yeux de
l'homme, femble avoir pris plaifir à limiter fon
intelligence dans un cercle étroit de conjeétures)
que cette conformation a eu plutôt encore pour
objet de ne point énerver l'aétion des fibres charnues par un velouté & par des humeurs, & de les
mettre plus en état de digérer ces alimens durs, que
la maftication n'a pas auparavant divifés.

Nous ne croyons pas devoir aller au-delà de cette
légere ébauche du méchanifme de la *rumination* ;
mais nous penfons qu'il ne feroit point hors de
propos d'examiner, en peu de mots, un nouveau
fyftême fur cette matiere, inféré dans les *mémoires
de l'académie royale des fciences de France.* (1)

____

(1) *Mémoire fur le mécanifme de la rumination, & fur le
tempérament des Bêtes à laine. Par M. Daubenton.* Année 1768,
hiftoire, page 42 ; mémoires, page 389.

L'extrait de ce mémoire a été reporté par *M. Daubenton,*
dans fon *Inftruction pour les Bergers & pour les propriétaires de
troupeaux. Paris,* 1782, in-8°, page 245. Voyez ce que nous en
avons dit dans la quatrieme partie du volume des *Inftructions*

Dans cet écrit, il paroît qu'on ne doute point que la *rumination* ne soit un acte de la volonté ; on en est même si convaincu, qu'on s'abstient d'entrer dans aucuns détails à ce sujet, comme si ce principe étoit si généralement reconnu, qu'il fût inutile de s'appesantir sur des preuves, & de chercher à l'étayer.

En second lieu, le bonnet que nous avons, avec tous les auteurs & tous les anatomistes, considéré comme un second estomac, n'y est point envisagé comme tel ; il ne fait nullement l'office de ventricule ; les fonctions qu'on lui attribue se bornent à celles, 1°. de détacher de la masse des alimens qui lui sont envoyés par la panse, & dont l'ascension dans la bouche doit avoir lieu, la portion qui sera poussée dans l'œsophage ; 2°. de l'arrondir, de la mouler, de la calibrer, pour ainsi dire, sur le diamètre du canal, au moyen de la compression qu'il lui fait éprouver en se contractant & en l'enveloppant ; 3°. de l'humecter en même temps comme elle doit l'être, cette poche étant un réservoir d'eau & de sérosité qui équivaut au réservoir que l'on trouve dans le chameau & dans le dromadaire ; 4°. d'introduire enfin dans l'œsophage, par une pression subsistante, cette pelote alors formée, figurée, suffi-

____

& *observations sur les maladies des animaux domestiques*, année 1792, page 366. (*Note de l'éditeur.*)

famment imbue de liquide , & d'ailleurs très-à
portée d'y pénétrer , parce qu'elle fe trouve placée
entre les bords de la gouttiere. On ajoute que le
moment de la dilatation du corps de l'animal , eft
celui où cette gouttiere s'ouvre pour la recevoir ,
comme l'inftant où le corps fe refferre , eft celui
de fon entrée dans le canal ; & l'on prétend encore
que cette même pelote , à fon retour de la bouche,
trouvant la gouttiere fermée, arrive néceffairement
dans le troifieme eftomac , fans pouvoir revenir ni
dans le bonnet, ni dans la panfe.

Ces différentes affertions nous femblent plutôt
être l'expreffion de ce que l'on a imaginé & de ce
que l'on a cru voir, qu'elles ne nous paroiffent
établies fur des faits réels & conformes aux vues
de la nature.

La *rumination* eft un acte volontaire ; mais comment le perfuader , dès qu'on ne démontre pas par
quelle loi les fibres mufculeufes du bonnet, dont
on fuppofe que la contraction opere tant d'effets ,
peuvent être contraintes de céder à fon empire?

Le bonnet ne fait nullement l'office de ventricule ; pourquoi donc ces cellules quadrangulaires ,
quinquangulaires, dont nous pourrions manifefter
l'exiftence, par le fecours des loupes & des microf-
copes dans l'eftomac humain? Ces cellules auroient-
elles donc, dans la brute, un tout autre ufage que

dans

dans l'homme , & cet ufage n'eft-il pas celui que
nous leur avons affigné ? On a décrit , dit-on , ce
ventricule comme une poche dilatée , dont les parois internes forment des reliefs femblables aux
mailles d'un réfeau ; mais cet organe eft fufceptible de relâchement & de contraction ; c'eft certainement un point que perfonne ne niera, à moins
qu'on ne puiffe prouver qu'il eft totalement dénué de fibres charnues ; il ne s'enfuit pas néanmoins que cette contraction foit telle qu'elle ne fe
paffe pas dans toute l'étendue du vifcere, dans le
lieu des mammelons myrtiformes femblables à
ceux de la panfe , & qui fe montrent à toute la
circonférence du fecond ventricule jufques à la
gouttiere , comme dans celui où ces mêmes mammelons , collés avec leurs voifins par leurs bords,
forment eux-mêmes les alvéoles , & elle ne differe
& ne peut différer en rien de celle de tous les autres vifceres membraneux, charnus & caves , tels ,
par exemple , que la veffie urinaire , la véficule du
fiel , &c. Cependant, le diamètre de fa cavité s'eft
trouvé fi fort réduit , qu'il n'étoit guere que d'un
pouce (trois centimètres); elle contenoit une pelote
d'herbes pareilles à celles de la maffe qui étoit dans
la panfe , & cette pelote la rempliffoit entiérement.
Nous n'imiterons pas l'exemple de la plupart des
géometres , toujours prêts à fe livrer à des calculs ,

le plus fouvent inapplicables aux corps animés, dont ils tentent vainement, par ce moyen, de développer & d'expliquer les phénomenes : ainfi, nous n'affurerons point que les bornes de la force contractile de la fibre font les deux tiers du tout, & par conféquent, que l'aire de chaque cercle qui coupe l'eftomac, diminue & fe refferre de 121 à 81, il nous fuffira de répondre que la contraction dont on parle, eft un fait particulier qui annonce un état contre nature, & dès-lors on a eu tort d'entreprendre d'en faire la bafe & le fondement d'un fyftême.

Cet état peut avoir pour caufe des fpafmes violens, tels que ceux dont *Morgagni*, *Haller*, & plufieurs autres hommes illuftres ont été les témoins, lorfqu'ils ont vu dans l'homme, comme dans l'animal, l'eftomac en quelque façon mipartie du côté du pylore, c'eft-à-dire, préfenter comme deux cavités, conféquemment à une irritation forte & extraordinaire, produite par l'abord de quelques poifons. *Wepfer*, *Winflow*, *Riolan* en ont trouvé le diamètre totalement aboli ; il en eft de même de *Haller* dans le chien, dans le chat, & de *Charleton* dans le veau, quelques-uns de ces animaux ayant péri par la faim, & d'autres par quelques autres événemens mortels ; nous-mêmes nous avons vu dans un chien dont nous avions fait lier les ureteres , celui de la veffie urinaire abfolument effacé , & néanmoins il feroit abfurde d'en conclure, que, dans l'état naturel, ces vifceres peuvent anéantir toute leur capacité, comme il n'eft pas douteux auffi qu'ils n'agiffent fur les alimens qu'autant qu'ils en contiennent une certaine quantité, qu'à la vérité le phyficien fage n'oferoit fixer & définir. Vainement a-t-on prétendu que les égagropiles , les bézoars , ainfi que les calculs énormes, mais dont le noyau a été infiniment petit dans le principe , rencontrés dans les eftomacs de la vache, de la chevre, du cheval , de l'âne , du mouton, du cerf, du porc , du chat, du chien , &c. ne doivent leur forme, conftamment plus ou moins arrondie, qu'à la contraction du vifcere ; nous fommes très-perfuadés qu'ils ne l'acquierent que par leur agitation dans une partie cave, & difpofée de maniere à la leur donner dans les différens contours qu'ils font obligés d'y faire ; car, comment préfumer que cette poche peut comprimer, ainfi que la veffie urinaire, par exemple, des calculs de la petiteffe & de la ténuité de ceux qu'on ne trouve que trop fouvent dans cette veffie du bœuf, & qui, dorés ou argentés comme des pillules, font ronds & n'ont pas plus de volume que du plomb en grenaille ? Mais , continue-t-on , le bonnet contracté ,

F f 2

au lieu de paroître un réseau à larges mailles,
n'offroit que de petites sinuosités dirigées irréguliérement, ayant assez de profondeur & contenant de la sérosité ; il s'est relâché en se refroi-
dissant, les sinuosités se sont agrandies, & le viscere a repris sa figure ordinaire, la sérosité a dis-
paru ; on a resserré les mailles, elle a suinté à
l'instant & de nouveau, & cette compression réitérée l'exprimoit comme d'une éponge : tout ceci
ne nous présente rien de bien merveilleux ; dès
que la contraction étoit forcée, les alvéoles ont
dû se ressentir de l'abréviation des fibres, & les
parois des cloisons se trouvant aussi-tôt rapprochées, ces mêmes alvéoles gagner en profondeur
ce qu'elles perdoient en largeur ; que si l'on prétend que ces mêmes cloisons ont pu se réunir par
elles-mêmes, alors on leur accordera, sans le vouloir, la faculté que nous leur avons supposée,
d'atténuer & de froisser les portioncules des alimens qui ne l'ont point encore été assez pour
passer & pour être introduites dans le feuillet ; à
l'égard de la sérosité abondante & de l'espece
d'éponge qu'on a cru appercevoir, il est tout
simple de penser que la compression soufferte en a
dû exprimer une quantité considérable de cette
immensité de mammelons placés sur les bords des
cloisons, implantés sur leurs surfaces, & qui, en

effet, rendent cette portion vraiment fpongieufe ,
& il n'eft point étonnant qu'une preſſion réitérée
enfuite du relâchement de la fibre rendue à elle-
même par le froid de la mort , en ait fait repa-
roître à chaque fois; *Kaaw* en a toujours obfervé
dans les animaux morts; pour nous , d'après ce
que nous avons vu , nous dirons qu'en ouvrant
l'eftomac d'un chien vivant , on en trouvera la
furface interne très-humide , & qu'en l'effuyant ,
le doigt comprimant & frottant fe trouvera toujours, pendant un certain temps , mouillé d'une
moiteur qui s'échappe par une infinité de pores.

Quant à la comparaifon des cellules du bonnet,
dans le bœuf, & des cellules qu'on trouve dans
le dromadaire & dans le chameau, elle ne peut
être adoptée ; ces cellules quadrangulaires forment
des facs véritables & très-amples dans ces derniers
animaux ; s'il s'y filtre intérieurement des fucs ,
ils y font peu copieux , ces facs étant les réfervoirs où le chameau qui boit rarement , mais qui
boit beaucoup à-la-fois , dépofe l'eau dont il s'a-
breuve ; de maniere que, fi l'on en croit les voya-
geurs , il fupporte la foif pendant des femaines
entieres, & l'eau demeure affez long-temps dans
ce ventricule fans fe corrompre , pour que des
nègres, dans des déferts brûlans , dévorés de ce
befoin le plus preffant de la vie , ouvrent , pour

l'étancher, le ventre de ces animaux, & en boivent avidement, fans en reffentir la plus légere incommodité.

Nous ne voyons donc rien qui vienne folidement à l'appui des idées confignées dans ce mémoire, 1°. le bonnet ne détache point de la maffe des alimens la portion dont l'afcenfion dans la bouche eft prochaine, il reçoit ce que le premier ventricule lui envoie ; 2°. il n'eft, en aucune maniere, chargé de la mouler & de la calibrer ; elle prend la forme que lui donne naturellement l'œfophage dès qu'elle y eft introduite ; les alimens étant pouffés à fon orifice poftérieur, le morceau que ce canal embraffe & reçoit, eft fur-le-champ, au moyen de la contraction forte & du refferrement fubit du tube, enfuite de fa dilatation, provoquée par l'arrivée de ce même morceau, coupé, tranché & féparé de la portion qui n'y a point été admife, & cette portion retombe & refte dans le ventricule, tandis que le morceau faifi & enveloppé, remonte dans la bouche ; 3°. le réfervoir prétendu, qui équivaut à celui du dromadaire & du chameau, n'eft nullement néceffaire pour humecter ces mêmes alimens ; ils l'ont été pendant leur circuit & leur tournoiement dans les différentes cavités de la panfe ; ils le font par les vifceres qui en favorifent l'afcenfion, & dont la com-

preffion exprime fur eux la lymphe aqueufe &
tenue que diftillent les mammelons , & même l'humeur plus épaiffe que déchargent les follicules , &
ils le feront encore pendant le cours rapide de leur
trajet dans un canal toujours abreuvé ; 4°. la preffion fubfiftante du bonnet ne fauroit introduire
dans l'œfophage la prétendue pelote formée ; fi
cette preffion fubfifte toujours , comment la pelote qu'il comprime conftamment, lui échappera-
t-elle, pour fe porter dans le canal? En fuppofant,
d'une autre part, qu'elle puiffe lui échapper en
gliffant, ou de toute autre maniere, ce qu'il paroît affez difficile de concevoir, elle renfileroit
certainement l'orifice de la panfe , vers lequel
elle fe trouve naturellement dirigée , & qui ne
lui préfenteroit aucun obftacle, plutôt qu'elle ne
fe porteroit à celui de l'œfophage. Son voifinage
près du bord de la gouttiere n'opere rien , fi ce
n'eft que lors de la contraction fimultanée des
deux ventricules , qui feule peut adreffer les alimens dans le canal , la compreffion réfultante de
cette contraction exprime de ces mêmes alimens
ce qu'ils ont de plus liquide , & ce liquide regor-
geant dans la gouttiere , parvient auffi - tôt au
feuillet. Dire encore que l'inftant de la dilatation
du corps de l'animal eft celui où cette même gouttiere s'ouvre pour recevoir la pelote , c'eft pré-

tendre que des faiſceaux muſculeux peuvent céder au défaut ou à la ceſſation de l'appui que leur prêtent des parties voiſines, & totalement diſtinctes & indépendantes d'eux ; mais comment imaginer que des bords vraiment charnus, dus à la réunion de toutes les fibres du plan interne de la tunique muſculeuſe du ventricule, s'ouvriront & ſe ſépareront l'un de l'autre, conſéquemment à l'écartement ſeul des parois abdominales ?

Il eſt temps de terminer ces réflexions ; cependant nous jeterons encore un coup-d'œil ſur les conſéquences qu'on a jugé à propos de déduire du ſyſtême que nous venons de décompoſer, d'autant plus qu'il nous paroît qu'on a voulu les ériger en dogmes pathologiques.

De l'idée que l'on a eu de l'exiſtence d'un viſcere particulier, deſtiné principalement à dépoſer, dans les ruminans, la ſéroſité la plus abondante, on a paſſé à l'aſſertion du danger & des riſques que court, par cette conſtruction, leur ſanté, ſpécialement celle des bêtes à laine. Cette ſéroſité, qui doit humecter une quantité conſidérable de pelotes d'un pouce (trois centimètres) de diamètre, étant émanée du ſang, l'animal, a-t-on dit, ſeroit bientôt épuiſé, ſi elle n'étoit ſuppléée par la boiſſon, ſoit que l'eau entre au ſortir de l'œſophage dans le bonnet pour imbiber & remplir le réſervoir,

& qu'il en entre aussi dans la panse pour humecter la masse d'alimens qui s'y trouve, soit qu'elle arrive par d'autres voies dans l'un & l'autre de ces visceres ; si la masse d'alimens contenus dans la panse est trop humectée, parce que l'animal aura trop bu, les pelotes qui sortent du premier ventricule dans le temps de la *rumination*, seront assez imbibées pour ne point tirer de liqueur du bonnet, & même pour en fournir au réservoir au lieu d'en recevoir, & alors la sécrétion de la sérosité du sang étant rallentie ou interrompue dans le bonnet, cette humeur, qui n'aura pas son cours ordinaire, surabondera dans le sang, s'épanchera dans le corps, & causera un grand nombre de maladies ; c'est ainsi qu'une quantité copieuse d'eau prise en boisson, ainsi que des herbes mouillées & d'une consistance trop aqueuse, produisent, dans les moutons, des hydatides ou vésicules pleines d'eau, souvent adhérentes aux visceres, fréquentes dans le cerveau, & qui se montrent aussi au-dehors & sur la peau, entre les flocons de laine, &c. &c.

Nous en avons assez dit sur la supposition gratuite que l'on a faite du réservoir ; nous nous sommes expliqués assez nettement sur les moyens qui, dans les animaux que nous examinons (car le dromadaire & le chameau nous offriroient vraifemblablement des différences) mettent les fluides dans l'impoffibilité de couler en abondance dans les deux premiers ventricules, & les déterminent à paffer rapidement & plus directement dans le feuillet pour fe porter dans la caillette ; & lors même que nous foufcririons à tous les effets qu'on affure que doit produire une furabondance d'eau dans le bonnet & dans la panfe , nous aurions fuffifamment difculpé la nature, du reproche de n'avoir pas ufé d'affez de précautions & de réflexions dans les combinaifons qu'elle a dû faire , mais , fans entrer dans de bien grands détails , nous demanderons fimplement pourquoi les maladies dont on parle, femblent être proprement annexées aux bêtes à laine , tandis que les autres animaux, conformés comme elles, en font exempts? & quelles font les caufes réelles & véritables de ces mêmes maladies , dès que celles qu'on en accufe, font des caufes purement imaginaires ?

Perfonne ne doute que chaque efpece d'animal differe en général de l'autre , & même de celle qu'elle avoifine le plus par des inclinations, des mœurs & un caractere qui lui appartiennent, comme chaque individu de la même efpece differe encore de fon femblable par des nuances plus ou moins inappercevables , mais conftantes. Les marques auxquelles on peut reconnoître les diverſes inclinations des eſpeces , ſont évidemment ſenſibles , & l'on ſentira toujours , quelque rapprochées que puiſſent être celles de la chevre & de la brebis, par une infinité de rapports, combien les tempéramens de l'une & de l'autre ſont éloignés. Or , les tempéramens tiennent à la ſtructure des ſolides , ſtructure qui peut apporter différentes modifications dans les fluides; de-là , telles maladies particulieres à telle eſpece dont telle autre ne ſera point atteinte ; car ce n'eſt point l'activité des cauſes morbifiques qui leur donne plus ou moins de force & qui en aſſure les effets , c'eſt la diſpoſition des ſujets à en recevoir ou à en rejeter les impreſſions , comme c'eſt celle des animaux ſur leſquels elles agiſſent , à les dompter ou à leur réſiſter. Quel ſera donc le tempérament d'une eſpece naturellement timide , inſenſible , dénuée , en quelque ſorte, de toutes qualités intérieures, ſans reſſources & , pour ainſi dire , ſans inſtinct ? Certainement ſa conſtitution univerſelle ſera celle de l'animal dont la trame des ſolides lâche & rare , bien loin de prévenir une diſſolution & de s'y oppoſer , favoriſe , au contraire, une ſurabondance de ſéroſités qui les inonde, les affoiblit toujours davantage, & donne lieu non-ſeulement à des tumeurs aqueuſes , telles que celles qu'on entrevoit ſi ſouvent dans les moutons, mais à cette épizootie, ou à ce fléau funeste connu fous le nom de *pourriture*, & dont les caufes furent toujours principalement dans une difpofition naturelle, aidée, d'ailleurs, dans les faifons pluvieufes, d'une nourriture trop aqueufe & trop molle (1).

Les chevres, nous dit-on, boivent peu, le cerf & le chevreuil boivent rarement, les bêtes à laine peuvent fe paffer de boire plus long-temps que les autres, même lorfqu'elles ne vivent que de paille & de foin, fans fortir de l'étable; nous répondrons qu'il n'eft point furprenant que les animaux ruminans appetent moins fréquemment que les autres animaux les fluides, vu l'énorme quantité de filtres dont leurs eftomacs multipliés font pourvus : & ce qu'on ajoute, en particulier, des bêtes à laine, nous confirme encore dans l'idée que l'abftinence du liquide a été compenfée en elles par leur nature propre, attendu que les fibres lâches permettent toujours une plus ample filtration d'humeurs, &c.

---

(1) Voyez la defcription de cette maladie, dans les *Inftruc-tions & obfervations fur les maladies des animaux domef-tiques*, année 1791, nouvelle édition, p. 162 & fuiv.

F I N.

TABLE DES MATIERES
CONTENUES

Dans le second Volume du Précis anatomique
du corps du Cheval.

Seconde Partie.

Des Viſceres du Thorax ou de la Poitrine.

— — *De*

Fin de la Table.

ERRATA.

Tome I.

Page 292 est mal chiffrée 293.

Tome II.

Page 109 est mal chiffrée 09.

A PARIS,

De l'Imprimerie de la Citoyenne HUZARD,
rue de l'Éperon, N°. 11.

NIVOSE, AN VII.

NOTICE *de quelques Livres nouveaux, qui se trouvent* *dans la Librairie vétérinaire de la Citoyenne* HUZARD, *rue de l'Éperon, St.-André-des-Arts, N°. 11.*

Tableaux comparatifs de l'anatomie des animaux domestiques les plus essentiels à l'agriculture, tels que le cheval, l'âne, le mulet, le bœuf, le mouton, la chevre, le cochon, le chien & le chat, rangés sur un plan uniforme de classification propre à en faciliter l'étude aux commençans. Par J. GIRARD, Professeur d'anatomie, à l'école vétérinaire d'Alfort. *Paris, an VII, in-8°, broché.* . . 3 francs.

Instructions & observations sur les maladies des animaux domestiques; avec les moyens de les guérir, de les préserver, de les conserver en santé, de les multiplier, de les élever avec avantage, & de n'être point trompé dans leur achat. On y a joint l'analyse des ouvrages vétérinaires anciens & modernes, pour tenir lieu de tout ce qui est écrit sur cette science. Ouvrage nécessaire aux cultivateurs, aux propriétaires de bestiaux, & aux artistes vétérinaires ; rédigé & publié par les CC. CHABERT, FLANDRIN & HUZARD. *6 vol. in-8°, avec fig. br.* . . . . 24 fr.

Le 6ᵉ. volume (An 3) de cette collection, vient de paroître ; la réimpression de la 3ᵉ. édition du 1ᵉʳ. volume, connu sous le nom d'Almanach vétérinaire, est sous presse, ainsi que la seconde du volume de 1792 ; celui de 1791, a déjà également été réimprimé. Chaque volume se vend séparément 4 fr., broché, & 5 fr., franc de port par la poste.

Annales de l'Agriculture françoise, contenant des observations & des mémoires sur l'agriculture en général, sur la culture de la carotte, de la soude, du lin, du maïs & des turneps ; sur le platane tortillard, l'érable à sucre, le pommier, la fabrication du cidre ; sur les plantations, la culture des arbres, & le dépérissement des bois en France ; sur les bêtes à laine superfine, la destruction des insectes nuisibles, les épizooties, la clavelée, l'éducation des bestiaux, les bufles, les ânes, les chevaux, les cochons, les lapins, etc. ; sur les engrais & les laines ; une dissertation sur les grandes & petites fermes ; un projet de finance pour la France, & ses rapports avec l'agriculture ; enfin, ce qu'il faut faire chaque mois dans les jardins utiles; par une société d'agriculteurs praticiens, rédigées par le citoyen TESSIER, de l'Institut national. *4 vol. in-8°, br.* . . . . 15 fr.

Et franc de port par la poste. . . . . 20 fr.

L'Agronome, ou Dictionnaire portatif du cultivateur, contenant toutes les connoissances nécessaires pour gouverner les biens de campagne, & les faire valoir utilement, pour soutenir ses droits, conserver sa santé, & rendre la vie champêtre agréable ; avec un nombre considérable d'instructions utiles & curieuses à tout homme qui passe sa vie à la campagne. Derniere édition, corrigée & augmentée. *Paris, an VII. — 1799, 2 forts volumes in-8°, de plus de 900 pages, caractere petit-romain non interligné, br.* . . . 8 fr.

Et franc de port par la poste. . . . . 10 fr.

Observations relatives à la santé des animaux de Saint-Domingue, ou Essai sur leurs maladies, dédié à l'École vétérinaire d'Alfort; nouvelle édition, corrigée, augmentée, revue & mise en ordre par *Jean* LOMPAGIEU-LAPOLE, Médecin vétérinaire, au Cap, *2 parties un volume in-8°, fig. broché.* . . . . 4 fr. 50 cent.

Dissertation sur ce qu'il convient faire pour augmenter, diminuer ou supprimer le lait des femmes; ouvrage couronné par la Société hollandoise des Sciences à Harlem; faisant suite à l'Education physique des Enfans. Par DAVID; nouvelle édition corrigée; *brochure in-8°.* . . 1 fr. 25 cent.

Et franc de port par la poste . . . . . 1 fr. 30 cent.

Bibliotheque Germanique, médico-chirurgicale, ou extrait des meilleurs ouvrages de médecine, de chirurgie & d'art vétérinaire, qui paroissent en Allemagne. Par le C. BREWER, ancien médecin des hopitaux militaires, & membre de la Société de médecine de Paris. *Paris, an VII, in-8°, fig.*

Il en paroit un cahier de 5 à 6 feuilles par mois, les 12 cahiers formeront 2 forts volumes Le prix de l'abonnement est de 15 francs pour Paris, & de 18 francs pour les Départemens, franc de port.

L'Art de prolonger la Vie, par *Christophe-Guillaume* HUFELAND, docteur & professeur en médecine, à Jena. Traduit de l'allemand sur la seconde édition augmentée, par le C. BREWER. *A Paris, an VII, 2 vol. in-8°, sous presse.*

Le premier volume va paroître.